建筑材料

主　编　劳振花　聂　坤

副主编　徐学珍　李鸿雁　张艳芝

参　编　李　凤　徐韦明　薛　娜

付岚岚　牛晓辉　高倩倩

主　审　朱庆飞

北京理工大学出版社

BEIJING INSTITUTE OF TECHNOLOGY PRESS

内 容 提 要

本书在编写过程中，以本课程对应的施工员、材料员和实验员岗位为基础，依据材料的生产、性能、技术指标、工程应用、材料选取和保存为主线，通过模块化进行内容呈现。全书除绪论外共分9个模块，主要内容包括：绪论、建筑材料的基本性质、气硬性胶凝材料、水泥、混凝土、建筑砂浆、建筑钢材、墙体材料、防水材料、环保节能材料等。

本书可作为高等院校土木建筑类相关专业的教材和指导书，也可作为土建施工类及工程管理类各专业职业资格考试的参考教材。

图书在版编目（CIP）数据

建筑材料／劳振花，聂坤主编 .-- 北京：北京理工大学出版社，2021.11

ISBN 978-7-5763-0764-1

Ⅰ.①建…　Ⅱ.①劳…②聂…　Ⅲ.①建筑材料－高等学校－教材　Ⅳ.①TU5

中国版本图书馆 CIP 数据核字（2021）第 260996 号

出版发行／北京理工大学出版社有限责任公司
社　　址／北京市海淀区中关村南大街5号
邮　　编／100081
电　　话／（010）68914775（总编室）
（010）82562903（教材售后服务热线）
（010）68944723（其他图书服务热线）
网　　址／http：//www.bitpress.com.cn
经　　销／全国各地新华书店
印　　刷／北京紫瑞利印刷有限公司
开　　本／787毫米×1092毫米　1/16
印　　张／17.5
字　　数／428千字
版　　次／2021年11月第1版　2021年11月第1次印刷
定　　价／79.00元（含实训指导书）

责任编辑／李　薇
文案编辑／李　薇
责任校对／周瑞红
责任印制／边心超

FOREWORD

前言

建筑材料是土建大类专业的一门专业基础课程，通过该课程的学习，学生可以掌握建筑材料的基本知识，培养建筑材料的检测技能，是学习后续专业课程的基础，也为将来走上助理检测工程师、材料员等相关工作岗位打下良好的基础。

本书着重介绍了实际工程中常用建筑材料的生产、组成、性能、技术标准、材料的储运和保管、性能检测等方面的知识，教材中所涉及的标准都为现行有效的技术标准。

本书分为建筑材料教材和建筑材料检测实训报告书两部分。突出的特点有 4 个：

第一，每个模块前面都为学习者提供了“学习目标、学习要求、学习参考标准、模块导读”等栏目，使学习者明确本模块的知识要求和要达到的目标。模块后面有“模块小结、工程案例、知识拓展、拓展训练”等栏目。“模块小结”总结了本模块的知识链路；“工程案例”能帮助学生了解建筑材料在一些经典工程中的应用；“知识拓展”联系新知识、新工艺和新材料，了解材料的最新发展动态，拓宽学习者视野；“拓展训练”强化了知识的掌握，其中的“直通职考”部分收录了一级建造师等近几年考试真题，为参加一建、二建资格考试的学习者提供了实战训练，也可以作为检测企业工作人员的学习参考资料。

第二，建筑材料检测实训报告的编写基于实际工程项目，从任务描述、任务目的、任务准备、任务实施、任务评价五部分展开，对工程建设过程中用到的建筑材料进行检测，并作出合格性判断。

第三，本书已经建成智慧职教 MOOC 学院在线课程数字资源（https://mooc.icve.com.cn/course.html?cid=JZCDY333033），打开此链接网址，可以直接学习微课、仿真、实训检测等视频，为新形态一体化教材，便于学习者直观学习。

第四，本书以立德树人为中心，深入挖掘课程中蕴含的育人资源，结合具体的知识点、技能点融入素质教育小提示，为学习者打开一点思路。

本书由东营职业学院劳振花、聂坤担任主编，东营职业学院徐学珍、李鸿雁，湖南建筑高级技工学校张艳芝担任副主编，东营职业学院李凤、徐韦明、薛娜、付岚岚，山东东科工程检测有限公司牛晓辉、高倩倩参与了本书编写工作。具体编写分工为：绪论由劳振花编写，模块 1 由薛娜编写，模块 2 由劳振花、高倩倩共同编写，模块 3 由徐韦明编写，模块 4 由聂坤编写，模块 5 由李凤编写，模块 6 由李鸿雁、牛晓辉共同编写，模块 7 由李鸿雁编写，模块 8 由徐学珍、张艳芝共同编写，模块 9 由付岚岚编写。本书配套实训指导书编写分工：模块 1 由薛娜、高倩倩共同编写，模块 2 由聂坤、劳振花共同编写，模块 3 由李凤、劳振花共同编写，模块 4 由李鸿雁、牛晓辉共同编写，模块 5 由徐韦明编写，模块 6 由徐学珍编写。

本书智慧职教 MOOC 学院在线课程视频主讲人员有劳振花（模块 2、模块 6）；聂坤（模块 4）；徐学珍（模块 1、模块 8）；薛娜（模块 3）；李凤（模块 5）；徐韦明（模块 7、模块 9）；实验检测视频由牛晓辉主讲。劳振花、聂坤对全书统稿。山东科达集团朱庆飞对全书审稿。

由于编者水平有限，书中难免有不妥之处，恳请读者提出宝贵意见!

编　者

CONTENTS

目录

CONTENTS

CONTENTS

CONTENTS

绪　论

建筑材料是指建筑中使用的各种材料及制品，它是一切建筑的物质基础。我国古代的建筑材料主要包括天然石材、木材、砖、石灰等。古代劳动人民在建筑材料的生产和使用方面取得了令人瞩目的成就，例如北京的故宫、河北的赵州桥等。

0.1　建筑材料的定义、发展及作用

0.1.1　建筑材料的定义及基本要求

1. 建筑材料的定义

广义的建筑材料是建筑工程中所有材料的总称，不仅包括构成建筑物的材料，还包括在建筑施工中应用和消耗的材料，例如黏土、铁矿石、石灰石、脚手架、建筑模板等。

狭义的建筑材料是指直接构成建筑物和构筑物实体的材料，例如混凝土、水泥、石灰、钢筋、烧结砖、玻璃等。

2. 建筑材料的基本要求

作为建筑材料，必须同时满足以下两个基本要求：

(1)建筑材料必须满足建筑物和构筑物本身的技术性能要求，保证能正常使用。

(2)在建筑材料的使用过程中，必须能抵御周围环境的影响与有害介质的侵蚀，保证建筑物和构筑物的合理使用寿命，同时不能对周围环境产生危害。

0.1.2　建筑材料的发展

1. 天然材料发展原始期

上古时期，人类聚居于天然山洞或树巢中，随后逐步采用黏土、石、木等天然材料建造房屋。随着社会生产力的发展，人类社会进入石器、铁器时代，开始挖土、凿石为洞，伐木、搭竹为棚，河姆渡遗址、西安半坡遗址都是利用天然材料建造的建筑。

2. 人工合成材料成形期

到了人类能够用泥土烧制砖、瓦，用岩石烧制石灰后，建筑材料才由天然材料进入人工生产阶段，为较大规模建造建筑物创造了条件。明故宫、万里长城、应县木塔等充分证明了先辈们在建筑材料的生产、应用以及在建筑工艺上的伟大智慧。

3. 人工合成材料繁荣期

水泥、钢材、混凝土及其他材料相继问世，为现代建筑材料奠定了基础。建筑材料的品种、花色不断增加，出现了如新型墙体材料、保温隔热材料、防水密封材料等各种新型建筑材料。

4. 新型建筑材料应用期

为了适应经济建设的发展需要，建筑材料工业的发展趋势是研制和开发高性能、绿色环保等新型建筑材料。高性能建筑材料是指比现有材料性能更为优异的建筑材料，如轻质、高强、高耐久性、优异装饰性和多功能的材料。绿色建筑材料又称生态建筑材料或健康建筑材料，它是指生产建筑材料的原料尽可能少用天然资源，大量使用工业废料，采用低能耗制造工艺和不污染环境的生产技术，产品配制和生产过程中不使用有害和有毒物质；绿色建筑材料是既能满足可持续发展之需，又能做到发展与环保的统一，既满足现代人的需要(安居乐业、健康长寿)，又不损害后代人利益的材料。

随着现代工业技术的发展，全面贯彻新发展理念，推动城乡建设绿色发展和高质量发展，装配式混凝土建筑迅速推广开来。由预制构件在工地装配而成的建筑，称为装配式建筑。建造房屋可以像机器生产那样，成批成套地制造，只要把预制好的房屋构件运到工地装配起来就可以。

0.1.3 建筑材料的作用

建筑材料是组成建筑物或构造物各部分实体的材料。随着历史的发展、社会的进步，特别是科学技术的不断创新，建筑材料的内涵也在不断丰富。建筑材料的日新月异对建筑科学的发展起到巨大的推动作用。

1. 建筑材料是建筑工程的物质基础

无论是恢宏大气的故宫，还是一幢普通的临时建筑，都是由各种散体建筑材料经过缜密的设计和复杂的施工最终构建而成的。建筑材料的物质性还体现在其使用的巨量性上，一幢单体建筑一般重达几百至数千甚至数万吨，这形成了建筑材料在生产、运输、使用等方面与其他门类材料的不同特点。

2. 建筑材料的发展赋予建筑物时代特性和建筑风格

西方古典建筑的石材廊柱、中国古代以木架构为代表的宫廷建筑、当代以钢筋混凝土和型钢为主体材料的超高层建筑，都呈现出鲜明的时代特性和不同的建筑风格。

3. 建筑材料的发展影响结构设计和施工工艺

建筑设计理论的不断进步和施工技术的不断革新不但受到建筑材料发展的制约，同时也受到其发展的推动。大跨度预应力结构、薄壳结构、悬索结构、空间网架结构、节能型特色环保建筑的出现无疑都是与新材料的产生密切相关的。

4. 建筑材料的运用影响建筑工程的造价和投资

建筑材料的正确、节约、合理运用直接影响建筑工程的造价和投资。在我国，一般建筑工程的材料费用要占到总投资的50%～60%，特殊工程的这一比例更高。对于中国这样一个发展中国家，对建筑材料特性进行深入了解和认识，最大限度地发挥其效能，进而达到最大的经济效益，无疑具有非常重要的意义。

0.2 建筑材料的分类与技术标准

0.2.1 建筑材料的分类

1. 按使用功能分类

(1)建筑结构材料。建筑结构材料主要是指构成建筑物受力构件和结构所用的材料，如梁、板、柱、基础、框架及其他受力构件和结构等所用的材料。这类材料在强度和耐久性方面要求较高。

建筑物所用的主要结构材料有钢筋混凝土和预应力钢筋混凝土、钢结构和铝合金结构等。

(2)墙体材料。墙体材料主要是指建筑物内、外墙及分隔墙体所用的材料，有承重和非承重两类。目前，我国大量采用的墙体材料为粉煤灰砌块、混凝土及加气混凝土砌块等，此外还有混凝土墙板、金属板材和复合墙板等。

(3)建筑功能材料。建筑功能材料主要是指负担某些建筑功能的非承重用材料，如防水材料、绝热材料、吸声和隔声材料、采光材料、装饰材料等。

一般来说，建筑物的可靠性与安全度主要取决于由建筑结构材料组成的构件和结构体系，而建筑物的使用功能与建筑品质主要取决于建筑功能材料。对某一种具体材料来说，它可能兼有多种功能。

2. 按化学成分分类

(1)无机材料。无机材料是指由无机物单独或混合其他物质制成的材料，包括金属材料和非金属材料。

1)金属材料。金属材料是指金属元素或以金属元素为主构成的具有金属特性的材料，包括钢、铁及其合金、铝、铜等。

2)非金属材料。非金属材料是指由非金属元素或化合物构成的材料，包括天然石材、烧土制品、胶凝材料及制品、玻璃、无机纤维材料等。天然石材包括砂、石及石材制品等；烧土制品包括黏土砖、瓦等；玻璃包括普通平板玻璃、特种玻璃(如印花玻璃)等，较多的现代高层建筑采用玻璃幕墙的形式。

(2)有机材料。有机材料包括植物材料、沥青材料及合成高分子材料。

1)植物材料，包括木材、竹材、植物纤维等；

2)沥青材料，包括煤沥青、石油沥青及其制品等；

3)合成高分子材料，包括塑料、涂料、胶粘剂、合成橡胶等。

(3)复合材料。复合材料包括有机与无机非金属复合材料、金属与无机非金属复合材料、金属与有机复合材料。

1)有机与无机非金属复合材料，如聚合物混凝土、玻璃纤维增强塑料等；

2)金属与无机非金属复合材料，如钢筋混凝土、钢纤维混凝土等；

3)金属与有机复合材料，如 PVC 钢板、有机涂层铝合金板等。

0.2.2 建筑材料的技术标准

产品标准化是现代工业发展的产物，是组织现代化大生产的重要手段，也是科学管理的重要组成部分。世界各国对材料的标准化都很重视，均制定了各自的标准。

目前，我国绝大多数的建筑材料制定了产品的技术标准，这些标准一般包括产品规格、分类、技术要求、检验方法、验收规则、标志、运输和储存等方面的内容。

建筑材料的技术标准是产品质量的技术依据。对于生产企业，必须按标准生产合格的产品；同时，技术标准还可促进企业改善管理，提高生产率，实现生产过程的合理化。对于使用部门，则应当按标准选用材料，这样可使设计和施工标准化，从而加速施工进度，降低建筑造价。同时技术标准也是供需双方对产品质量进行验收的依据。

我国建筑材料的技术标准分为国家标准、行业标准、地方标准和企业标准 4 级。技术标准的表示由标准名称、部门代号、标准编号、颁布年份等组成。例如，国家强制性标准

《通用硅酸盐水泥》(GB 175—2007)；国家推荐性标准《低合金高强度结构钢》(GB/T 1591—2018)。各级标准都有各自的代号，见表0.1。

表0.1 各级标准代号

标准种类		代号	
1	国家标准	GB	国家强制性标准
		GB/T	国家推荐性标准
2	行业标准	JC	建材行业标准
		JGJ	建筑工程行业标准
		YB	冶金行业标准
		JT	交通标准
		SD	水电标准
3	地方标准	DB	地方强制性标准
4	企业标准	QB	企业标准指导本企业的生产

建筑材料的标准内容大致包括材料的质量要求和检验两大方面。由于有些标准的分工细且相互渗透、联系，有时一种材料的检验要涉及多个标准和规范。

0.3 建筑材料课程的学习目的及方法

0.3.1 建筑材料课程的学习目的

建筑材料是土建大类专业的一门专业基础课程，通过本课程的学习，学生要掌握材料的性能及应用的基本理论知识，了解材料有关技术标准，掌握常用材料检测的方法，能正确选择材料、合理使用材料、准确地检测材料，培养学生的职业规范、职业道德和职业精神。通过学习，为后续专业课程学习打下基础，也为将来走上助理检测工程师、材料员等相关工作岗位培养能力。

0.3.2 建筑材料课程的学习方法

本课程着重介绍实际工程中常用建筑材料的生产、组成、性能、技术标准、材料的储运和保管、性能检测等方面的知识。本课程的学习重点可概括为掌握“一个中心，两个基本点”。“一个中心”为材料的基本性质及检测标准、方法。“两个基本点”为影响材料性质的两个方面的因素：一个是内在因素，如材料的组成结构；另一个是外在因素，如环境、温度、湿度等。

本课程的教学方法为线上线下混合式教学，学生在学习时，课前可根据教师发布的学习任务，扫描本书中的二维码或者登录在线课程网站进行学习，课中根据教学任务安排，实施理实一体化学习，课后通过课程网站进行拓展学习，并完成检测报告撰写和上交。

模块1 建筑材料的基本性质

学习目标

通过本模块的学习，了解建筑材料基本性质的分类，掌握各种基本性质的概念、表示方法及有关的影响因素，了解材料的耐久性。

学习要求

知识点	能力要求	相关知识
材料的基本物理性质	1. 理解材料基本物理性质的基本概念、表达式、单位； 2. 掌握材料的4种密度计算方法； 3. 掌握材料的密实度、孔隙率、填充率、空隙率的定义与相互关系； 4. 掌握孔隙和孔隙特征对材料性能的影响	密度、表观密度、体积密度、堆积密度；密实度、孔隙率、填充率、空隙率；亲水性和憎水性、吸水性和吸湿性、耐水性、抗渗性和抗冻性；导热性、比热容和热容量、保温隔热性能、热变形性；吸声性能和隔声性能
材料的基本力学性质	1. 理解材料力学性质的基本概念、表达式、计算方法； 2. 掌握材料的抗拉、抗压强度计算方法	强度与比强度、弹性与塑性、脆性与韧性、硬度与耐磨性
材料的耐久性	1. 理解耐久性的破坏因素； 2. 能够根据工程要求和材料特点，采取相应的措施提高材料的耐久性	影响材料耐久性的因素：物理作用、化学作用、机械作用、生物作用

学习参考标准

《建设用砂》(GB/T 14684—2011)；

《建设用卵石、碎石》(GB/T 14685—2011)；

《混凝土物理力学性能试验方法标准》(GB/T 50081—2019)；

《建筑用绝热材料 性能选定指南》(GB/T 17369—2014)；

《民用建筑隔声设计规范》(GB 50118—2010)。

模块导读

一幢建筑物一般是由基础、墙体(或柱)、楼地层(或梁)、楼梯、屋顶、门窗6大部分组成，如梁、板、柱应具有承重功能；墙不但具有承重功能，还具有保温、隔热、隔声的功能；屋面应具有保温、抗渗防水的功能。建筑物是由各种建筑材料建造而成的，材料在建筑物中所处的部位不同，而具有不同的功能。因此，建筑材料必须具备相应的性质。一般而言，建筑材料的基本性质包括物理性质、力学性质和耐久性。

1.1 材料的物理性质

材料的物理性质包括材料与质量有关的物理性质，即密度、表观密度、体积密度、堆积密度、密实度、孔隙率、填充率、空隙率；材料与水有关的物理性质，即亲水性与憎水性、吸水性、吸湿性、耐水性、抗渗性和抗冻性；材料与热有关的物理性质，即导热性、比热容与热容量、保温隔热性能、热变形性；材料与声有关的物理性质，即吸声性能、隔声性能。

1.1.1 材料与质量有关的性质

1. 密度

材料在绝对密实状态下，单位体积的质量称为材料的密度，按下式计算：

$$\rho=\frac{m}{V} \tag{1.1}$$

仿真试验：建筑材料密度试验

式中 ρ——材料的密度(g/cm^3 或 kg/m^3)；

m——材料的质量(g 或 kg)；

V——材料在绝对密实状态下的体积(cm^3 或 m^3)。

材料在绝对密实状态下的体积是指不包括孔隙在内的体积，即材料固体物质的体积。在自然界中，除钢材、玻璃等少数材料其体积接近绝对密实状态下的体积之外，绝大多数材料内部存在孔隙，因此测定材料固体物质的体积时，应将材料磨成细粉，经干燥后采用李氏瓶测定其体积，即排液法(密度瓶法)。材料磨得越细，测得的密度值越精确，对砖、石等材料常采用此种方法。

体积是材料占有的空间尺寸，由于材料具有不同的物理状态，因而表现出不同的体积。块状材料是由哪些体积组成的呢？含孔材料体积构成示意如图 1.1 所示。

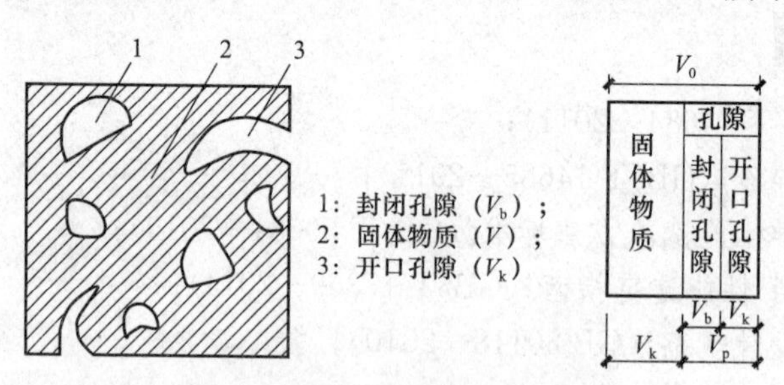

图 1.1 含孔材料体积构成示意

因此，材料的总体积应由固体物质的体积和孔隙体积两部分组成，而材料内部的孔隙又根据是否与外界相连通被分为开口孔隙和封闭孔隙。对于堆积在一起的散粒材料，材料的堆积体积由固体物质的体积、孔隙体积、颗粒之间的空隙体积组成。

微课：块状材料的密度

即 材料的总体积 $V_0=V+V_p$

孔隙体积 $V_p = V_b + V_k$

2. 体积密度

材料在自然状态下，单位体积的质量称为材料的体积密度，按下式计算：

$$\rho_0 = \frac{m}{V_0} \tag{1.2}$$

式中　ρ_0——材料的体积密度(g/cm³ 或 kg/cm³)；

m——材料的质量(g 或 kg)；

V_0——材料在自然状态下的体积(cm³ 或 m³)。

材料在自然状态下的体积是指材料的固体物质体积与材料所含全部孔隙体积之和，如图 1.1 所示。在自然状态下的体积含有内部孔隙和水分，因此在测定材料的体积密度时，材料可以是任意的含水状态(应注明含水情况)；若未注明，均指干燥材料的体积密度。一定质量的材料，孔隙越多，则体积密度值越小。

对于外形规则的材料，可根据其尺寸计算其体积，如烧结砖、砌块；外形不规则的材料可先在材料表面涂蜡，然后用排液法得到其体积。

3. 表观密度

材料在包含内部封闭孔隙下(自然状态下)，单位体积的质量称为材料的表观密度，按下式计算：

$$\rho' = \frac{m}{V'} \tag{1.3}$$

微课：散粒状材料的密度

式中　ρ'——材料的表观密度(g/cm³ 或 kg/m³)；

m——材料的质量(g 或 kg)；

V'——材料的表观体积(cm³ 或 m³)。

材料的表观体积是指材料的固体物质体积与材料内所含封闭孔隙体积之和，如图 1.2 所示。通常用网篮法试验测定。由于表观体积中包含了材料内部孔隙的体积，故一般材料的表观密度总是小于其密度。

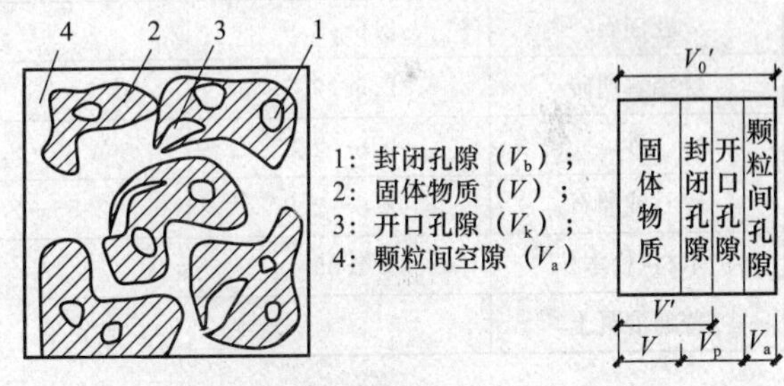

图 1.2　散粒材料的堆积体积构成示意

4. 堆积密度

散粒材料或粉末状材料在堆积状态下，单位体积的质量称为材料的堆积密度，按下式计算：

$$\rho_0' = \frac{m}{V_0} \tag{1.4}$$

式中　ρ_0'——材料的堆积密度(g/cm³ 或 kg/cm³)；

m——材料的质量(g 或 kg)；

V_0'——材料的堆积体积(cm³ 或 m³)。

散粒材料在自然堆积状态下的体积，是指其含固体物质的体积、颗粒内部的孔隙体积、颗粒之间空隙在内的总体积，如图 1.2 所示。砂、石等散粒材料的堆积体积，可以在规定条件下用标准容器的体积来求得。

堆积密度的大小与材料的堆积状态有关，在自然堆积状态下称为松散堆积密度；若以捣实体积计算，称为紧密堆积密度。工程上通常所说的堆积密度，是指松散堆积密度。测定材料的堆积密度时，材料的质量可以是任意含水状态；未注明材料含水率时，是指材料在干燥状态下的质量。

【例 1.1】某种石子经完全干燥后，质量为 482 g，将其放入盛有水的量筒中吸水饱和后，水面由原来的 452 cm^3 上升至 630 cm^3，取出石子擦干表面水后称质量为 487 g，试求该石子的表观密度、体积密度。

解：假设材料的表观体积为 V'，则

$$V'=630-452=178(cm^3)$$

$$V_0=178+(487-482)/1=183(cm^3)$$

表观密度为

$$\rho'=\frac{m}{V'}=\frac{482}{178}=2.708(g/cm^3)$$

体积密度为

$$\rho_0=\frac{m}{V_0}=\frac{482}{183}=2.634(g/cm^3)$$

在建筑工程中，计算构件自重、设计配合比、材料的堆放空间和材料用量时经常要用到密度、表观密度、体积密度和堆积密度等数据。常用建筑材料的密度、表观密度、体积密度、堆积密度见表 1.1。

表 1.1　常用建筑材料的密度、表观密度、体积密度、堆积密度

材料名称	密度/$(g\cdot cm^{-3})$	表观密度/$(g\cdot cm^{-3})$	体积密度/$(kg\cdot m^{-3})$	堆积密度/$(kg\cdot m^{-3})$
钢材	7.85		7 850	
水泥	2.8～3.1			1 000～1 600
花岗石	2.6～2.9		2 500～2 850	
烧结普通砖	2.5～2.7		1 500～1 800	
砂	2.6～2.8	2.55～2.75		1 450～1 700
碎石或卵石	2.6～2.9	2.55～2.85		1 400～1 700
木材(松木)	1.55		400～800	
普通混凝土			2 000～2 500	

5. 密实度

材料体积内固体物质填充的程度称为材料的密实度，其反映了材料的致密程度，以 D 表示，按下式计算：

$$D=\frac{V}{V_0}\times100\%=\frac{\rho_0}{\rho}\times100\% \tag{1.5}$$

对于绝对密实材料，密实度 $D=1$ 或 100%；对于大多数建筑材料，因为材料中孔隙的存在，故密实度 $D<1$ 或 100%。材料的很多性能(如强度、耐久性等)均与密实度有关，材料越密实，其强度越高，耐久性越好。

6. 孔隙率

材料孔隙的体积(包括不吸水的封闭孔隙、能吸水的开口孔隙)占材料总体积的百分率，以 P 表示，按下式计算：

$$P=\frac{V_0-V}{V_0}\times100\%=\left(1-\frac{\rho_0}{\rho}\times100\%\right) \tag{1.6}$$

孔隙率与密实度的关系为 $P+D=1$。

材料孔隙率的大小可直接反映材料的密实程度，孔隙率越大，则密实度越小。

微课：材料的密实度与孔隙率

材料内部孔隙一般由自然形成或在生产、制造过程中产生，主要是自然冷却作用、外加剂作用、材料内部混入水等原因造成的。材料的孔隙构造特征对建筑材料的各种基本性质具有重要的影响，一般可由孔隙率、孔隙连通性和孔隙直径3个指标来描述。连通孔是指孔隙之间、孔隙和外界之间都连通的孔隙；封闭孔是指孔隙之间、孔隙和外界之间都不连通的孔隙；介于两者之间的称为半连通孔或半封闭孔。一般而言，孔隙率较小且连通孔较少的材料，其吸水性较小、强度较高、抗渗性和抗冻性较好、绝热效果好。一般情况下，连通孔对材料的吸水性、吸声性影响较大，而封闭孔对材料的保温隔热性能影响较大。孔隙按其直径的大小，可分为粗大孔、毛细孔、微孔3类。粗大孔是指直径大于毫米级的孔隙，这类孔隙对材料的密度、强度等性能影响较大；毛细孔是指直径在微米至毫米级的孔隙，对水具有强烈的毛细作用，主要影响材料的吸水性、抗冻性等性能，这类孔隙在多数材料内都存在；微孔的直径在微米级以下，其直径微小，对材料的性能反而影响不大。

7. 填充率

散粒材料包含闭孔孔隙在内的体积与堆积体积的比率称为材料的填充率，以 D' 表示，表示其被颗粒填充的程度，按下式计算：

$$D'=\frac{V'}{V'_0}\times100\%=\frac{\rho'_0}{\rho'}\times100\% \tag{1.7}$$

8. 空隙率

散粒状材料在堆积体积内颗粒之间的空隙和开口孔隙体积之和占堆积体积的百分率，称为材料的空隙率，以 P' 表示，按下式计算：

$$P'=\frac{V'_0-V'}{V'_0}\times100\%=\left(1-\frac{\rho'_0}{\rho'}\times100\%\right) \tag{1.8}$$

空隙率与填充率的关系为 $P'+D'=1$。

空隙率的大小可直接反映散粒材料颗粒之间的填充致密程度。

微课：材料的填充率与空隙率

对于混凝土的粗、细集料，空隙率越小，说明其颗粒大小搭配得越合理，配制的混凝土越密实，也越节约水泥。配制混凝土时，砂、石空隙率可作为控制混凝土集料级配与计算砂率的依据。

1.1.2　材料与水有关的性质

1. 亲水性与憎水性

材料与水接触时，表面能被水润湿的性质称为亲水性，如砖、石、混凝土、木材等，为常见的亲水性材料；不能被水润湿的性质称为憎水性，如沥青、石蜡等，为常见的憎水性材料。

微课：材料的亲水性和憎水性

在水、材料、空气的三相交接处沿水滴表面作切线，切线沿水滴方向与材料接触面所形成的夹角称为材料的润湿角，以θ表示。一般认为，当$\theta \leqslant 90°$时[图 1.3(a)]，材料与水分子之间的作用力大于水分子之间的内聚力，材料表现出亲水性；当$\theta > 90°$时[图 1.3(b)]，材料与水分子之间的作用力小于水分子之间的内聚力，材料表现出憎水性。θ越小，表明材料越易被水润湿。

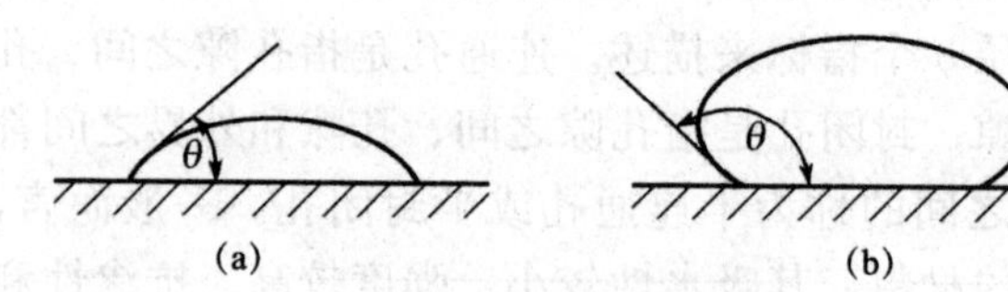

图 1.3　材料的润湿角

(a)$\theta \leqslant 90°$；(b)$\theta > 90°$

亲水性材料容易被水润湿，且水能通过毛细管作用而被吸入材料内部；憎水性材料则能阻止水分渗入毛细管，从而降低材料的吸水性。因此，憎水性材料常被用作防水材料或作为亲水材料的覆面层，从而提高其防水、防潮性能。

2. 吸水性

材料在水中吸收水分的性质称为吸水性，吸水性大小以吸水率表示。吸水率有两种表达方式，即质量吸水率和体积吸水率。

(1)质量吸水率。材料在吸水饱和时，所吸水的质量占材料在干燥状态下质量的百分率，以W_m表示，按下式计算：

$$W_m = \frac{m_b - m_g}{m_g} \times 100\% \tag{1.9}$$

式中　m_b——材料吸水饱和状态下的质量(g 或 kg)；

m_g——材料干燥状态下的质量(g 或 kg)。

(2)体积吸水率。材料在吸水饱和时，所吸水的体积占干燥材料自然体积的百分率，以W_V表示，按下式计算：

$$W_V = \frac{m_b - m_g}{V_0} \frac{1}{\rho_W} \times 100\% \tag{1.10}$$

式中　m_b——材料吸水饱和状态下的质量(g 或 kg)；

m_g——材料干燥状态下的质量(g 或 kg)；

V_0——材料在自然状态下的体积(cm^3 或 m^3)；

ρ_W——水的密度(g/cm^3 或 kg/m^3)。

两种吸水率的关系为$W_V = W_m \rho_0$。

微课：材料的吸水性和吸湿性

常用的建筑材料，其吸水率一般采用质量吸水率表示。对于某些轻质材料(如加气混凝土、木材等)，因存在很多开口且微小的孔隙，其质量吸水率往往超过 100%，一般采用体积吸水率表示。一般而言，孔隙率越大，开口孔隙越多，则材料的吸水率越大；但如果开口孔隙粗大，则不易存留水分，即孔隙率较大，材料的吸水率也较小；另外，封闭孔隙水分不能进入，吸水率较小。除材料孔隙情况外，其本身的化学组成、结构和构造状况也是影响材料吸水性的因素。

材料的吸水率越大，其吸水后强度下降越大，导热性增大，抗冻性随之降低。因此，材料的吸水率大对材料性能是不利的。

3. 吸湿性

材料在潮湿的空气中吸收空气中水分的性质称为吸湿性，以含水率 W_h 表示，按下式计算：

$$W_h=\frac{m_s-m_g}{m_g}\times 100\% \tag{1.11}$$

式中 m_s——材料在吸湿状态下的质量(g 或 kg)；

m_g——材料干燥状态下的质量(g 或 kg)。

材料本身的特性、环境的温度、湿度都会影响材料的含水率。当环境温度低时，相对湿度较大，材料的含水率就大，反之则小。材料既能在空气中吸收水分，又能向外界释放水分，当材料中的水分与空气的湿度达到平衡时，此时的含水率就称为平衡含水率。当材料内部孔隙吸水达到饱和时，此时材料的含水率等于吸水率。

材料吸收空气中的水分后会导致其自重增大、保温隔热性降低，强度和耐久性将产生不同程度的下降。材料吸湿和还湿还会引起其体积变形影响使用，例如木地板的起拱或者接触不严现象。因此，材料的吸湿性会对材料产生不利影响。

4. 耐水性

材料长期在饱和水作用下不破坏，强度也不显著降低的性质称为耐水性，以软化系数 K_R 表示，按下式计算：

$$K_R=\frac{f_b}{f_g} \tag{1.12}$$

微课：材料的耐水性

式中 f_b——材料在吸水饱和状态下的抗压强度(MPa)；

f_g——材料在干燥状态下的抗压强度(MPa)。

软化系数反映了材料吸水饱和后强度降低的程度，是材料吸水后性质变化的重要特征之一。一般材料吸水后，水分会分散在材料内微粒的表面，削弱其内部结合力，强度则有不同程度的降低。当材料内含有可溶性物质时(如石膏、石灰等)，吸入的水还可能溶解部分物质，造成强度的严重降低，因此软化系数的波动范围为 0～1。工程中将软化系数大于 0.85 的材料称为耐水性材料，用于经常位于水中或潮湿环境的重要结构一般为 0.85～0.90；对于用于受潮较轻或次要结构的材料，其软化系数也不宜小于 0.75；对于经常位于干燥环境的结构物，可不必考虑软化系数。

5. 抗渗性

材料在压力水作用下抵抗水渗透的性质称为抗渗性，以渗透系数 k 或抗渗等级表示，根据达西定律，可通过下式计算：

$$k=\frac{Qd}{HAt} \tag{1.13}$$

微课：材料的抗渗性

式中 k——渗透系数(cm/h)；

Q——试件渗水量(cm^3)；

d——试件厚度(cm)；

t——渗水时间(h)；

H——材料两侧的水头差(cm)；

A——渗水面积(cm^2)。

渗透系数反映了材料抵抗压力水渗透的性质，渗透系数越小，材料的抗渗性越强。材料的孔隙率和孔隙特征，对抗渗性影响较大。孔隙率很小而且是封闭孔隙的材料具有较高的抗渗性。对于地下建筑及水工构筑物，因常受到压力水的作用，故要求材料具有一定的抗渗性；对于防水材料，则要求具有更高的抗渗性。

对于混凝土、砂浆等材料常用抗渗等级(P)表示。材料的抗渗等级是指用标准方法进行透水试验时，材料标准试件在透水前所能承受的最大水压力，并以字母 P 及可承受的水压力的10倍来表示。如 P4、P6、P8、P10 等，分别表示材料能承受最大 0.4 MPa、0.6 MPa、0.8 MPa、1.0 MPa 的水压而不渗水。

6. 抗冻性

材料在吸水饱和状态下，抵抗多次冻融循环而不被破坏，同时其强度也未明显降低的性质称为抗冻性，以抗冻等级 F 来表示。材料吸水后，在负温作用条件下，水在材料毛细孔内冻结成冰，体积膨胀所产生的冻胀压力造成材料的内应力，会使材料遭到局部破坏，随着冻融循环的反复，材料的破坏作用逐步加剧，这种破坏称为冻融破坏。

微课：材料的抗冻性

抗冻等级是以规定的试件，采用标准试验方法，测得其强度降低不超过规定值，并无明显损害和剥落时所能经受的最大冻融循环次数来确定，以字母 F 及能经受的最大冻融循环次数来表示。例如，抗冻等级 F10 表示在标准试验条件下，材料强度下降不大于 25%，质量损失不大于 5%，所能经受的冻融循环的次数最多为 10 次。

材料经多次冻融循环后，由于材料内部孔隙中的水分结冰时体积增大，对孔壁产生很大的压力，冰融化时压力又骤然消失，导致表面出现裂纹、剥落等现象，造成质量损失、强度降低。材料抗冻性的好坏取决于材料的孔隙率、孔隙的特征、吸水饱和程度等。若材料的变形能力大，强度高，软化系数大，则抗冻性较高。

在设计寒冷地区及寒冷环境(如冷库)的建筑物时，必须考虑材料的抗冻性。在温暖地区的建筑物，虽然无冻融作用，但为抵抗大气的风化作用，确保建筑物的耐久性，也常对材料提出一定的抗冻性要求。

1.1.3 材料与热有关的性质

在建筑中，为了节约建筑物的使用能耗，同时为生产和生活创造适宜的条件，常要求材料具有一定的热工性能以维持室内温度。材料与热有关的性质有导热性、比热容与热容量、保温隔热性能和热变形性等。

1. 导热性

当材料两侧存在温差时，热量将从温度高的一侧传递到温度低的一侧，材料这种传导热量的能力称为导热性，以导热系数 λ 表示，按下式计算：

$$\lambda=\frac{Qd}{(T_2-T_1)At} \tag{1.14}$$

式中 λ——导热系数[W/(m·K)]；

d——材料的厚度(m)；

t——热传导的时间(s)；

Q——传导的热量(J)；

A——热传导面积(m^2)；

T_2-T_1——材料两侧的温差(K)。

导热系数是指厚度为1 m的材料，当两侧的温差为1 K时，在1 s时间内通过1 m^2 面积的热量。材料的导热系数越小，绝热性能越好。因为密闭空气的导热系数很小，所以材料的孔隙率较大的其导热系数较小，但若孔隙粗大而贯通，由于对流作用的影响，材料的导热系数反而增高。因水和冰的导热系数比空气的导热系数高很多，材料受潮或受冻后，材料的导热系数会大大提高。因此，绝热材料应经常处于干燥状态，以利于发挥材料的绝热效能。常见典型材料的热工性质指标见表1.2。

微课：材料的导热性与热容量

表1.2 典型材料的热工性质指标

材料	导热系数 /[W·(m·K)$^{-1}$]	比热容 /[J·(g·K)$^{-1}$]	材料	导热系数 /[W·(m·K)$^{-1}$]	比热容 /[J·(g·K)$^{-1}$]
钢材	58	0.48	泡沫塑料	0.033～0.048	1.38
花岗石	3.49	0.92	冰	2.20	2.05
钢筋混凝土	1.74	0.92	水	0.58	4.18
石膏板	0.33	1.05	密闭空气	0.023	1.00
松木	0.14～0.29	2.51	平板玻璃	0.76	0.84

2. 比热容与热容量

材料受热后吸收热量，冷却时放出热量的性质称为热容量，用比热容 c 表示，按下式计算：

$$c=\frac{Q}{m(T_2-T_1)} \tag{1.15}$$

式中 c——材料的比热容[J/(g·K)]；

Q——材料吸收或放出的热量(J)；

m——材料的质量(g)；

T_2-T_1——材料受热或冷却前后的温度差(K)。

比热容是单位质量的材料，温度每升高或降低1 K时所吸收或放出的热量，即使同一种材料，由于其处物态不同，比热容也不同。材料的热容量是材料的比热容与材料的质量之积，由上式可以看出，在热量一定的情况下，热容量值越大，温差越小。热容量大的材料可减小室内温度的波动，使其保持恒定。对于墙体、屋面等围护结构材料，应采用导热系数小、热容量值大的材料，这对于减小室内温度波动，节约能源起着重要的作用。

3. 保温隔热性能

习惯上，把防止室内热量的散失称为保温，把防止外部热量的进入称为隔热，将保温隔热统称为绝热。保温隔热性能的优劣主要通过导热系数反映，导热系数表征材料在稳定传热状况下的导热能力，其导热系数值越小越好。保温隔热材料的导热系数一般小于0.174

W/(m·K)。绝热材料一般是轻质、疏松、多孔的纤维状材料，比如膨胀珍珠岩及制品、岩棉板(图 1.4)、泡沫玻璃、聚苯乙烯泡沫塑料等。

图 1.4　岩棉板

4. 热变形性

材料随温度的升降而产生热胀冷缩变形的性质称为热变形性，以线膨胀系数 α 表示，按下式计算：

$$\alpha=\frac{\Delta L}{L\times\Delta T} \tag{1.16}$$

式中　α——材料的平均线膨胀系数(1/K)；

ΔL——材料在温度变化后的变形量(mm)；

ΔT——材料在温度变化后的温度差(K)；

L——材料原来的长度(mm)。

线膨胀系数越大，表明材料的热变形量越大。在土木工程中，因温度、日照变化会引起金属等热膨胀系数大的材料发生伸缩，导致构件产生位移，因此，在构件接合和组合时都必须予以注意。

1.1.4　材料与声有关的性质

1. 吸声性能

物体振动时，迫使邻近空气随着振动而形成声波，当声波接触到材料表面时，一部分被反射，另一部分穿透材料，而其余部分在材料内部的孔隙中引起空气分子与孔壁的摩擦和黏滞阻力，使相当一部分声能转化为热能而被吸收，称为材料的吸声性能，以吸声系数表示。

被材料吸收的声能(包括穿透材料的声能)与原先传递给材料的全部声能之比，称为吸声系数。一般材料的吸声系数为 0～1，吸声系数越大，则吸声效果越好。一般在音乐厅、电影院、播音室、噪声大的厂房应使用适当的吸声材料，抑制噪声和减弱声波。

选用吸声材料时，为发挥吸声材料的作用，必须选择气孔开放互相连通的材料，孔隙越多、越细小，吸声性能越好。建筑材料中常用的吸声材料有泡沫塑料、工业毛毡、泡沫玻璃、玻璃棉、矿渣棉、沥青矿渣棉、水泥膨胀珍珠岩板、石膏砂浆(掺水泥和玻璃纤维)、软木板等。

2. 隔声性能

材料能减弱或隔断声波传递的性能称为隔声性能。结构的隔声性能用隔声量表示，隔声量是指入射与透过材料声能相差的分贝(dB)数，隔声量越大，隔声性能越好。

对于一个建筑空间，它的围护结构受到外部声场的作用或直接受到物体撞击而发生振动，就会向建筑空间辐射声能，于是空间外部的声音通过围护结构传到建筑空间中来，叫作传声。传进来的声能总是或多或少地小于外部的声音或撞击的能量，所以说围护结构隔绝了一部分作用于它的声能，叫作隔声。隔声材料与吸声材料不同，隔声材料多采用沉重、密实的材料，对入射的声波具有较强的反射，使透射的声波大大减少，从而起到隔声的效果，通常隔声好的材料吸声性能就差。建筑材料中常用的隔声材料有烧结普通砖、钢筋混凝土、中空玻璃等。

1.2 材料的力学性质

材料的力学性质是指材料在外力(荷载)作用下，抵抗破坏和变形的能力，它是选用建筑材料时首要考虑的基本性质。材料的基本力学性质包括 4 个方面：材料的强度与比强度、材料的弹性与塑性、材料的脆性与韧性、材料的硬度与耐磨性。

1.2.1 材料的强度与比强度

1. 材料的强度

材料在外力(荷载)作用下抵抗破坏的能力称为材料的强度，以材料受力破坏时，单位受力面积上所承受的力表示，按下式计算：

微课：材料的强度

$$f=\frac{P}{A} \tag{1.17}$$

式中 f——材料的强度(MPa)；

P——材料破坏时的最大荷载(N)；

A——试件受力面积(mm^2)。

材料在建筑物上所受的外力主要有拉力、压力、剪力及弯曲(图 1.5)等，材料抵抗这些外力破坏的能力，分别称为抗拉强度、抗压强度、抗剪强度和抗弯(抗折)强度。材料的抗压、抗拉、抗剪强度均按上式计算。

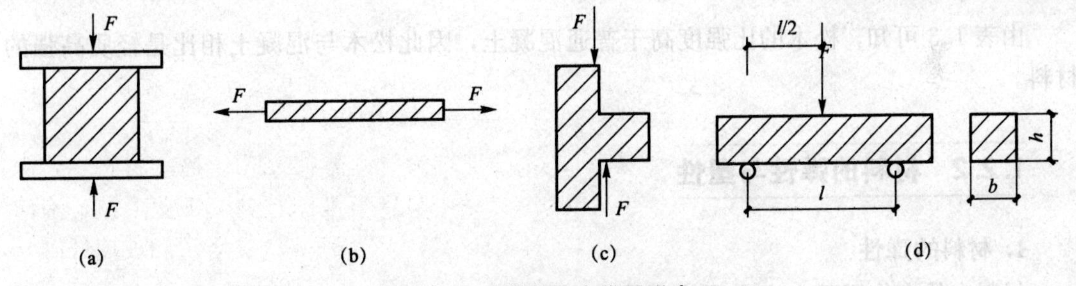

图 1.5 建筑物外力作用形式

(a)抗压；(b)抗拉；(c)抗剪；(d)抗弯

材料的抗弯强度大小与试件截面形状及加荷方式等情况有关，对于矩形截面，在跨中受集中荷载作用，按下式计算：

$$f_t=\frac{3PL}{2bh^2} \tag{1.18}$$

对于矩形截面，在三分点上受两个集中荷载的作用，按下式计算：

$$f_t=\frac{PL}{bh^2} \tag{1.19}$$

式中 f_t——材料的抗弯强度(MPa)；

P——材料破坏时极限荷载值(N)；

L——试件两支点之间的间距(mm)；

b，h——试件截面的宽和高(mm)。

试验测定的强度值除受材料本身的组成、结构、孔隙率大小等内在因素的影响外，还与试验条件有密切关系，如试件形状、尺寸、表面状态、含水率、环境温度及试验时加荷速度等。为了使测定的强度值准确且具有可比性，必须按规定的标准试验方法测定材料的强度。

大部分建筑材料根据其极限强度的大小，可划分为若干不同的强度等级，如水泥砂浆的强度等级可分为 M30、M25、M20、M15、M10、M7.5、M5。将建筑材料划分为若干强度等级，对掌握材料性能、合理选用材料、正确进行设计和控制工程质量十分重要。

2. 材料的比强度

材料的强度与其表观密度之比称为比强度。不同材料强度大小的比较可采用比强度，它是衡量材料轻质、高强的一个重要指标，比强度越高表明达到相应强度所用的材料质量越轻。几种常见材料的比强度见表 1.3。

表 1.3 几种常见材料的比强度

材料	表观密度/(kg·m^{-3})	强度/MPa	比强度
低碳钢	7 850	420	0.054
松木(顺纹抗拉)	500	100	0.200
玻璃钢	2 000	450	0.225
烧结普通砖(抗压)	1 700	10	0.006
普通混凝土(抗压)	2 400	40	0.017

由表 1.3 可知，松木的比强度高于普通混凝土，因此松木与混凝土相比是轻质高强的材料。

1.2.2 材料的弹性与塑性

1. 材料的弹性

材料在外力作用下产生变形，当外力取消后能够完全恢复原来形状的性质称为弹性，这种完全恢复的变形称为弹性变形。

弹性模量是衡量材料抵抗变形能力的一个指标，是指所受的应力与应变的比值，其在一定范围内为一常数，按下式计算：

$$E=\frac{\sigma}{\varepsilon} \tag{1.20}$$

微课：材料的弹性和塑性

式中 σ——材料承受的应力；

ε——材料在应力作用下的应变；

E——材料的弹性模量。

弹性模量值越大，说明材料在相同外力作用下的变形越小。

2. 材料的塑性

在外力作用下材料产生变形，如果取消外力，仍保持变形后的形状尺寸并且不产生裂缝的性质称为塑性，这种不能消失的变形，称为塑性变形。

完全弹性材料是没有的，许多材料受力不大时仅产生弹性变形，当受力超过一定限度后，即产生塑性变形(如低碳钢)。有许多材料在受力时，弹性变形和塑性变形同时发生(如普通混凝土)，当外力解除后，弹性变形会恢复，而塑性变形不可恢复。材料的变形曲线如图 1.6 所示。

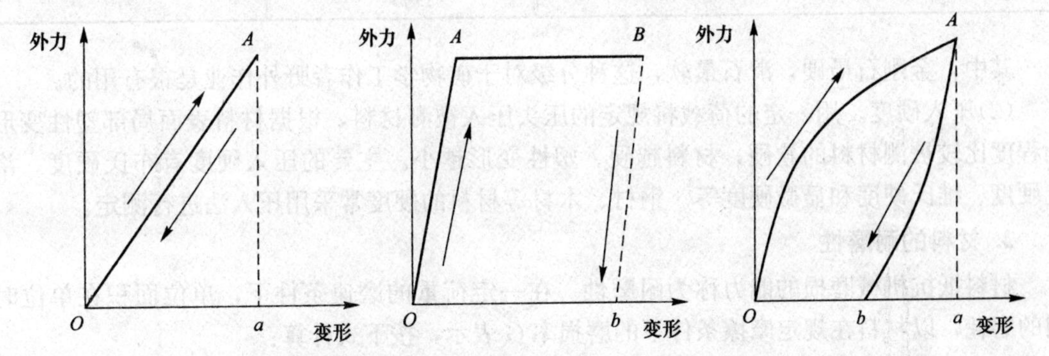

图 1.6 材料的弹性变形曲线、塑性变形曲线、弹塑性变形曲线(从左至右)

1.2.3 材料的脆性与韧性

1. 材料的脆性

微课：材料的脆性和韧性

在外力作用下，当外力达到一定限度后，材料突然破坏而又无明显的塑性变形的性质称为脆性。脆性材料的另一特点是抗压强度高而抗拉、抗折强度低，在工程中使用时应注意发挥这类材料的特性。例如建筑材料中天然石材、砖、混凝土、砂浆都是常见的脆性材料。

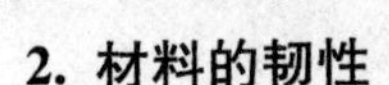

2. 材料的韧性

材料在冲击荷载或振动荷载作用下，能吸收较大的能量，同时产生较大的变形而不破坏的性质称为韧性。在工程中，如吊车梁、桥梁、路面及有抗震要求的结构，均要求所用材料具有较高的韧性。例如，钢材、木材等属于韧性较好的建筑材料。

【小提示】建筑材料存在韧性和脆性，人和物道理是相通的，要具有韧性，培养抗击打能力。

1.2.4 材料的硬度与耐磨性

1. 材料的硬度

材料表面能抵抗其他较硬物体压入或刻划的能力，称为材料的硬度，是比较各种材料软硬的指标。不同材料的硬度测定方法不同，通常用划痕法、压入法、回弹法等。

(1)划痕硬度。1822 年，德国矿物学家莫斯以 10 种矿物的划痕硬度作为标准，定出 10 个硬度等级，称为莫氏硬度。10 种矿物的莫氏硬度见表 1.4。

表 1.4　10 种矿物的莫氏硬度

矿物名称	硬度	矿物名称	硬度
金刚石	10	磷灰石	5
刚玉	9	萤石	4
黄玉	8	方解石	3
石英	7	石膏	2
长石	6	滑石	1

其中，金刚石最硬，滑石最软，这种分级对于矿物学工作者野外作业是很有用的。

(2)压入硬度。用一定的荷载将规定的压头压入被测材料，根据材料表面局部塑性变形的程度比较被测材料的软硬，材料越硬、塑性变形越小。主要的压入硬度有布氏硬度、洛氏硬度、维氏硬度和显微硬度等。钢材、木材等材料的硬度常采用压入法进行测定。

2. 材料的耐磨性

材料抵抗机械磨损的能力称为耐磨性。在一定荷重的磨速条件下，单位面积在单位时间的磨耗，以材料在规定摩擦条件下的磨损率 G 表示，按下式计算：

$$G=\frac{m_1-m_2}{A} \tag{1.21}$$

式中　G——材料的磨损率(g/cm^2)；

m_1——材料磨损前的质量(g)；

m_2——材料磨损后的质量(g)；

A——材料试件的受磨面积(cm^2)。

耐磨性和材料绝大多数性能有关系。建筑工程中，用于道路、地面、踏步等部位的材料，均应考虑其硬度和耐磨性。一般来说，强度较高且密实的材料，其硬度较大、耐磨性较好。

1.3　材料的耐久性

耐久性是指材料在使用条件下，受各种内在、外在因素的作用，长久地保持其使用性质的能力。

微课：材料的耐久性

1.3.1　影响材料耐久性的因素

影响材料耐久性的因素是多种多样的，除材料内在原因使其组成、构造、性能发生变化以外，还要长期受到使用条件及各种自然因素的作用，这些作用可概括为以下几方面：

(1)物理作用：包括环境温度、湿度的交替变化，即冷热、干湿、冻融等循环作用。材料在经受这些作用后，将发生膨胀、收缩或产生内应力。长期的反复作用将使材料发生变形、开裂，甚至破坏。

(2)化学作用：包括大气、环境水中的酸、碱、盐或其他有害物质对材料的侵蚀作用。材料在经受这些作用后，导致材料发生腐蚀、碳化、锈蚀、老化等破坏。

(3)机械作用：材料在持续荷载、交变荷载等作用下，会导致材料发生疲劳、冲击、磨损等破坏。

(4)生物作用：包括菌类、昆虫等侵害作用，从而导致材料发生腐朽、虫蛀等破坏。

1.3.2 材料耐久性的测定及提高耐久性的方法

耐久性是材料的一项综合性能，包括抗渗性、抗冻性、抗风化性、抗老化、耐化学腐蚀性等。对材料耐久性最可靠的判断，是对其在使用条件下进行长期的观察和测定，但这需要很长的时间，因此可在试验室中用短时试验指标来表达。如常用软化系数来反映材料的耐水性；在试验室对材料进行冻融循环试验，得出的抗冻等级来反映材料的抗冻性。

为了提高材料的耐久性，节约建筑材料、保证建筑物长期正常使用、减少维修费用、延长建筑物使用寿命，可采用降低环境湿度、排除侵蚀性物质、提高材料的密实度、在材料表面设置保护层等方法。

模块小结

了解和掌握建筑材料的各种基本性质对于认识、研究和应用建筑材料具有极为重要的意义。应熟练掌握建筑材料的基本物理性质和力学性质的概念、表示方法、影响因素、检测试验方法等。材料的耐久性是材料的一项综合性能，应理解其影响因素，并用相应的试验室方法测定其某项指标。

工程案例

超高韧性水泥基复合材料的应用

近年来，我国公路桥梁事业迅速发展，混凝土路面与桥梁应用广泛。但是，混凝土材料抗拉强度低、易开裂，随着时间的增长也出现了局部损伤和耐久性等问题。20 世纪 90 年代，Li 等利用水泥、水、高性能减水剂、聚乙烯醇纤维(简称 PVA 纤维)、超细石英砂、粉煤灰、硅灰等材料，通过力学分析与计算机模拟，兼顾混凝土基体、纤维和两者界面的特点，在经过反复的设计、比选和优化之后，获得一种超高韧性水泥基复合材料(Engineered Cementitious Composites，ECC)。

研究表明，ECC 不仅具有很好的抗拉、抗压、抗剪等特性，还具有良好的抗疲劳、抗渗透、抗冻融、抗侵蚀等性能。例如，在疲劳荷载作用下 ECC 具有非常好的裂缝控制能力，在经历 10 万次循环后，ECC 板的裂缝宽度并没有明显变宽，只有 50 μm 左右，而把混凝土板进行 10 万次循环后，其最大的裂缝宽度已经超过了 600 μm。

2002 年，美国的密歇根大学和密歇根州交通局(MDOT)合作，使用 ECC 对桥面板进行修补。在荷载和环境作用相同的情况下，随着时间的推移，使用 ECC 材料修补比使用混凝土材料的优势越来越明显，这表明 ECC 是一种耐久的建筑材料。此后，ECC 材料被广泛应用于日本广岛地区的三鹰大坝、铁路高架桥等工程的修复工作，以及苏黎世火车总站扩建、日本北海道三原大桥等工程项目。因此，其具有广泛的应用前景。

知识拓展

二氧化硅气凝胶的应用

随着我国工业化进程的加快，煤、石油等一次性能源的储量在急剧下降并日趋枯竭，能源危机不可避免，建筑节能刻不容缓。所谓建筑节能，就是在改善建筑舒适性的前提下节约能源，提高能源的利用率。大力推广低碳、环保、绿色建筑的新型建筑材料迫在眉睫。

建筑墙体保温是建筑节能的重要手段，建筑能耗中墙体能量损失约50%，墙体保温材料市场前景广阔。未来，建筑绝热节能材料向多功能复合保温、轻质化保温、保温装饰一体化、绿色环保保温、防潮防水保温、真空绝热、纳米孔等材料方向发展。

二氧化硅气凝胶又被称为“蓝烟”“固体烟”，是目前已知的最轻的固体材料，也是迄今保温性能最好的材料，因此被称为“改变世界的神奇材料”。因其具有纳米多孔结构、低密度、低导热系数、高孔隙率，在力学、声学、热学、光学等诸方面显示出独特性质，既可以应用于航空航天及军事领域，又可以应用于民用建筑领域。作为一种新型建筑材料，既可以作为建筑物外墙保温材料，又可以用于高层建筑，取代一般玻璃幕墙，大大减轻建筑物自重，并起到防火的作用(图1.7)。

图1.7 二氧化硅气凝胶

拓展训练

一、填空题

1. 材料的吸湿性是指材料在________的性质。
2. 材料吸收水分的能力可用吸水率表示，一般有______和______两种表示方法。
3. 评价材料是否轻质、高强的指标是______，其值越大，表明________。
4. 材料的变形特征有______和______两种类型。
5. 材料的耐水性、抗渗性、导热性分别用______、______、______表示。

二、选择题

1. 将一批混凝土试件，经养护28 d后分别测得其养护状态下的平均抗压强度为23 MPa，干燥状态下的平均抗压强度为25 MPa，吸水饱和状态下的抗压强度为22 MPa，则其软化系数为(　　)。

A. 0.92　　B. 0.88　　C. 0.96　　D. 0.13

2. 在100 g含水率为3%的湿砂中，其中水的质量为(　　)g。

A. 2.5　　B. 3.0　　C. 3.3　　D. 2.9

3. 经常位于水中或受潮严重的重要结构物的材料，其软化系数不宜小于(　　)。

A. 0.70　　B. 0.75　　C. 0.85　　D. 0.90

4. 材料的孔隙率增大时，其性质保持不变的是(　　)。

A. 体积密度　　B. 表观密度　　C. 强度　　D. 密度

5. 下述导热系数最小的是(　　)。

A. 水　　B. 冰　　C. 空气　　D. 木材

三、简答题

1. 材料的孔隙率、孔隙状态、孔隙尺寸对材料的性质(如强度、保温、抗渗、抗冻、耐腐蚀、吸水性等)有何影响?

2. 材料的密度、表观密度、体积密度、堆积密度有何区别?如何测定?材料含水后对这四者有什么影响?

3. 材料的孔隙率与空隙率有何区别?如何计算?

4. 什么是平衡含水率?

5. 影响材料吸水率的因素有哪些?含水对材料的哪些性质有影响?影响如何?

6. 如何改善材料的抗渗性和抗冻性?

7. 影响材料导热系数的因素有哪些?为什么新建的房屋感觉冷，尤其是冬天?

8. 脆性材料、韧性材料各有何力学特点?各适合承受哪种外力?

9. 什么是材料的耐久性?为什么对材料要有耐久性要求?

四、计算题

1. 某工地所用卵石材料的密度为 2.65 g/cm^3，体积密度为 2.61 g/cm^3，堆积密度为 1 680 kg/m^3，试计算此石子的孔隙率与空隙率。

2. 有一块烧结普通砖，在吸水饱和状态下质量为 2 900 g，其绝干质量为 2 550 g。砖的尺寸为 240 mm×115 mm×53 mm，经干燥并磨成细粉后取 50 g，用排水法测得绝对密实体积为 18.62 cm^3。试计算该砖的吸水率、密度、孔隙率。

五、"直通职考"模拟考题

1. 一般来说，同一组成、不同表观密度的无机非金属材料，表观密度大的(　　)。

A. 强度高　　B. 强度低　　C. 孔隙率大　　D. 空隙率大

2. 下列材料中属于韧性材料的是(　　)。

A. 烧结普通砖　　B. 石材　　C. 高强度混凝土　　D. 木材

3. 轻质无机材料吸水后，该材料的(　　)。

A. 密实度增加　　B. 绝热性能提高　　C. 导热系数增大　　D. 孔隙率降低

4. 憎水材料的润湿角(　　)。

A. $>90^{\circ}$　　B. $>135^{\circ}$　　C. $<90^{\circ}$　　D. $<180^{\circ}$

5. 含水率 3%的砂 500 g，其中所含的水量为(　　)g。

A. 15　　B. 14.6　　C. 20　　D. 13.5

6. 影响保温材料导热系数的因素有(　　)。

A. 材料的性质　　B. 表观密度与孔隙特征

C. 温度及湿度　　D. 材料几何形状　　E. 热流方向

7. 一般情况下，通过破坏性试验来测定材料的(　　)性能。

A. 硬度　　B. 强度　　C. 耐候性　　D. 耐磨性

8. 下列材料不是绝热材料的是(　　)。

A. 石棉　　B. 石膏板　　C. 泡沫玻璃板　　D. 软木板

模块2　气硬性胶凝材料

学习目标

通过本模块的学习，理解胶凝材料的分类，掌握石灰、石膏、水玻璃的生产、熟化、硬化的规律，重点掌握石灰、石膏的技术要求、相关标准以及在工程实际中的应用。掌握石灰的检测方法。

学习要求

知识点	能力要求	相关知识
石灰	1. 掌握石灰的生产与品种； 2. 掌握石灰熟化和凝结硬化的原理； 3. 重点掌握石灰的技术标准； 4. 重点掌握石灰在工程实际中的应用； 5. 了解石灰的储存和运输	石灰的生产、熟化和凝结硬化、石灰的特性、应用以及相关的国家标准
建筑石膏	1. 掌握石膏的生产与品种； 2. 掌握石膏熟化和凝结硬化的原理； 3. 掌握石膏的技术标准； 4. 掌握石膏在工程实际中的应用； 5. 了解石膏的储存和运输	石膏的生产、熟化和凝结硬化、石膏的特性、应用以及相关的国家标准
水玻璃	1. 了解水玻璃的组成； 2. 了解水玻璃硬化原理； 3. 掌握水玻璃在工程实际中的应用	水玻璃的组成及生产、凝结硬化和应用

学习参考标准

《建筑生石灰》(JC/T 479—2013)；

《建筑消石灰》(JC/T 481—2013)；

《建筑石膏》(GB/T 9776—2008)；

《建筑石灰试验方法　第1部分：物理试验方法》(JC/T 478.1—2013)；

《建筑石灰试验方法　第2部分：化学分析方法》(JC/T 478.2—2013)。

模块导读

人类最早使用的胶凝材料是黏土。黏土膏强度低、耐水性差，后来人们在进行开山劈石的过程中(古人多采用先火烧再水浇的方法使岩石破碎)发现某些岩石经火烧后可制成石灰与石膏。石灰与石膏的性能较黏土好，但其强度仍较低，且耐水性差。将石灰与黏土掺和使用后，发现其强度和耐水性有所提高。这期间也有人尝试用火山灰作为胶凝材料，但火山灰单独使用时，并不具有胶结能力。但将火山灰与石灰共同使用，其强度及耐水性有较大改善，古罗马许多建筑均采用这种材料，这就是水泥的前身。后来化学作为一门学科兴起，人们在研究黏土与火山灰后，发现其主要成分相似，“黏土+石灰”性能没有“火山灰+石灰”好，这是由于黏土没有经过火山喷发时高温的煅烧。因此，开始用石灰岩和黏土同时煅烧的方法制造胶凝材料，至18世纪初，英国人终于制造出了水泥。这是胶凝材料发展史也是建筑史上的一个飞跃。因硬化后的水泥石与波特兰山上的岩石相似，故命名为“波特兰水泥”。

胶凝材料是在物理、化学作用下，能从浆体变成坚固的石状体，同时并能够将散粒材料或者块状材料粘结成具有一定机械强度整体的材料，通称为胶凝材料。胶凝材料按其化学成分的不同，分为有机胶凝材料和无机胶凝材料两大类。建筑上使用的各种沥青、合成树脂等属于有机胶凝材料。无机胶凝材料按硬化条件，分为气硬性胶凝材料和水硬性胶凝材料。气硬性胶凝材料只能在空气中硬化，也只能在空气中保持和发展其强度；水硬性胶凝材料则既能在空气中，又可在水中更好地硬化，并保持和发展其强度。即气硬性胶凝材料的耐水性差，不宜用于潮湿环境或水中；而水硬性胶凝材料的耐水性好，可以用于水中。建筑工程中主要应用的气硬性胶凝材料有石灰、石膏、水玻璃，水硬性胶凝材料为各种水泥。

微课：胶凝材料

2.1 石灰

石灰是人类最早应用的一种胶凝材料，早在公元前7世纪，中国就开始使用石灰。由于其具有原材料来源广、生产工艺简单、成本低等优点，被广泛用于建筑领域。

【小提示】由古诗《石灰吟》导入石灰的生产过程，明朝《天工开物》中记载了“烧蛎房法”，通过讲述石灰的发展史，树立民族自豪感和爱国情怀。

2.1.1 石灰的生产与种类

1. 石灰的生产

生产石灰所用原料主要是含碳酸钙为主的天然石灰石(钙质石灰石和镁质石灰石)，如图2.1所示，将这些原料在高温下煅烧，呈块状、粒状和粉状，化学成分主要为氧化钙，即为生石灰，如图2.2所示。

$$CaCO_3 \xrightarrow{900\ ℃\sim 1\,100\ ℃} CaO + CO_2\uparrow$$

石灰原料中也会含一些碳酸镁($MgCO_3$)，石灰中也会含一些氧化镁(MgO)。在煅烧过程中，$MgCO_3$分解成MgO，它也是石灰的有效成分。

微课：石灰的生产

$$MgCO_3 \xrightarrow{700\ ℃} MgO + CO_2 \uparrow$$

图 2.1 石灰石

图 2.2 生石灰

石灰在生产的过程中，质量减少 44%，而体积只减小约 15%，所以正常煅烧得到的生石灰具有多孔结构、晶粒细小、体积密度小，与水作用速度快，这种石灰称为正火石灰。若生产时，温度和时间控制不好，或原料入窑时，原材料块的大小相差过于悬殊，常会产出欠火石灰和过火石灰。

如果煅烧温度低、煅烧时间短或者原材料块过大，就会出现欠火石灰，欠火石灰中含有未分解的碳酸钙内核，外部为正常煅烧石灰。未分解的碳酸钙没有活性，从而降低了石灰的利用率，但是欠火石灰不会带来危害。

如果温度过高、煅烧时间过长、已分解的石灰(CaO)体积收缩，称为过火石灰。过火石灰的结构致密、孔隙率较小、体积密度大，并且晶粒粗大，甚至发生烧结。此外，由于原料中混入或夹带黏土成分，高温下熔融，则会在表面形成熔融的玻璃物质，使过火石灰与水的作用很慢(需 10 d 至数月以上)。过火石灰如果用于工程，其细小的颗粒会在已硬化的浆体中吸收水分，发生化学反应而体积膨胀，引起局部鼓泡或者脱落，影响工程质量。

2. 石灰的种类

石灰按照加工情况，分为建筑生石灰、建筑生石灰粉、建筑消石灰粉。建筑消石灰粉是生石灰(氧化钙)为原料，与水作用制得的消石灰粉(主要成分是氢氧化钙)。

石灰按照化学成分，分为钙质石灰和镁质石灰两类。石灰中 MgO≤5%，为钙质石灰；石灰中 MgO>5%，为镁质石灰。

《建筑生石灰》(JC/T 479—2013)根据化学成分的含量，将每类石灰分成各个等级，见表 2.1。

表 2.1 建筑生石灰的分类

类别	名称	代号
钙质石灰	钙质石灰 90	CL90
	钙质石灰 85	CL85
	钙质石灰 75	CL75
镁质石灰	镁质石灰 85	ML85
	镁质石灰 80	ML80

生石灰的识别标记由产品名称、加工情况和产品依据标准编号组成。生石灰块在代号后加 Q，生石灰粉加 QP。例如：钙质生石灰粉 90，标记为 CL90－QP JC/T 479—2013。

其中：CL——钙质石灰；

90——(CaO＋MgO)百分含量；

QP——生石灰粉；

JC/T 479—2013——产品依据标准。

根据《建筑消石灰》(JC/T 481—2013)，建筑消石灰分类按扣除游离水和结合水后(CaO＋MgO)百分含量加以分类，见表 2.2。

表 2.2　建筑消石灰的分类

类别	名称	代号
钙质消石灰	钙质消石灰 90	HCL90
	钙质消石灰 85	HCL85
	钙质消石灰 75	HCL75
镁质消石灰	镁质消石灰 85	HML85
	镁质消石灰 80	HML80

建筑消石灰的识别标记由产品名称和产品依据标准编号组成。例如：符合标准 JC/T 481—2013 的钙质消石灰 90，标记为 HCL90 JC/T 481—2013。

其中：HCL——钙质消石灰粉；

90——(CaO＋MgO)百分含量；

JC/T 481—2013——产品依据标准。

2.1.2　石灰的熟化与硬化

1. 石灰的熟化

微课：石灰的熟化和硬化

石灰的熟化，是生石灰(氧化钙)与水作用生成熟石灰(氢氧化钙)的过程，又称消解或消化，即

$$CaO + H_2O \rightarrow Ca(OH)_2 + 64.8\ kJ$$

石灰熟化具有以下特点：

(1)石灰熟化时放热量大，放热速度快。石灰熟化时，最初 1 h 放出的热量是硅酸盐水泥水化 1 d 放出热量的 9 倍。

(2)石灰熟化时体积膨胀。石灰熟化时体积膨胀 1～2.5 倍，生成的熟石灰质量也相应增加约 30%(石灰熟化的理论需水量约为石灰质量的 32%)。

但是在工程实际中，熟化石灰根据用水量的不同通常分为两种方式：熟化为石灰膏和熟石灰粉。

石灰中含有过火石灰，过火石灰的水化反应非常缓慢，如果石灰在使用并硬化后再继续熟化，则产生的体积膨胀，将引起局部鼓泡、隆起和开裂。为消除上述过火石灰的危害，将石灰加入过量的水(为生石灰体积的 3～4 倍)使其成为石灰乳，放入化灰池中存放两周以上时间，使过火石灰得到完全熟化后再使用，这一过程称为“陈伏”。石灰“陈伏”的目的是通过沉淀、过滤等手段消除过火石灰的影响，提高石灰的产品质量。石灰陈伏如图 2.3 所示。

生石灰熟化为熟石灰粉通常采用淋灰的方法。即每堆放 0.5 m 高的生石灰块，淋 60%～80%的水，以能充分消化又不过湿成团为度，分层堆放直至数层，再淋水，得到熟石灰粉(消石灰粉)。消石灰粉如图 2.4 所示。

图 2.3　石灰陈伏

图 2.4　消石灰粉

【小提示】石灰的熟化过程中会放出大量的热量和粉尘，注意施工安全，培养安全意识。

2. 石灰的硬化

石灰的硬化过程主要有结晶硬化和碳化硬化两个过程。

(1)结晶硬化。随着石灰乳中水分的蒸发，氢氧化钙逐渐从饱和溶液中结晶析出，结晶颗粒间生长交错，颗粒更加紧密，产生一定的强度。

(2)碳化硬化。熟石灰中的氢氧化钙[$Ca(OH)_2$]与空气中的二氧化碳(CO_2)反应生成碳酸钙($CaCO_3$)的过程中产生强度。

$$Ca(OH)_2+CO_2+nH_2O \rightarrow CaCO_3+(n+1)H_2O$$

由于空气中 CO_2 的浓度低，且表面形成碳化层后，二氧化碳更不易进入内部，故石灰的碳化作用在自然条件下十分缓慢。碳化层还阻碍内部的水分蒸发，进而延缓石灰的硬化。所以石灰的硬化过程是十分缓慢的。石灰硬化后的强度也很低，配合比为 1∶3 的石灰砂浆，28 d 的抗压强度只有 0.2～0.5 MPa。

2.1.3　石灰的技术标准

根据《建筑生石灰》(JC/T 479—2013)的规定，建筑生石灰的化学成分应符合表 2.3 的要求。

微课：石灰的品种和技术指标

表 2.3　建筑生石灰的化学成分　%

名称	氧化钙和氧化镁的含量(CaO+MgO)	氧化镁(MgO)	二氧化碳(CO_2)	三氧化硫(SO_3)
CL90－Q CL90－QP	≥90	≤5	≤4	≤2
CL85－Q CL85－QP	≥85	≤5	≤7	≤2
CL75－Q CL75－QP	≥75	≤5	≤12	≤2

续表

名称	氧化钙和氧化镁的含量(CaO+MgO)	氧化镁(MgO)	二氧化碳(CO_2)	三氧化硫(SO_3)
ML85－Q ML85－QP	≥85	>5	≤7	≤2
ML80－Q ML80－QP	≥80	>5	≤7	≤2
注：CL/ ML 代表钙质石灰和镁质石灰，CL/ ML 后面的数字代表(CaO+MgO)百分含量，Q 代表块状，QP 代表粉状。				

根据《建筑消石灰》(JC/T 481—2013)的规定，建筑消石灰的化学成分应符合表 2.4 的要求。

表 2.4　建筑消石灰的化学成分　　%

名称	氧化钙和氧化镁的含量(CaO+MgO)	氧化镁(MgO)	三氧化硫(SO_3)
HCL90	≥90	≤5	≤2
HCL85	≥85		
HCL75	≥75		
HML85	≥85	≤5	≤2
HML80	≥80		

根据《建筑生石灰》(JC/T 479—2013)的规定，建筑生石灰的物理性质应符合表 2.5 的要求。

表 2.5　建筑生石灰的物理性质

名称	产浆量/[dm^3·$(10\ kg)^{-1}$]	细度	
		0.2 mm 筛余量/%	90 μm 筛余量/%
CL90－Q	≥26	—	—
CL90－QP	—	≤2	≤7
CL85－Q	≥26	—	—
CL85－QP	—	≤2	≤7
CL75－Q	≥26	—	—
CL75－QP	—	≤2	≤7
ML85－Q ML85－QP	—	— ≤2	— ≤7
ML80－Q ML80－QP	—	— ≤7	— ≤2
注：其他物理性质可根据用户要求按照《建筑石灰试验方法　第 1 部分：物理试验方法》(JC/T 478.1—2013)进行检测。			

根据《建筑消石灰》(JC/T 481—2013)的规定，建筑消石灰的物理性质应符合表 2.6 的要求。

表 2.6　建筑消石灰的物理性质

名称	游离水/%	细度		安定性
		0.2 mm 筛余量/%	90 μm 筛余量/%	
HCL90				
HCL85				
HCL75	≤2	≤2	≤2	合格
HML85				
HML80				

如果建筑生石灰检测标准均达到表 2.3 和表 2.5 的要求，为合格产品。如果建筑消石灰检测标准均达到表 2.4 和表 2.6 的要求，为合格产品。

【小提示】通过石灰有效成分的测定，养成科学、严谨的职业素养和实事求是的职业道德。

2.1.4　石灰的特性与应用

1. 石灰的特性

(1)保水性和可塑性好。氢氧化钙颗粒极细小，比表面积大，对水的吸附能力强。这一性质常用来改善砂浆的保水性。

微课：石灰的特性和应用

(2)硬化慢、强度低。石灰浆的碳化极慢，且氢氧化钙干燥结晶也很慢，因而硬化慢，强度低，如石灰砂浆(1∶3)28 d 强度仅 0.2～0.5 MPa。

(3)耐水性差。石灰在硬化后，其内部成分大部分为氢氧化钙，仅有极少量的碳酸钙。由于氢氧化钙吸附水的能力极强，且可微溶于水，故耐水性极差，软化系数接近零，即浸水后强度丧失殆尽。

(4)硬化时体积收缩大。氢氧化钙吸附的大量水在蒸发时，产生很大的毛细管压力，致使石灰浆体硬化时产生很大的收缩(碳化也会产生体积收缩，但较小)，从而使石灰制品开裂。因此石灰除配制成稀浆用于粉刷外，不宜单独使用。在工程施工中，常掺入砂、麻刀无机纤维等，以抵抗收缩引起的开裂。石灰硬化开裂如图 2.5 所示。

【小提示】借助掺加料去改变本身的缺点，更好地发挥石灰的用途，引导学生善于学习他人的特长以补充自身的不足。

(5)吸湿性强。生石灰具有强吸湿性，是很好的干燥剂。石灰干燥剂如图 2.6 所示。

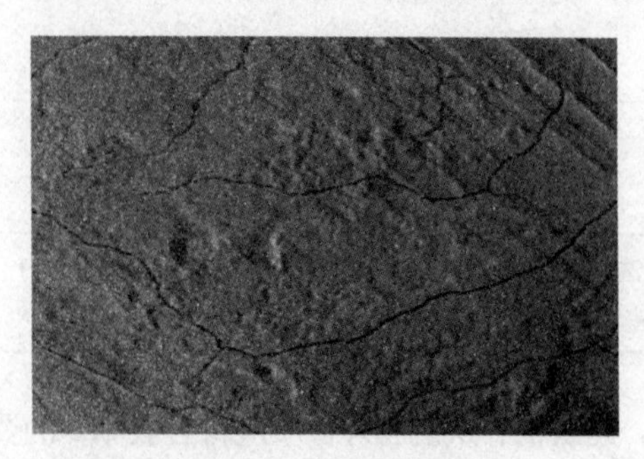

图 2.5　石灰硬化开裂

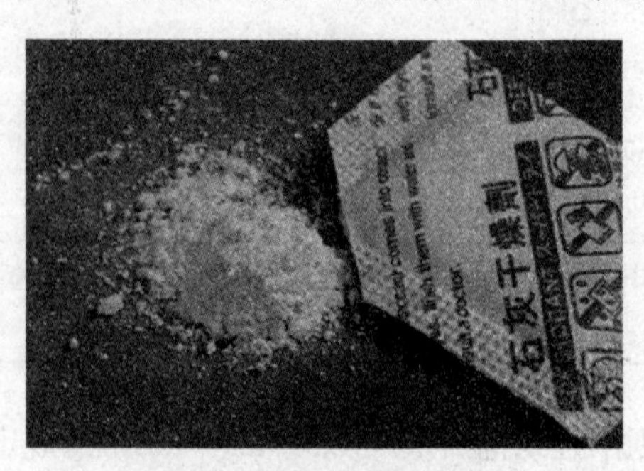

图 2.6　石灰干燥剂

(6)化学稳定性差。石灰是碱性材料，与酸性物质容易发生化学反应。因此，易受到酸性介质的腐蚀。

2. 石灰的应用

石灰的应用主要表现在以下几个方面：

(1)配制砂浆。以熟石灰为胶凝材料，加入砂和水制成石灰砂浆，可以用于墙面和顶棚的抹灰，也可以用于强度要求不高的砌筑工程。以水泥、熟石灰、砂和水配制成水泥石灰混合砂浆，能够提高砂浆的保水性和可塑性，用于砌筑工程能提高可操作性，用于抹灰工程能提高抹灰质量。

(2)配制灰土、三合土。利用消石灰粉可以配制成灰土和三合土，用于人工处理地基。灰土即熟石灰与黏土的混合材料，常用的有三七灰土、二灰土等。三七灰土即熟石灰与黏土的混合物，两者的体积比是 3∶7。二灰土是用石灰和粉煤灰按一定比例与土混合后的一种无机材料，是良好的路用承重材料(作为道路底基层或基层)。三合土是适当比例的熟石灰、黏土和砂(石或炉渣等填料)的混合材料。灰土和三合土具有强度好、整体性好、水稳定性好、抗低温性好、施工方便、较为经济和造价低等优点。灰土路基如图 2.7 所示。

【小提示】由石灰的应用联系工程实际，了解工程，培养劳动意识。

(3)加固含水软土地基。可以利用生石灰制作石灰桩，用于软土地基处理。石灰桩是为加速软弱地基的固结，在地基上钻孔灌入生石灰而成的吸水柱体，利用生石灰吸水膨胀的特性，使含水地基得到加固。石灰桩如图 2.8 所示。

图 2.7　灰土路基

图 2.8　石灰桩

(4)硅酸盐混凝土制品。以石灰、水泥和硅质材料(石英砂、粉煤灰、浮石、炉渣、矿渣、煤矸石、尾矿粉以及其他冶金矿渣等)为原料制成的材料即硅酸盐制品。常用的有粉煤灰砖及砌块、灰砂砖、加气混凝土砌块等。灰砂砖如图 2.9 所示。

【小提示】学习灰砂砖中工业废料的循环再利用，树立绿色、环保的新发展理念。

(5)为了保护树木过冬，石灰水中掺入硫酸铜溶液或者用石硫合剂对树木进行刷白，可有效地阻止害虫利用翘裂的树皮产卵和化蛹，并杀死寄附在树皮上的害虫和病菌，同时防冻害和日灼。树干刷白如图 2.10 所示。

图 2.9　灰砂砖

图 2.10　树干刷白

2.1.5 石灰的运输与储存

建筑生石灰是自热材料，石灰运输时不应与易燃、易爆及液体物品混装。在运输和储存时，不应受潮和混入杂物，不易长期储存。不同类生石灰应分别运输和储存，不得混杂。

2.2 石膏

石膏是单斜晶系矿物，是主要化学成分为硫酸钙($CaSO_4$)的水合物。石膏作为建筑材料的使用由来已久。石膏和石膏制品具有轻质、高强、隔热、耐火、吸声以及容易加工等一系列优点，特别适用框架轻质板结构工程。

微课：石膏的生产与硬化

建筑石膏是天然石膏或工业副产石膏经脱水处理制得的，以β型半水硫酸钙($CaSO_4 \cdot \frac{1}{2}H_2O$)为主要成分，不预加任何外加剂或添加物的粉状胶凝材料。

2.2.1 建筑石膏的生产

天然石膏(生石膏 $CaSO_4 \cdot 2H_2O$)(图 2.11)或工业副产石膏加热到 107 ℃～170 ℃，使其脱水成为β型半水硫酸钙($CaSO_4 \cdot \frac{1}{2}H_2O$)，将其磨细成白色粉末即建筑石膏(又称熟石膏)，如图 2.12 所示。

图 2.11 天然石膏

图 2.12 石膏粉

$$CaSO_4 \cdot 2H_2O \xrightarrow[\text{干燥}]{107\ ℃\sim170\ ℃} CaSO_4 \cdot \frac{1}{2}H_2O + \frac{3}{2}H_2O$$

若在 1.3 大气压(约 127 kPa)的水蒸气中脱水，得到的是晶粒较β型半水石膏粗大、使用时拌合用水量少的半水石膏，称为α型半水石膏，将此熟石膏磨细得到的白色粉末称为高强度石膏。

2.2.2 石膏的凝结与硬化

建筑石膏与水拌和后，即与水发生化学反应(简称为水化)，反应式如下：

$$CaSO_4 \cdot \frac{1}{2}H_2O + \frac{3}{2}H_2O \rightarrow CaSO_4 \cdot 2H_2O$$

建筑石膏加水形成浆体，半水石膏溶于水后，经水化反应生成二水石膏。随着 $CaSO_4 \cdot 2H_2O$ 的增多，浆体迅速凝结，然后失去塑性产生强度，随后随着水分的蒸发强度提高，成为坚硬的固体，即硬化。

建筑石膏的硬化过程：半水石膏遇水溶解，形成过饱和溶液，溶液中的半水石膏经过水化反应生成二水石膏。在此过程中，溶液析出胶体微粒并转化为晶体，直到半水石膏完全水化为止。同时，浆体中的自由水因水化和蒸发作用逐渐减少，直到完全干燥。浆体逐渐变稠直至形成固体，完成石膏的硬化过程并产生强度。此过程有如下特点：

(1)实践用水量较理论用水量大得多。建筑石膏水化的理论用水量为 18.6%，但在建筑石膏拌和时，为使浆体具有施工要求的可塑性，需加入 60%～80%的用水量，故大量多余的水使建筑石膏制品具有多孔的特点。

(2)石膏浆体凝结硬化快。由于二水石膏的溶解度比半水石膏小许多，所以二水石膏胶体微粒不断从过饱和溶液(即石膏浆体)中沉淀析出，浆体的稠度逐步增加，胶体微粒间的搭接、粘结逐步增强，使浆体逐渐失去可塑性。从石膏加水到浆体逐渐失去可塑性产生凝结所需要的时间，称为初凝时间。随着水化的进一步进行，胶体凝聚并逐步转变为晶体，且晶体间相互搭接、交错、共生，使浆体完全失去可塑性，产生强度。从石膏加水到浆体完全失去可塑性，并产生一定的强度所需要的时间，称为终凝时间。石膏是所有无机胶凝材料中凝结硬化最快的。国标规定，建筑石膏的初凝时间不小于 3 min，终凝时间不迟于 30 min。

(3)具有微膨胀。石膏是无机胶凝材料中唯一具有微膨胀性的。

2.2.3 建筑石膏的技术标准

1. 建筑石膏的分类与标记

建筑石膏的颜色为白色；密度为 2.6～2.75 g/cm³；堆积密度为 800～1 100 kg/m³。根据《建筑石膏》(GB/T 9776—2008)的规定，建筑石膏按原材料的种类分为 3 类，见表 2.7。

表 2.7 建筑石膏的分类

类型	天然建筑石膏	脱硫建筑石膏	磷建筑石膏
代号	N	S	P

建筑石膏按 2 h 抗折强度，分为 3.0、2.0、1.6 三个强度等级。

建筑石膏按产品名称、代号、等级及标准编号的顺序标记。例如，等级为 2.0 的天然建筑石膏标记为建筑石膏 N2.0 GB/T 9776—2008。

2. 建筑石膏的技术性能

根据《建筑石膏》(GB/T 9776—2008)的规定，建筑石膏组成中β型半水石膏($CaSO_4 \cdot$

1/2H_2O)的含量应不小于 60%，物理力学性能应符合表 2.8 的要求。

表 2.8 建筑石膏的物理力学性能

等级	细度(0.2 mm 方孔筛的筛余量)/%	凝结时间/min		2 h 强度/MPa	
		初凝	终凝	抗折	抗压
3.0	≤10	≥3	≤30	≥3.0	≥6.0
2.0				≥2.0	≥4.0
1.6				≥1.6	≥3.0

2.2.4 建筑石膏的特性与应用

1. 建筑石膏的特性

(1)凝结硬化快。半水石膏的溶解度大；二水石膏的溶解度小(为前者的 1/5 左右)。初凝不小于 3 min；终凝不迟于 30 min；完全硬化约需 1 w。

微课：石膏的特性与应用

(2)孔隙率大、表观密度小、强度低。β 型半水石膏理论用水量为石膏质量的 18.6%，但实际用水量达 60%～80%，才能达到施工要求的流动性。α 型半水石膏，晶粒粗大，在达到相同流动性的条件下，需水量少，故而强度高。

(3)凝结硬化时体积膨胀。石膏浆体在凝结硬化时，约产生 1%的体积膨胀。这使石膏具有较强的装饰性、可用于浇注模型的原因所在。

(4)防火性好。石膏制品为 $CaSO_4 \cdot 2H_2O$，遇火后，结晶水蒸发，吸收热量；形成的无水石膏为良好的绝热、阻燃材料。

(5)隔热性和吸声性好。石膏制品中含有大量的开口孔隙，且孔径尺寸小。

(6)具有一定的调温调湿性。石膏的导热系数小、比热容大；石膏为亲水性材料，且孔隙率大，开口孔隙多，吸水性强。

【小提示】通过了解石膏是理想的高效节能材料，是重点发展的新型材料，培养学生的绿色、环保的新发展理念。

(7)耐水性和抗冻性差。石膏硬化后在潮湿环境中，晶体间的粘结力会下降，从而引起强度的降低。在水中，晶体会溶解而引起破坏，石膏的软化系数为 0.2～0.3，石膏制品中含有大量的开口孔隙，故抗冻性差。

2. 建筑石膏的应用

不同品种的石膏因其性质不同而具有不同的用处。建筑石膏具有以下主要用途：

(1)室内抹灰及粉刷。特别适用混凝土顶板、加气混凝土墙面各种保温材料的表面抹灰。

(2)建筑石膏制品、石膏板、石膏砌块等。主要有纸面石膏板、石膏空心条板、石膏装饰板、纤维石膏板等。

2.2.5 石膏的储存与保管

建筑石膏在运输储存时不得受潮和混入杂物。建筑石膏自生产之日起，正常储存和运输的条件下，一般储存时间不宜超过 3 个月。

2.3 水玻璃

微课：水玻璃

硅酸钠是无色固体，溶于水成黏稠液体，俗称水玻璃，又称泡花碱。它是由碱金属氧化物和二氧化硅组合而成的能溶于水的一种碱金属硅酸盐物质。根据碱金属氧化物的不同，水玻璃分为硅酸钠($Na_2O \cdot nSiO_2$)的水玻璃和硅酸钾($K_2O \cdot nSiO_2$)的水玻璃。建筑工程中常用的水玻璃是硅酸钠的水玻璃。水玻璃为青灰或淡黄色黏稠液体。

2.3.1 水玻璃的生产

水玻璃分为两种，即偏硅酸钠和正硅酸钠。

干法生产硅酸钠水玻璃是将石英砂和碳酸钠(Na_2CO_3)磨细拌匀，在熔炉内以 1 300 ℃～1 400 ℃温度熔融制得硅酸钠，冷却后的固态水玻璃如图 2.13 所示。

反应式如下：

$$Na_2CO_3 + nSiO_2 \xrightarrow{1\,300\ ℃\sim1\,400\ ℃} Na_2O \cdot nSiO_2 + CO_2 \uparrow$$

SiO_2 与 Na_2O 的摩尔数的比值 n 称为水玻璃的模数。n 值大，则水玻璃的黏度大，粘结力与强度及耐酸、耐热性高。但 n 值太大不利于施工，会导致性能下降。建筑上常用 $n=2.6$～3.0、密度为 1.3～1.5 g/cm^3 的水玻璃。

湿法生产硅酸钠水玻璃是将石英砂和氢氧化钠(NaOH)水溶液在压蒸锅(2～3 个大气压)内用蒸汽加热溶解制得液态水玻璃，如图 2.14 所示。反应式如下：

$$SiO_2 + 2NaOH \rightarrow Na_2O \cdot SiO_2 + H_2O$$

图 2.13 固态水玻璃

图 2.14 液态水玻璃

2.3.2 水玻璃的硬化

水玻璃可吸收空气中的二氧化碳，生成二氧化硅凝胶(又称硅酸凝胶)，凝胶脱水转变为二氧化硅而硬化。

$$Na_2O \cdot nSiO_2 + CO_2 + mH_2O \rightarrow Na_2CO_3 + nSiO_2 \cdot mH_2O$$

为加速硬化常加入促硬剂(硬化剂)，常用12%～15%的氟硅酸钠(Na_2SiF_6)。反应如下：

$$2[Na_2O\cdot nSiO_2]+Na_2SiF_6+mH_2O\rightarrow(2n+1)SiO_2\cdot mH_2O+6NaF$$

加入 Na_2SiF_6 后，水玻璃的初凝时间可缩短到 30 min 左右。

2.3.3 水玻璃的特性与应用

1. 水玻璃的特性

(1)耐酸性好，用作耐酸材料。水玻璃在硬化后主要成分为 SiO_2，可以抵抗除氢氟酸、过热磷酸以外的绝大多数无机酸和有机酸。

(2)耐热性好，用作耐热材料。硬化后形成 SiO_2 网状骨架，在高温下强度不降低。

(3)粘结力大、强度较高。水玻璃混凝土的强度可达到 15～40 MPa，用于粘贴耐酸或耐热材料等。

(4)耐碱性、耐水性差。水玻璃在加入 Na_2SiF_6 后仍不能完全固化，约有 30%仍为 $Na_2O\cdot nSiO_2$。由于 SiO_2 和 $Na_2O\cdot nSiO_2$ 均可溶于碱，且 $Na_2O\cdot nSiO_2$ 可溶于水，故水玻璃在硬化后，不耐碱、不耐水。

2. 水玻璃的应用

(1)配制耐酸水泥、耐酸混凝土。用水玻璃凝胶和耐酸材料可配制成耐酸水泥。水玻璃耐酸水泥如图 2.15 所示。耐酸水泥能抵抗大部分无机酸、有机酸及酸性气体的腐蚀，能耐强氧化酸及高浓度酸的腐蚀，但对稀酸的耐蚀能力较差，且不耐碱类腐蚀。用耐酸水泥作为胶凝材料可配制耐酸混凝土。

(2)配制耐热材料。以水玻璃为胶结料，氟硅酸钠为促硬剂，掺入粉状耐火填料和耐热粗、细集料可制成水玻璃耐热砂浆和耐热混凝土。水玻璃耐热混凝土的极限使用温度为 1 200 ℃，可用于高炉基础、高炉外壳和热工设备基础及围护结构等耐热工程。水玻璃砂浆如图 2.16 所示。

图 2.15　水玻璃耐酸水泥

图 2.16　水玻璃砂浆

(3)涂刷建筑材料表面，提高抗风化能力。水玻璃溶液涂刷材料表面后，提高材料的密度和强度，从而提高材料的抗风化能力。但水玻璃不能涂刷石膏制品。水玻璃与石膏反应生成硫酸钠(Na_2SO_4)，在材料内部结晶膨胀，会导致石膏制品开裂破坏。

(4)加固地基。将水玻璃与氯化钙溶液交替注入土壤，两种溶液迅速反应生成硅胶和硅酸钙凝胶，起到胶结和填充孔隙的作用，使土壤的强度和承载能力提高，常用于粉土、砂土和填土的地基加固。

模块小结

气硬性胶凝材料是建筑工程中不可缺少的建筑材料，根据工程实际，合理选择胶凝材料，对建筑物的功能、造价、安全都有重要的意义。

石灰、石膏、水玻璃是典型的气硬性胶凝材料。石灰的原材料是石灰石，煅烧以后成为石灰，石灰水化以后经过结晶硬化和碳化硬化后凝结，石灰的强度很低，耐水性较差，一般用于拌制砂浆、灰土和三合土，制作硅酸盐制品。

建筑石膏凝结硬化快且有微膨胀，主要用于室内装饰及室内抹灰工程。

工程案例

灰土作为建筑材料，在中国有悠久的历史。南北朝公元6世纪时，南京西善桥的南朝大墓封门前地面即由灰土夯成。北京明代故宫(图2.17)大量应用灰土基础，三大殿的台基下部即用灰土夯成。清雍正十一年(1733年)颁布的工部《工程做法则例》，对灰土的用料配合比和施工方法都做了详细的规定。从北京400多年前的城墙基础收集到的灰土，抗压强度达5.8 MPa以上，密度达2 300 kg/m³。1971年，从1677年在北京建造的古墓后墙上取下的灰土块，经烘干后抗压强度达10 MPa，其形变模量达3 880～5 280 MPa。灰土材料还可用于一些水工构筑物。北京故宫后门外的护城河石护岸后面，有一道用灰土造的衬里，顶面厚1 m，底面厚1.7 m，表面坚硬似花岗岩。它不但能抵抗后面的土压力，同时也能起到防止渗漏的作用。1949年以后，中国在大规模的基本建设中，广泛采用灰土作为建筑物和构筑物的基础。20世纪80年代，采用灰土作为基础的房屋已高达6～7层。此外，在地基处理工程中，灰土不仅作为一般基础的垫层材料，也有用作挤密桩，加固地基的土壤，称为灰土桩。用灰土做游泳池四壁的衬里，能防止池水渗漏。

图2.17　明代故宫

土壤和石灰是组成灰土的两种基本成分。黏性土壤颗粒细、活性大，因此强度比砂性土壤高。一般情况下，以黏性土配制的灰土强度比砂性土配制的强度高1～2倍。最佳石灰和土的体积比为3∶7，俗称三七灰土。灰土用的石灰最好选用磨细生石灰粉，或块灰浇以适量的水，经放置24 h呈粉状的消石灰。密实度高的灰土强度高，水稳定性也好。28 d龄期的灰土抗压强度可达到0.5～0.7 MPa，200～300 y龄期的灰土抗压强度可高达8～10 MPa。

知识拓展

钛石膏资源利用技术

钛石膏是采用硫酸法生产钛白粉时，为治理酸性废水，加入石灰(或电石渣)以中和大量的酸性废水而产生的以二水石膏为主要成分的工业废渣。近年来，在国内宏观经济的持续高速发展，以及下游主要需求领域(涂料和塑料制品)快速发展的背景下，我国钛白粉行业产量呈现出稳步增长的良好势头。

(1)钛石膏利用途径。目前，大多数排放的钛石膏只能做堆存处理，既浪费耕地，又污染环境；钛石膏堆经日晒、风吹后，粉末状会飘散于大气中，且会沉降到可能接触到的外物表面，既污染环境又威胁健康。钛石膏仅有少量用作复合胶结材料和外加剂，主要是用作水泥缓凝剂和建材，另有用作土壤改良剂复垦造地。

研究表明，经烘干的钛石膏可以直接用作水泥缓凝剂。此外，钛石膏用作水泥缓凝剂与天然石膏相比，可较明显地延长水泥的初凝和终凝时间，抗折、抗压强度也有所提高，稳定性合格。因此，钛石膏经过除杂处理，完全可以替代天然石膏作为水泥缓凝剂。

(2)利用钛石膏生产石膏建材。将经过除杂处理后的钛石膏在不同的温度下煅烧可得到不同的石膏品种，如在107 ℃～170 ℃的干燥条件下加热即可得到建筑石膏，其主要成分为P型半水石膏。建筑石膏硬化后具有很好的绝热吸声性能和较好的防火性能、吸湿性能，可用于生产纸面石膏板、石膏砌块、粉刷石膏和石膏腻子等石膏建材。或制成α型半水石膏，可用于配制陶瓷模具石膏、精密铸造模具石膏、牙科石膏、自流平石膏砂浆等。

(3)钛石膏做复合胶结材料。钛石膏经煅烧后，可与粉煤灰复合制作胶结材料，经过煅烧的钛石膏可增大钛石膏—粉煤灰复合胶凝材料的标准稠度需水量，缩短钛石膏—粉煤灰复合胶结材料的凝结时间，大幅度提高钛石膏—粉煤灰复合胶凝材料的强度。以钛石膏和矿渣为基本组分，采用水泥熟料以及复合早强减水剂(木质素磺酸钙、萘系)能配制出性能优良的胶结材料，其强度和耐水性明显优于建筑石膏。

(4)钛石膏做路基回填材料。粉煤灰与钛石膏的复合材料，可以作为路基回填材料应用于公路建设工程。钛石膏—粉煤灰复合路基回填材料在激发剂、外加剂均使用的条件下，其力学性能、耐水性及路用工程性能等均能满足路基回填材料的技术要求。

(5)钛石膏用于土壤改良剂。利用钛石膏作为盐碱土、酸性土的土壤改良剂，改良土壤结构，提高土壤肥力。由于钛石膏中含有大量的重金属元素，可在园地、花卉地和做生物能源用的作物地上施用，在蔬菜、粮食作物生产地及饮水水源保护地不宜施用。

因此，若能找到钛石膏高效利用的途径，不仅可以解决固体废弃物综合利用、环境改善的问题，还能替代天然石膏，成为石膏制品新的原料来源。

拓展训练

一、填空题

1. 胶凝材料按化学成分，分为______和______两类。无机胶凝材料按照硬化条件不同，分为______和______两类。

2. 石灰在使用前陈伏的目的是______。

3. 经煅烧后的生石灰可能出现以下3种，分别是______、______和______。

4. 石灰单独使用会出现______现象。

二、选择题

1. 石灰膏应在储灰池中存放(　　)d以上才可使用。

A. 3　　B. 7　　C. 14　　D. 28

2. 石灰硬化的理想条件是(　　)环境。

A. 自然　　B. 干燥　　C. 潮湿　　D. 水中

3. 建筑石膏制品的主要缺点是(　　)。

A. 保水性差　　B. 耐水性差　　C. 耐火性差　　C. 自重大

4. 建筑石膏成型性好是因为其硬化时(　　)。

A. 体积不变　　B. 体积微胀　　C. 体积微缩　　D. 体积膨胀

5. 石灰在建筑工程中不宜单独使用，是由于其(　　)。

A. 硬度强　　B. 耐硬性慢　　C. 易受潮　　D. 硬化时体积收缩大

6. 下列无机胶凝材料中，属于水硬性胶凝材料的是(　　)。

A. 石灰　　B. 石膏　　C. 水泥　　D. 水玻璃

三、判断题

1. 石灰砂浆抹面出现开裂，一定是过火石灰产生的膨胀导致的。(　　)

2. 石灰消失时会产生体积收缩，故石灰一般不单独使用。(　　)

3. 在空气中放置过久的生石灰可以照常使用。(　　)

4. 由于建筑石膏硬化时略有膨胀，故必须加砂一起应用。(　　)

5. 气硬性胶凝材料都是不耐水的。(　　)

四、简答题

1. 什么是胶凝材料？根据化学成分分为哪两个大类？什么是气硬性胶凝材料？什么是水硬性胶凝材料？两者在哪些性能上有显著的差异？

2. 生石灰的主要成分是什么？熟石灰的主要成分是什么？硬化中石灰的主要成分是什么？

3. 什么是生石灰的熟化(消解)？此过程的特点是什么？

4. 石灰在使用前为什么要进行熟化、陈伏？陈伏时间一般多长？

5. 为什么石灰的耐水性差？既然石灰不耐水，为什么由它配制的灰土或三合土却可用于基础的垫层、道路的基层等潮湿部位？

6. 为什么石灰经常被用于配制砂浆？

7. 熟石膏的种类有哪些？常用的品种是什么？

8. 建筑石膏及其制品为什么不宜用于室外？

五、“直通职考”模拟考题

1. 下列材料不属于气硬性胶凝材料的是(　　)。

A. 水泥　　B. 水玻璃　　C. 石灰　　D. 石膏

2. 建筑石膏的技术性能包括(　　)。

A. 凝结硬化慢　　B. 硬化时体积微膨胀

C. 硬化后孔隙率低　　D. 防水性能好　　E. 抗冻性差

模块3 水泥

学习目标

通过本模块的学习，了解硅酸盐水泥的矿物组成及其凝结硬化机理；熟练掌握硅酸盐水泥等几种通用水泥的性能特点、相应检测方法及其选用原则；了解特性水泥和专用水泥的主要性能和特点，掌握水泥检测和质量合格标准判定方法。

学习要求

知识点	能力要求	相关知识
硅酸盐水泥	1. 掌握硅酸盐水泥的概念和生产； 2. 了解硅酸盐水泥熟料矿物组成及水化性质； 3. 掌握硅酸盐水泥凝结硬化的概念、过程及影响因素； 4. 掌握硅酸盐水泥的技术性质及要求	水泥的分类；硅酸盐水泥的生产、水泥熟料的矿物组成、水化、凝结硬化过程；硅酸盐水泥的技术性质及要求
掺混合材料的硅酸盐水泥	1. 了解掺混合材料硅酸盐水泥的概念、技术性质和要求； 2. 掌握水泥强度等级、品种的选用依据； 3. 了解水泥石腐蚀的类型； 4. 掌握水泥石腐蚀的原因及相应的防止措施	活性混合材料、非活性混合材料；普通硅酸盐水泥、矿渣硅酸盐水泥、火山灰质硅酸盐水泥、粉煤灰硅酸盐水泥、复合硅酸盐水泥的性能及应用；水泥石的腐蚀及防止措施
其他品种水泥	1. 掌握其他品种水泥的性能特点及应用； 2. 掌握水泥储存与保管的注意事项	快硬硅酸盐水泥、铝酸盐水泥、白色硅酸盐水泥、膨胀水泥、抗硫酸盐硅酸盐水泥、道路硅酸盐水泥、砌筑水泥的性能特点及应用

学习参考标准

《通用硅酸盐水泥》(GB 175—2007)；
《水泥标准稠度用水量、凝结时间、安定性检验方法》(GB/T 1346—2011)；
《水泥胶砂强度检验方法(ISO 法)》(GB/T 17671—1999)；
《铝酸盐水泥》(GB/T 201—2015)；
《白色硅酸盐水泥》(GB/T 2015—2017)；
《道路硅酸盐水泥》(GB/T 13693—2017)；
《水泥细度检验方法　筛析法》(GB/T 1345—2005)。

模块导读

水泥，俗称洋灰、红毛泥、英泥，用于土木工程上的胶结性材料的总称。水泥的历史最早可追溯到古罗马人在建筑中使用的石灰与火山灰的混合物，这种混合物与现代的石灰火山灰水泥很相似。用它胶结碎石制成的混凝土，硬化后不但强度较高，而且能抵抗淡水或含盐水的侵蚀。

3.1 硅酸盐水泥

水泥是目前工程建设中最重要的建筑材料之一。据相关资料，2020 年我国水泥产量 23.77 亿吨，全球产量 41.28 亿吨，中国水泥产量占全球水泥产量比例为 57.6%。它广泛应用于工业与民用建筑、道路、水利、隧道、地下工程。

【小提示】了解古长城建造所用的胶凝材料，培养爱国情怀。

水泥呈粉末状，加入适量水以后成为塑性浆体，是既能在空气中硬化又能在水中硬化，并能将砂、石等散粒或纤维材料牢固地胶结在一起的水硬性胶凝材料。

水泥按组成成分分为硅酸盐水泥、铝酸盐水泥、磷酸盐水泥、氟铝酸盐水泥、硫铝酸盐水泥、铁铝酸盐水泥以及无熟料水泥等。按用途和性能分为通用水泥、专用水泥和特性水泥。通用水泥是指大量用于一般土木工程的水泥，包括硅酸盐水泥、普通硅酸盐水泥、矿渣硅酸盐水泥、火山灰质硅酸盐水泥、粉煤灰硅酸盐水泥和复合硅酸盐水泥 6 大类；专用水泥是指有专门用途的水泥，如道路硅酸盐水泥、砌筑水泥、油井水泥等；特性水泥则是指某种性能比较突出的水泥，如快硬硅酸盐水泥、白色硅酸盐水泥等。

凡以硅酸钙为主的硅酸盐水泥熟料，加入 5%以下的石灰石或粒化高炉矿渣及适量石膏磨细制成的水硬性胶凝材料，称为硅酸盐水泥，国际上统称为波特兰水泥。

3.1.1 硅酸盐水泥的生产与矿物组成

微课：硅酸盐水泥的生产

1. 硅酸盐水泥的生产过程

硅酸盐水泥的生产过程分为生料制备、熟料煅烧和水泥制成 3 个阶段，主要生产工艺流程如图 3.1 所示。

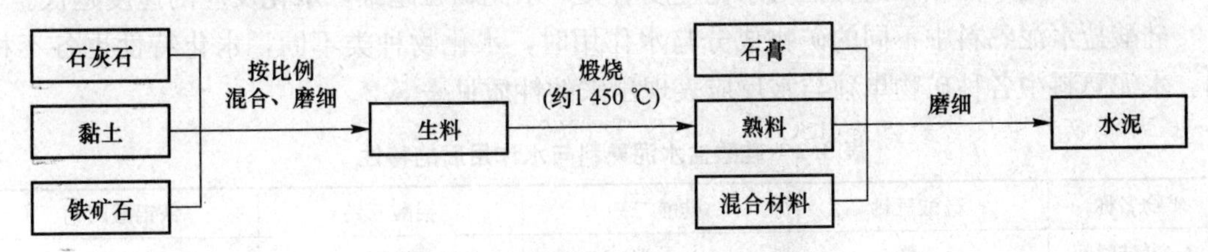

图 3.1 硅酸盐水泥生产工艺流程

硅酸盐水泥的生产过程简称为“两磨一烧”。石灰质原料主要为水泥生产提供 CaO；黏土质原料主要为水泥生产提供SiO_2、Al_2O_3和少量Fe_2O_3；石膏主要起缓凝、调节水泥的凝结时间的作用，若不掺加石膏，磨细的水泥熟料与水拌和会立即凝结。

微课：硅酸盐水泥的矿物组成

2. 硅酸盐水泥熟料的矿物组成

在硅酸盐水泥熟料中，氧化物不是单独存在的，而是以两种或两种以上的氧化物反应组合成各种不同的氧化物组合体存在。硅酸盐水泥熟料的主要矿物组成及成分含量见表3.1。

表3.1 硅酸盐水泥熟料的主要矿物组成及成分含量

矿物名称	硅酸三钙	硅酸二钙	铝酸三钙	铁铝酸四钙
矿物组成	$3CaO \cdot SiO_2$	$2CaO \cdot SiO_2$	$3CaO \cdot Al_2O_3$	$4CaO \cdot Al_2O_3 \cdot Fe_2O_3$
简写式	C_3S	C_2S	C_3A	C_4AF
矿物含量	37%～60%	15%～37%	7%～15%	10%～18%

硅酸三钙和硅酸二钙合称硅酸盐矿物，约占熟料的75%，是熟料的主要成分。因硅酸三钙和硅酸二钙都是硅酸盐矿物，硅酸盐水泥熟料的名称由此而来。硅酸盐水泥除上述主要熟料组成以外，还存在少量的游离氧化钙、游离氧化镁、含碱矿物、玻璃体和杂质等。

3.1.2 硅酸盐水泥的水化、凝结与硬化

1. 水泥的水化

水泥加水拌和，会发生剧烈的化学反应，称为水化反应。在水化反应过程中，水泥浆逐渐由稀变稠，直至完全变硬成为固体。

微课：硅酸盐水泥的水化

水泥的水化反应式如下：

$$2(3CaO \cdot SiO_2)+6H_2O \rightarrow 3CaO \cdot 2SiO_2 \cdot 3H_2O+3Ca(OH)_2$$

$$2(2CaO \cdot SiO_2)+4H_2O \rightarrow 3CaO \cdot 2SiO_2 \cdot 3H_2O+Ca(OH)_2$$

$$3CaO \cdot Al_2O_3+6H_2O \rightarrow 3CaO \cdot Al_2O_3 \cdot 6H_2O$$

$$4CaO \cdot Al_2O_3 \cdot Fe_2O_3+7H_2O \rightarrow 3CaO \cdot Al_2O_3 \cdot 6H_2O+CaO \cdot Fe_2O_3 \cdot H_2O$$

$$3CaO \cdot Al_2O_3 \cdot 6H_2O+3(CaSO_4 \cdot 2H_2O)+19H_2O \rightarrow 3CaO \cdot Al_2O_3 \cdot 3CaSO_4 \cdot 31H_2O$$

水泥水化反应中的水化硅酸钙和水化铁酸钙为凝胶体，氢氧化钙、水化铝酸钙和水化硫铝酸钙为晶体。在水化产物中凝胶体占大部分，约占70%，其次为晶体中的氢氧化钙，约占20%，其余为晶体的其他产物。水化的作用是从水泥颗粒的表面开始的，逐步向颗粒内部渗透，因此水泥颗粒的粒径与水化速度有关，水泥颗粒越细，水化反应的速度越快。

硅酸盐水泥熟料中不同的矿物成分与水作用时，水化物种类不同，水化特性也各不相同。水泥熟料中各种矿物单独与水反应表现出来的性质见表3.2。

表3.2 硅酸盐水泥熟料与水作用后的特性

矿物名称		硅酸三钙	硅酸二钙	铝酸三钙	铁铝酸四钙
矿物特性	凝结时间	正常	正常	极短	介中
	硬化速度	快	慢	最快	快
	早期强度	高	低	低	中

续表

矿物名称		硅酸三钙	硅酸二钙	铝酸三钙	铁铝酸四钙
矿物特性	后期强度	高	高	低	低
	水化热	高	低	最高	中
	耐腐蚀性	差	好	最差	中
	干缩性	中	小	大	小
注：改变水泥中各熟料的含量就能得到相应特性的水泥。					

【小提示】由水泥熟料矿物成分不同、含量不同，水泥与水反应后的特性不同，培养分析、解决问题的能力。

水泥的水化反应是放热反应，放出的热量称为水化热。最初的 3 d 水化速度快、强度增长快，约 28 d 基本完成水化过程，之后水化作用越来越慢。但是，在合适的温度和湿度条件下，未水化的水泥颗粒仍能继续水化。水泥水化是一个漫长的过程，水泥石的强度随着水化作用也会缓慢增长，这一过程可以是几年或者几十年。水化放热的大小和速度与水泥的品种、水胶比、细度、养护温度等因素有关。水化放热与龄期的关系如图 3.2 所示。

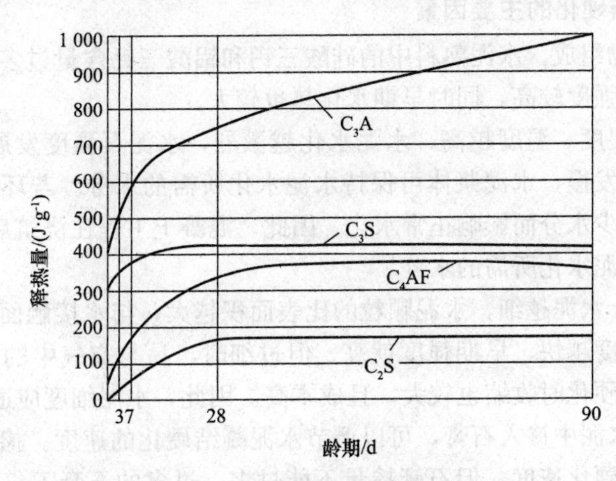

图 3.2　水化放热与龄期的关系

【小提示】由水泥水化过程中放出大量热，水化热对工程有有利的一面，也有有害的方面，培养辩证思维、思辨能力。

2. 水泥的凝结与硬化

水泥和水接触后，会产生一系列化学反应，水泥浆体在水化反应生成凝胶体和晶体的过程中，处于自由状态的水逐渐减少，浆体中反应生成的固态物质逐渐增多，水泥浆体逐渐变稠，慢慢失去可塑性，这一过程就是水泥的凝结。随着水化产物数量的不断增加以及自由水相对含量的不断减少，具有可塑性的水泥浆体逐渐失去可塑性，向固态物质转化，并最终形成固体形态，这一过程即是水泥的硬化。

微课：硅酸盐水泥的凝结与硬化

水泥浆的凝结与硬化过程既是化学变化的过程，也是物理和力学性能变化的过程。随着水泥浆的凝结与硬化，最终导致水泥力学强度的形成。水泥的水化是水泥凝结、硬化的必要条件，凝结、硬化是水泥水化的必然结果，水泥的水化过程也就是水泥浆的凝结、硬化过程，硬化后的水泥浆称为水泥石。水泥石内部结构包括水化产物、毛细孔以及未水化水泥颗粒。水泥凝结与硬化的过程如图 3.3 所示。

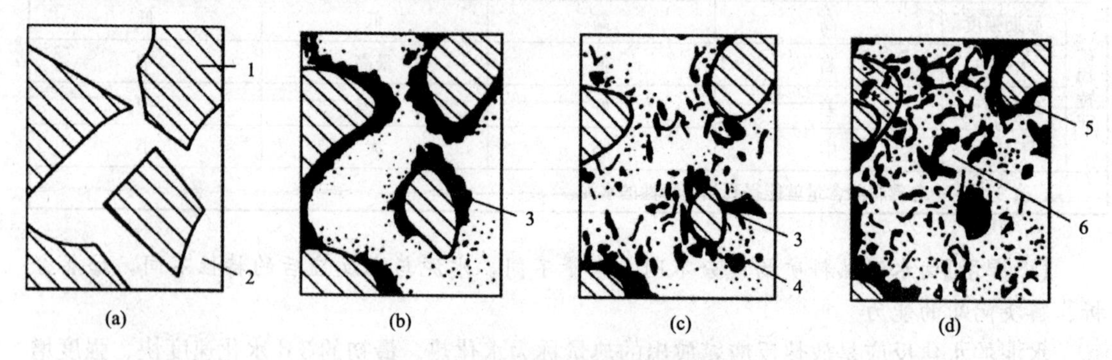

图 3.3　水泥凝结与硬化过程示意

(a)分散在水中未水化的水泥颗粒；(b)在水泥颗粒表面形成水化物膜层；
(c)膜层长大并互相连接(凝结)；(d)水化物进一步发展，填充毛细孔(硬化)
1—水泥颗粒；2—水分；3—凝胶；4—晶体；5—水泥颗粒的未水化内核；6—毛细孔

3. 影响水泥凝结硬化的主要因素

(1)熟料中的矿物组成。水泥熟料中的硅酸三钙和铝酸三钙含量过多时，水泥的凝结硬化加快，水泥石早期强度较高，同时早期水化热也较大。

(2)环境温度、湿度。温度越高，水泥水化越激烈，水泥石强度发展越快，硬化也快。环境湿度大，水分蒸发慢，水泥浆体可保持水泥水化所需的水分。若环境干燥，水分蒸发快，水泥浆体会因缺少水分而影响正常水化。因此，混凝土工程在浇筑后 2～3 周内应加强洒水养护，以保证水泥水化所需的水分。

(3)水泥的细度。水泥越细，水泥颗粒的比表面积越大，与水接触面越大，水化速度越快，水泥凝结硬化速度越快，早期强度就高。但过细时，易与空气中的水分及二氧化碳反应而降低活性，并且硬化时收缩也较大，且成本高。因此，水泥细度应适当。

(4)石膏掺量。水泥中掺入石膏，可以调节水泥凝结硬化的速度。掺入少量石膏，可以延缓水泥浆体的凝结硬化速度，但石膏掺量不能过多，过多的石膏不仅缓凝作用不大，还会引起水泥体积安定性不良。

【小提示】生产水泥要加入适量石膏，过多或者过少都不行，引申做人做事要有度。

(5)养护龄期。水泥凝结硬化是一个较长时期不断进行的过程，随着龄期的增长，水泥石的强度逐渐提高。

3.1.3　硅酸盐水泥的技术性质

1. 细度

细度是指水泥颗粒的粗细程度，是影响水泥性能的重要指标。水泥的细度可用比表面积或筛析法的筛余百分数来表示。根据《通用硅酸盐水泥》(GB 175—2007)的规定，硅酸盐水泥以比表面积表示，不低于 300 m^2/kg 且不大于 400 m^2/kg。

微课：硅酸盐水泥的技术性质(1)

2. 标准稠度用水量

水泥净浆以标准方法测定，在达到统一规定的浆体可塑性时，所需加的用水量，水泥的凝结时间和体积安定性测定，都与用水量有关。因此，测定水泥标准稠度用水量可消除试验条件的差异，有利于比较。根据《水泥标准稠度用水量、凝结时间、安定性检验方法》(GB/T 1346—2011)规定的方法进行测定。

3. 凝结时间

凝结时间分为初凝时间和终凝时间。

微课：硅酸盐水泥的技术性质(2)

初凝时间为水泥加水拌和至标准稠度的净浆开始失去可塑性所需的时间。终凝时间为水泥加水拌和至标准稠度的净浆完全失去可塑性并开始产生强度所需的时间。水泥的凝结时间在施工中有重要意义。水泥的初凝时间不宜过早，以便施工时有充分的时间进行搅拌、运输、浇捣和砌筑等操作。终凝时间不宜过迟，以便施工完毕后更快硬化，达到一定的强度，以利于下一步施工工艺的进行。

《通用硅酸盐水泥》(GB 175—2007)规定：硅酸盐水泥初凝时间不小于45 min，终凝时间不大于390 min；普通硅酸盐水泥、矿渣硅酸盐水泥、火山灰质硅酸盐水泥、粉煤灰硅酸盐水泥、复合硅酸盐水泥初凝时间不小于45 min，终凝时间不大于600 min。

4. 体积安定性

水泥浆体硬化后体积变化的均匀性称为水泥的体积安定性，即水泥硬化浆体能保持一定形状、不开裂、不变形的性质。水泥体积安定性不良一般是熟料中游离氧化钙、游离氧化镁或掺入石膏过多等造成的。其中，游离氧化钙是一种最为常见、影响最为严重的物质。

熟料中所含游离氧化钙或游离氧化镁都是过烧的，结构致密，水化很慢。其又被熟料中其他成分所包裹，其在水泥已经硬化后才进行熟化，从而导致体积不均匀膨胀，水泥石开裂。当石膏掺量过多时，在水泥硬化后，残余石膏与水化铝酸钙继续反应生成钙矾石，体积增大，从而使水泥石破坏。

对于由游离氧化钙(f－CaO)引起的水泥体积安定性不良，国家标准规定采用沸煮法检验，具体测试时可用试饼法和雷氏法。游离氧化镁(f－MgO)与水作用的速度更慢，因此需采用蒸压法来检验，石膏对水泥安定性的影响则要通过长时间在温水中浸泡法来检验，这两种方法操作复杂、用时长，不便检验，因此通常情况下对其含量进行严格控制。

5. 强度

强度是评价水泥质量的一个重要指标。

《水泥胶砂强度检验方法(ISO法)》(GB/T 17671—1999)规定：按标准方法制作的水泥胶砂试件，在温度保持在20 ℃±1 ℃，相对湿度不低于90%的养护箱中，养护至规定龄期时测得的强度，强度值应满足规定要求。

3.2 通用硅酸盐水泥

根据《通用硅酸盐水泥》(GB 175—2007)的规定，通用硅酸盐水泥的组分应符合表3.3～

表 3.5 的规定。

表 3.3　硅酸盐水泥的组分要求

品种	代号	组分(质量分数)/%		
		熟料+石膏	粒化高炉矿渣	石灰石
硅酸盐水泥	P·I	100	—	—
	P·Ⅱ	95～100	0～5	—
			—	0～5

表 3.4　普通硅酸盐水泥、矿渣硅酸盐水泥、火山灰质硅酸盐水泥和粉煤灰硅酸盐水泥的组分要求

品种	代号	组分(质量分数)/%				
		主要组分				替代组分
		熟料+石膏	粒化高炉矿渣	火山灰质混合材料	粉煤灰	
普通硅酸盐水泥	P·O	80～95	5～20①			0～5②
矿渣硅酸盐水泥	P·S·A	50～80	20～50	—	—	0～8③
	P·S·B	30～50	50～70	—	—	
火山灰质硅酸盐水泥	P·P	60～80	—	20～40	—	—
粉煤灰硅酸盐水泥	P·F	60～80	—	—	20～40	—

注：①本组分材料由符合标准规定的粒化高炉矿渣、粉煤灰、火山灰质混合材料组成；
②本替代组分为符合标准规定的石灰石、砂岩、窑灰中的一种材料；
③本替代组分为符合标准规定的粉煤灰、火山灰、石灰石、砂岩、窑灰中的一种材料。

表 3.5　复合硅酸盐水泥的组分要求

品种	代号	组分(质量分数)/%						
		主要组分						替代组分
		熟料+石膏	粒化高炉矿渣	火山灰质混合材料	粉煤灰	石灰石	砂岩	
复合硅酸盐水泥	P·C	50～80	20～50①					0～8②

注：①本组分材料由符合标准规定的粒化高炉矿渣、粉煤灰、火山灰质混合材料、石灰石和砂岩中的三种(含)以上材料组成。其中石灰石和砂岩的总量小于水泥质量的 20%。
②本替代组分为符合标准规定的窑灰。

从表 3.3～表 3.5 中可看出，除硅酸盐水泥外，其他品种水泥都掺加了较多的混合材料。

在水泥生产过程中，为改善水泥性能、降低水泥成本、调节水泥强度等级而掺加到水泥中的矿物质材料称为混合材料。混合材料有活性混合材料和非活性混合材料两种类型。

3.2.1 混合材料

1. 活性混合材料

微课：掺混合材料的硅酸盐水泥类型

矿物质材料(天然或人工)，经粉磨加水后，本身不硬化或硬化很慢，但与其他胶凝材料(石灰、水泥)搅成胶泥状态后，不但能在空气中硬化，而且能在水中继续硬化，并且有一定的强度，称为活性混合材料。例如粒化高炉矿渣、火山灰质混合材料、粉煤灰等。

2. 非活性混合材料

磨细的石英砂、石灰石和各种废渣等属于非活性混合材料，它们与水泥成分不起化学作用或化学作用很小。掺入非活性混合材料的目的主要是提高水泥的产量、调整水泥强度等级、减少水化热、改善性能等作用。

【小提示】由工业废料再利用，培养循环发展、绿色环保意识。

3.2.2 掺混合材料的硅酸盐水泥

常用的掺混合材料的硅酸盐水泥有硅酸盐水泥、普通硅酸盐水泥、矿渣硅酸盐水泥、火山灰质硅酸盐水泥、粉煤灰硅酸盐水泥及复合硅酸盐水泥。

1. 硅酸盐水泥

凡以硅酸钙为主的硅酸盐水泥熟料，加入5%以下的混合材料及适量石膏磨细而成水硬性胶凝材料，称为硅酸盐水泥。当硅酸盐水泥中不掺混合材料时，称为Ⅰ型硅酸盐水泥，代号P·Ⅰ；当硅酸盐水泥中混合材料掺量不超过5%时，称为Ⅱ型硅酸盐水泥，代号P·Ⅱ。

2. 普通硅酸盐水泥

凡以硅酸盐水泥熟料，加入5%～20%的混合材料及适量石膏磨细而成水硬性胶凝材料，称为普通硅酸盐水泥，代号P·O。

3. 矿渣硅酸盐水泥

凡以硅酸盐水泥熟料，加入20%～70%的粒化高炉矿渣及适量石膏混合磨细而成的水硬性胶凝材料，称为矿渣硅酸盐水泥，代号P·S。

4. 火山灰质硅酸盐水泥

凡以硅酸盐水泥熟料，加入20%～40%的火山灰质混合材料及适量石膏混合磨细而成的水硬性胶凝材料，称为火山灰质硅酸盐水泥，代号P·P。

5. 粉煤灰硅酸盐水泥

凡以硅酸盐水泥熟料，加入20%～40%的粉煤灰及适量石膏混合磨细而成的水硬性胶凝材料，称为粉煤灰硅酸盐水泥，代号P·F。

6. 复合硅酸盐水泥

凡以硅酸盐水泥熟料，加入3种(含)以上规定的混合材料及适量石膏磨细制成的水硬性胶凝材料，称为复合硅酸盐水泥，代号P·C。

3.2.3 通用硅酸盐水泥的技术标准

《通用硅酸盐水泥》(GB 175—2007)规定了水泥的化学指标和物理指标，合格的水泥要满足规范规定的指标要求。

1. 水泥的化学指标

通用硅酸盐水泥的化学成分应符合表 3.6 的要求。

表 3.6 通用硅酸盐水泥的化学成分要求 %

品种	代号	不溶物（质量分数）	烧失量（质量分数）	三氧化硫（质量分数）	氧化镁（质量分数）	氯离子（质量分数）
硅酸盐水泥	P·Ⅰ	≤0.75	≤3.0	≤3.5	≤6.0	≤0.06①
	P·Ⅱ	≤1.50	≤3.5			
普通硅酸盐水泥	P·O	—	≤5.0			
矿渣硅酸盐水泥	P·S·A	—	—	≤4.0	≤6.0	
	P·S·B	—	—		—	
火山灰质硅酸盐水泥	P·P	—	—	≤3.5	≤6.0	
粉煤灰硅酸盐水泥	P·F	—	—			
复合硅酸盐水泥	P·C	—	—			

注：①当有更低要求时，买卖双方协商确定。

水泥中碱含量按 $Na_2O+0.658\ K_2O$ 计算值表示。当用户要求提供低碱水泥时，由买卖双方协商确定。

2. 水泥的强度等级

硅酸盐水泥的强度等级分为 42.5、42.5R、52.5、52.5R、62.5、62.5R 6 个等级；普通硅酸盐水泥的强度等级分为 42.5、42.5R、52.5、52.5R 4 个等级；矿渣硅酸盐水泥、粉煤灰硅酸盐水泥、火山灰质硅酸盐水泥的强度等级分为 32.5、32.5R、42.5、42.5R、52.5、52.5R 6 个等级；复合硅酸盐水泥的强度等级分为 42.5、42.5R、52.5、52.5R 4 个等级。

根据《通用硅酸盐水泥》(GB 175—2007)的规定，不同品种不同强度等级的通用硅酸盐水泥，其不同龄期的强度应符合表 3.7 的规定。

表 3.7 通用硅酸盐水泥不同龄期的强度要求 MPa

品种	强度等级	抗压强度		抗折强度	
		3 d	28 d	3 d	28 d
硅酸盐水泥	42.5	≥17.0	≥42.5	≥3.5	≥6.5
	42.5R	≥22.0		≥4.0	
	52.5	≥23.0	≥52.5	≥4.0	≥7.0
	52.5R	≥27.0		≥5.0	
	62.5	≥28.0	≥62.5	≥5.0	≥8.0
	62.5R	≥32.0		≥5.5	

续表

品种	强度等级	抗压强度		抗折强度	
		3 d	28 d	3 d	28 d
普通硅酸盐水泥	42.5	≥17.0	≥42.5	≥3.5	≥6.5
	42.5R	≥22.0		≥4.0	
	52.5	≥23.0	≥52.5	≥4.0	≥7.0
	52.5R	≥27.0		≥5.0	
矿渣硅酸盐水泥 火山灰质硅酸盐水泥 粉煤灰硅酸盐水泥	32.5	≥10.0	≥32.5	≥2.5	≥5.5
	32.5R	≥15.0		≥3.5	
	42.5	≥15.0	≥42.5	≥3.5	≥6.5
	42.5R	≥19.0		≥4.0	
	52.5	≥21.0	≥52.5	≥4.0	≥7.0
	52.5R	≥23.0		≥4.5	
复合硅酸盐水泥	42.5	≥15.0	≥42.5	≥3.5	≥6.5
	42.5R	≥19.0		≥4.0	
	52.5	≥21.0	≥52.5	≥4.0	≥7.0
	52.5R	≥23.0		≥4.5	

3. 水泥的合格判定

水泥的不溶物、烧失量、三氧化硫、氧化镁、氯离子、凝结时间、安定性、强度、细度指标均应达到《通用硅酸盐水泥》(GB 175—2007)规定的要求。其中的任何一项检验结果不符合要求，即应判定该批水泥为不合格品。水泥的检验报告应包括执行标准、水泥品种、代号、出厂编号、混合材料种类及掺量等出厂检验项目以及密度(仅限硅酸盐水泥)、标准稠度用水量、石膏和助磨剂的品种及掺加量、合同约定的其他技术要求等。当买方要求时，生产者应在水泥发出之日起 10 d 内寄发除 28 d 强度以外的各项检验结果，并在 35 d 内补报 28 d 强度的检验结果。

3.2.4 通用硅酸盐水泥的特性与应用

1. 水泥的特性

(1)凝结时间。硅酸盐水泥初凝时间不小于 45 min，终凝时间不大于 390 min；普通硅酸盐水泥、矿渣硅酸盐水泥、火山灰质硅酸盐水泥、粉煤灰硅酸盐水泥、复合硅酸盐水泥初凝时间不小于 45 min，终凝时间不大于 600 min。

(2)体积安定性。通用硅酸盐水泥经沸煮法必须合格。

(3)强度。强度是评价水泥质量的一个重要指标。不同品种不同强度等级的通用硅酸盐水泥，其不同龄期的强度应符合表 3.7 规定。

(4)细度。硅酸盐水泥和普通硅酸盐水泥的细度以比表面积表示，不低于 300 m^2/kg；矿渣硅酸盐水泥、火山灰质硅酸盐水泥、粉煤灰硅酸盐水泥、复合硅酸盐水泥的细度以筛余表示，其 80 μm 方孔筛筛余不大于 10%或 45 μm 方孔筛筛余不大于 30%。

2. 水泥的性能

微课：通用硅酸盐水泥特性

(1)硅酸盐水泥具有凝结时间短、快硬早强高强、抗冻、耐磨、耐热、水化放热集中、水化热较大、抗硫酸盐侵蚀能力较差的性能特点。

硅酸盐水泥用于配置高强度混凝土、先张预应力制品、道路、低温下施工的工程和一般受热(＜250 ℃)的工程。一般不适用大体积混凝土和地下工程，特别是有化学侵蚀的工程。

(2)普通硅酸盐水泥与硅酸盐水泥性能相近，也具有凝结时间短、快硬早强高强、抗冻、耐磨、耐热、水化放热集中、水化热较大、抗硫酸盐侵蚀能力较差的性能特点；相比硅酸盐水泥，早期强度增进率稍有降低，抗冻性和耐磨性稍有下降，抗硫酸盐侵蚀能力有所增强。

普通硅酸盐水泥可用于任何无特殊要求的工程。一般不适用受热工程、道路、低温下施工工程、大体积混凝土工程和地下工程，特别是化学侵蚀的工程。

(3)矿渣硅酸盐水泥具有需水性小、早强低后期增长大、水化热低、抗硫酸盐侵蚀能力强、受热性好的优点，也具有保水性和抗冻性差的缺点。

矿渣硅酸盐水泥可用于无特殊要求的一般结构工程，适用地下、水利和大体积等混凝土工程，在一般受热工程(＜250 ℃)和蒸汽养护构件中可优先采用矿渣硅酸盐水泥，不宜用于需要早强和受冻融循环、干湿交替的工程。

(4)火山灰质硅酸盐水泥具有较强的抗硫酸盐侵蚀能力、保水性好和水化热低的优点，也具有需水量大、低温凝结慢、干缩大、抗冻性差的缺点。粉煤灰硅酸盐水泥具有与火山灰质硅酸盐水泥相近的性能，相比火山灰质硅酸盐水泥，其具有需水量小、干缩性小的特点。

火山灰质硅酸盐水泥和粉煤灰硅酸盐水泥可用于一般无特殊要求的结构工程，适用地下、水利和大体积等混凝土工程，不宜用于冻融循环、干湿交替的工程。

(5)复合硅酸盐水泥除具有矿渣硅酸盐水泥、火山灰质硅酸盐水泥、粉煤灰硅酸盐水泥所具有的水化热低、耐腐蚀性好、韧性好的优点外，还能通过混合材料的复掺优化水泥的性能，如改善保水性、降低需水性、减少干燥收缩、适宜的早期和后期强度发展。

复合硅酸盐水泥可用于无特殊要求的一般结构工程，适用地下、水利和大体积等混凝土工程，特别是有化学侵蚀的工程，不宜用于需要早强和受冻融循环、干湿交替的工程。

3. 水泥的应用

通用硅酸盐水泥的应用见表 3.8。

表 3.8 通用硅酸盐水泥的应用

水泥品种		硅酸盐水泥 P·Ⅰ P·Ⅱ	普通硅酸盐水泥 P·O	矿渣硅酸盐水泥 P·S	火山灰质硅酸盐水泥 P·P	粉煤灰硅酸盐水泥 P·F	复合硅酸盐水泥 P·C
工程特点	大体积混凝土	不宜选用	可以选用	优先选用	优先选用	优先选用	优先选用
	早强快硬、高强度混凝土	优先选用	可以选用	不宜选用	不宜选用	不宜选用	不宜选用
	抗渗混凝土	优先选用	优先选用	不宜选用	可以选用	优先选用	可以选用
	耐磨要求	优先选用	优先选用	可以选用	不宜选用	不宜选用	可以选用

续表

水泥品种		硅酸盐水泥 P·Ⅰ P·Ⅱ	普通硅酸盐水泥 P·O	矿渣硅酸盐水泥 P·S	火山灰质硅酸盐水泥 P·P	粉煤灰硅酸盐水泥 P·F	复合硅酸盐水泥 P·C
环境特点	普通气候环境	可以选用	优先选用	可以选用	可以选用	可以选用	可以选用
	干燥环境	优先选用	可以选用	不宜选用	不宜选用	不宜选用	不宜选用
	高温或长期处于水中的混凝土	不宜选用	可以选用	优先选用	优先选用	优先选用	优先选用
	严寒地区露天混凝土	优先选用	优先选用	不宜选用	不宜选用	不宜选用	不宜选用
	严寒地区处于水位升降范围混凝土	可以选用	优先选用	不宜选用	不宜选用	不宜选用	不宜选用
	受侵蚀介质作用混凝土	不宜选用	可以选用	优先选用	优先选用	优先选用	优先选用
注：在实际工程中选择水泥品种时，应根据工程具体环境条件和施工要求，综合考虑水泥的技术性能特点，必要时应通过试验验证确定。							

3.2.5 水泥石的腐蚀及防止措施

水泥硬化后，在通常的使用条件下具有较好的耐久性。但在某些环境条件下，受到腐蚀介质的侵蚀会逐渐受到损害，严重的时候可能引起结构的破坏。

微课：水泥石的侵蚀

1. 水泥石的腐蚀类型

(1)软水腐蚀。不含或仅含少量钙、镁等可溶性盐的水是软水。雨水、雪水、工厂的蒸馏水以及含碳酸盐很少的河水与湖水等都是软水。硬化水泥石遇到软水，会使水泥石水化产物氢氧化钙溶解，从而造成硬化水泥石的破坏。当水泥石处于软水环境时，特别是流动的软水环境，水泥被软水腐蚀的速度会更快。

如果水中含有重碳酸钙，重碳酸钙可与水泥石中的氢氧化钙发生反应，生成几乎不溶于水的碳酸钙，沉积于水泥石的孔隙，使孔隙密实后阻止外界水的继续侵入和内部氢氧化钙的扩散、析出，故处于硬水中的水泥石一般不会受到明显的侵蚀。其化学反应式如下：

$$Ca(OH)_2 + Ca(HCO_3)_2 \rightarrow 2CaCO_3 + 2H_2O$$

因此，对与软水接触的混凝土，可预先在空气中存放一定时间，使其经碳化作用形成碳酸钙外壳后，再与软水接触，可在一定程度上阻止软水的破坏。

(2)盐类腐蚀。

1)硫酸盐的腐蚀。海水、湖水、沼泽水、地下水、某些工业污水中常含有钠、钾、氨的硫酸盐，它们与水泥石中的氢氧化钙产生反应生成硫酸钙。生成的硫酸钙又与硬化水泥石中的水化铝酸钙反应生成高硫型硫铝酸钙，化学反应式如下：

$$3(CaSO_4 \cdot 2H_2O) + 3CaO \cdot Al_2O_3 \cdot 6H_2O + 19H_2O \rightarrow 3CaO \cdot Al_2O_3 \cdot 3CaSO_4 \cdot 31H_2O$$

该反应生成高硫型硫铝酸钙含有大量结晶水，比原体积增大 1.5 倍以上，极易产生内部膨胀应力，对硬化水泥石有极大的破坏作用。这种高硫型硫铝酸钙呈针状晶体，为此称其为“水泥杆菌”。水中的硫酸盐浓度较高时，所生成的硫酸钙还会在孔隙中直接结晶成二水石膏，也会产生明显的体积膨胀造成硬化水泥石的开裂破坏。

2)镁盐的腐蚀。海水和地下水中，常含有大量的镁，主要是硫酸镁和氯化镁。它们与硬化水泥石中的氢氧化钙发生置换反应，化学反应式如下：

$$MgSO_4+Ca(OH)_2+2H_2O \rightarrow CaSO_4 \cdot 2H_2O+Mg(OH)_2$$

$$MgCl_2+Ca(OH)_2 \rightarrow CaCl_2+Mg(OH)_2$$

反应的生成物氢氧化镁无胶结能力，氯化钙会溶于水引起溶出性腐蚀，二水石膏又引起硫酸盐的破坏作用。因此，镁盐对硬化水泥石起硫酸盐和镁盐的双重侵蚀，破坏作用更严重。

(3)酸类腐蚀。酸类腐蚀主要是指碳酸的侵蚀。工业污水、地下水中存在溶解其中的二氧化碳，这些水溶液对硬化水泥石腐蚀通过二次反应造成破坏。二氧化碳先与硬化水泥石中的氢氧化钙反应生成碳酸钙，化学反应式如下：

$$Ca(OH)_2+CO_2+H_2O \rightarrow CaCO_3+2H_2O$$

生成的碳酸钙再与含碳酸的水反应生成可溶性的碳酸氢钙，并随水流失，从而破坏水泥石的结构，化学反应式如下：

$$CaCO_3+CO_2+H_2O \rightarrow Ca(HCO_3)_2$$

(4)碱类腐蚀。低浓度或碱性不强的碱类溶液对硬化水泥石一般无害，若长期处于高浓度的强碱溶液环境下，也能产生缓慢腐蚀，化学反应式如下：

$$3CaO \cdot Al_2O_3+6NaOH \rightarrow 3Na_2O \cdot Al_2O_3+3Ca(OH)_2$$

生成的铝酸钠易溶于水，当硬化水泥石被氢氧化钠侵蚀后在空气中干燥时，溶于水的铝酸钠会与空气中的二氧化碳生成碳酸钠，碳酸钠在水泥石中结晶膨胀造成水泥破坏。

2. 水泥石腐蚀的原因

硬化水泥石的腐蚀是复杂的物理化学变化过程，硬化水泥石遭受腐蚀时，很少仅仅是单一的腐蚀作用，往往都是几种腐蚀的综合作用。

从硬化水泥石结构讲，造成腐蚀的原因首先是硬化水泥石中有被腐蚀的成分(如氢氧化钙、水化铝酸钙等)；其次是硬化水泥石不密实，存在很多毛细通道，使侵蚀介质能够进入硬化水泥石内部；干燥的固体化合物通常不会对硬化水泥石结构产生侵蚀作用，对水泥石产生腐蚀作用的介质多为溶液，而且需要达到一定的浓度才可能造成严重危害，较高的环境温度、较大的介质流速和频繁交替的干湿环境条件也是发生腐蚀的重要因素。

【小提示】坚硬的水泥石被腐蚀，主要是因为自身含有易腐蚀的氢氧化钙，就像苍蝇不叮无缝的蛋，要做个正直守法的人。

3. 水泥石腐蚀的防止措施

针对硬化水泥石腐蚀产生的原因，可相应地采取措施降低腐蚀作用：

(1)根据侵蚀环境的特点，选择合理的水泥品种，提高水泥的抗腐蚀能力。如处于软水环境的工程，可选用水泥石中氢氧化钙含量低的水泥，常选用矿渣硅酸盐水泥、火山灰质硅酸盐水泥等。

(2)通过提高硬化水泥石的密实度来提高水泥石的抗腐蚀能力。如选用合理级配的集料、掺加外加剂及选择合理的施工技术措施等提高水泥石的密实度。

(3)采取措施隔离侵蚀介质与水泥石中相应成分的接触。如对水泥石表面进行碳化处理，从而生成难溶的碳酸钙来获得抗腐蚀效果，也可以设置保护层物理隔离侵蚀介质，防止其侵入水泥石内部。

【小提示】采取相应措施防止水泥石被腐蚀，对于常发生的质量问题，提前预防，做到防微杜渐。

3.3 其他品种水泥

我国是水泥生产大国，生产的水泥95%以上是通用硅酸盐系列水泥，但这类水泥并不能适用所有工程，如水利水电工程、耐高温工程、冶金工程以及国防工程等。比如离开了油井水泥，就不能开采石油，其他品种水泥尽管使用总量少，但也不可缺少。

微课：其他品种水泥

3.3.1 铝酸盐水泥

铝酸盐水泥是以铝矾土和石灰石为原料，经煅烧制得的以铝酸钙为主要成分、氧化铝含量约50%的熟料，再磨细制成的水硬性胶凝材料。铝酸盐水泥常为黄或褐色，也有呈灰色的。铝酸盐水泥的主要矿物成分为铝酸一钙($CaO \cdot Al_2O_3$，简写CA)及其他的铝酸盐，以及少量的硅酸二钙($2CaO \cdot SiO_2$)等。

铝酸盐水泥凝结硬化速度快，1 d强度可达最高强度的80%以上，主要用于工期紧急的工程，如国防、道路和特殊抢修工程等。铝酸盐水泥水化热大，且放热量集中，1 d内放出的水化热为总量的70%～80%，使混凝土内部温度上升较高，即使在－10 ℃下施工，铝酸盐水泥也能很快凝结硬化，可用于冬期施工的工程，但不宜用于大体积混凝土工程。

铝酸盐水泥抗硫酸腐蚀性好。在普通硬化条件下，由于水泥石中不含铝酸三钙和氢氧化钙，且密实度较大，因此具有很强的抗硫酸盐腐蚀作用。

铝酸盐水泥具有较高的耐热性。如采用耐火粗、细集料(如铬铁矿等)可制成使用温度达1 300 ℃～1 400 ℃的耐热混凝土。但铝酸盐水泥的长期强度及其他性能有降低的趋势，长期强度降低40%～50%，因此铝酸盐水泥不宜用于长期承重的结构工程，它只适用紧急军事工程(筑路、桥)、抢修工程(堵漏等)、临时性工程，以及配制耐热混凝土等。

另外，铝酸盐水泥与硅酸盐水泥或石灰相混不但产生闪凝，而且由于生成高碱性的水化铝酸钙，使混凝土开裂，甚至破坏。因此施工时除不得与石灰或硅酸盐水泥混合外，也不得与未硬化的硅酸盐水泥接触使用。

3.3.2 白色硅酸盐水泥

白色硅酸盐水泥是指由氧化铁含量少的白色硅酸盐水泥熟料、适量石膏及混合材料(石灰石和窑灰)磨细制成的水硬性胶凝材料，简称白水泥，代号P·W。

硅酸盐水泥的颜色主要是由氧化铁决定的，一般硅酸盐水泥含有较多的氧化铁(3%～4%)而呈土灰色，氧化铁含量为0.45%～0.7%时，呈淡绿色，白色硅酸盐水泥中由于氧化铁(0.35%～0.4%)、氧化锰、氧化钛、氧化铬、氧化钴等着色物质极少而呈白色。因此，白色硅酸盐水泥熟料是选用较纯原料，如纯净的高岭土、纯石英砂、纯石灰或白垩，在较高温度(1 500 ℃～1 600 ℃)烧成熟料，水泥熟料中氧化镁的含量不宜超过5.0%。

白色硅酸盐水泥主要用于建筑物的装饰，如地面、楼梯、台阶、外墙饰面，彩色水刷石和水磨石制造，饰面砂浆、斩假石、水泥拉毛工艺，大理石及瓷砖镶贴，混凝土雕塑工艺制品，以及用于制造彩色水泥等。

3.3.3 膨胀水泥

膨胀水泥是指由硅酸盐水泥熟料与适量石膏和膨胀剂共同磨细制成的水硬性胶凝材料。按水泥的主要成分不同，分为硅酸盐型、铝酸盐型和硫铝酸盐型膨胀水泥；按水泥的膨胀值及用途不同，又分为收缩补偿水泥和自应力水泥两大类。

一般硅酸盐水泥在空气中硬化时，体积会发生收缩，收缩会使水泥石结构产生微裂缝，降低水泥石结构的密实性，影响结构的抗渗、抗冻、抗腐蚀等。膨胀水泥在硬化过程中体积不会发生收缩，还略有膨胀，可以解决由于收缩带来的不利后果。

3.3.4 砌筑水泥

砌筑水泥是由一种或一种以上活性混合材料或具有水硬性的工业废料为主要原料，加入适量硅酸盐水泥熟料和石膏，经磨细制成的水硬性胶凝材料。

这种水泥和易性和保水性较好，但强度较低，不能用于钢筋混凝土或结构混凝土，主要用于工业与民用建筑的砌筑和抹面砂浆、垫层混凝土等。

3.3.5 道路硅酸盐水泥

以适当成分的生料烧至部分熔融，所得以硅酸钙为主要成分和较多量的铁铝酸四钙的硅酸盐水泥熟料称为道路硅酸盐水泥熟料。由道路硅酸盐水泥熟料、0%～10%活性混合材料和适量石膏磨细制成的水硬性胶凝材料，称为道路硅酸盐水泥(简称道路水泥)。

道路硅酸盐水泥是用于道路路面的专用水泥，具有抗折强度高、早期强度增长快、耐磨性好、干缩性小、抗折弹性模量低、水化热低、抗硫酸盐侵蚀性强、抗冻性好等优点，特别适用高等级、重要交通公路路面工程、飞机场路面工程等。

3.3.6 油井水泥

油井水泥属特种水泥，专用于油井、气井的固井工程，又称堵塞水泥。它的主要作用是将套管与周围的岩层胶结封固，封隔地层内油、气、水层，防止互相串扰，以便在井内形成一条从油层流向地面且隔绝良好的油流通道。

油井水泥的基本要求：水泥浆在注井过程中要有一定的流动性和适合的密度；水泥浆注入井内后，应以较快的速度凝结，并在短期内达到相当的强度；硬化后的水泥浆应有良好的稳定性、抗渗性和抗蚀性。

3.3.7 核电站水泥

核电站水泥是集中热水泥、抗硫酸盐水泥、低碱水泥、普通水泥的特性为一体的全新水泥品种。核电站专用水泥具有低水化热、高早强、抗硫酸盐侵蚀性强、碱含量低、干缩性小等特性。

3.3.8 水泥的储存与保管

水泥在运输和储存时不得受潮和混入杂物，不同品种和强度等级的水泥在储运中避免混杂。

散装水泥应分库存放，袋装水泥堆放时应考虑防水防潮，堆置高度一般不超过10袋，使用时应考虑先存先用的原则。存期一般不应超过3个月，因为即使在储存条件良好的情况下，水泥也会吸收空气中的水分缓慢水化而降低强度。袋装水泥储存3个月后，强度降低10%～20%；6个月后，降低15%～30%；1年后降低25%～40%。通用水泥的有效储存期为3个月，储存期超过3个月的水泥在使用前必须重新鉴定其技术性能。

模块小结

硅酸盐水泥的矿物组成成分有4种：硅酸三钙(C_3S)、硅酸二钙(C_2S)、铝酸三钙(C_3A)、铁铝酸四钙(C_4AF)；水化产物有水化硅酸钙、氢氧化钙、水化铝酸钙、水化铁酸钙和水化硫铝酸钙等；硅酸盐水泥的技术性质包括细度、标准稠度用水量、凝结时间、体积安定性、强度、水化热、不溶物和烧失量、碱含量等。

以硅酸盐水泥熟料为主，在粉磨时加入适量石膏和不同品种、不同数量的混合材料而组成的水泥，其水泥品种名称也有所不同。6大通用硅酸盐水泥指以下几类：硅酸盐水泥、普通硅酸盐水泥、矿渣硅酸盐水泥、火山灰质硅酸盐水泥、粉煤灰硅酸盐水泥、复合硅酸盐水泥。

常见的水泥石腐蚀有软水腐蚀(溶出性侵蚀)、酸类腐蚀(溶解性侵蚀)、盐类腐蚀、强碱腐蚀等。除上述4种侵蚀类型外，对水泥石有腐蚀作用的还有糖类、酒精、脂肪、氨盐和含环烷酸的石油产品等。

工程案例

“波特兰水泥”最早的一次大规模应用是建造了穿越泰晤士河河底的隧道。尔后，它在世界各地迅速推广开来，法国和德国分别在1840年和1855年建设了水泥制造厂。

在19世纪早期，泰晤士河隧道绝对算得上是一个新颖的事物，游客必须付费方可通过或进入隧道内参观。每天，数以千计的伦敦人匆忙地穿过一条装潢绚丽的隧道。泰晤士河隧道是第一条采用盾构技术挖掘的隧道。盾构技术的创始人、法国著名工程师马克·伊萨姆巴德·布鲁内尔甚至曾经在尚未完工的泰晤士河隧道内举办音乐会和宴会。泰晤士河隧道于1843年建成，当时英国的维多利亚女王授予布鲁内尔爵士爵位，以表彰他对工程学的伟大贡献。

泰晤士河隧道如今是伦敦地铁系统的一部分。1843年隧道开通时，只能步行通过。1869年，东伦敦铁道公司买下了这条隧道，用来运作穿过泰晤士河底的火车。从那时起，这条隧道一直作为地铁使用。但由于地铁穿过隧道的时间仅为25 s，并且隧道内的装饰被灰尘所覆盖，所以它一直不为人们所注意。乍一看，泰晤士河隧道似乎并不特别起眼。但是，它是隧道工程史上一个具有重大意义的里程碑(图3.4)。

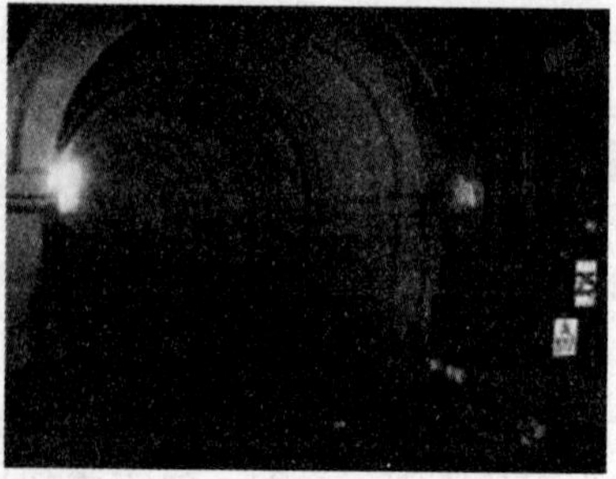

图 3.4　泰晤士河隧道

知识拓展

磷酸镁水泥

磷酸镁水泥(MPC)是一种全新的特种胶凝材料，是目前国内外研究的热点材料之一，也是目前实现传统建材向高新建材转变的途径之一。磷酸镁水泥是由重烧氧化镁、可溶性磷酸盐、矿物掺合料、缓凝剂按照一定的比例混合而成的免烧配制型水泥。磷酸镁水泥遇水后，氧化镁和磷酸盐迅速通过酸碱中和反应生成结晶度很高的水化产物——鸟粪石，从而产生强度。在磷酸镁水泥呈流动性浆体或塑性体时，根据性能需要加入相应改性组分，可形成现有传统材料无法具有的先进性能。

磷酸镁水泥的主要组分均可以按建筑材料的原材料或化工原料进行购买，无特殊购买要求，原材料具有较明显的易获得优势。磷酸镁水泥具有凝结硬化快、强度和体积稳定性高、粘结性强、抗硫酸盐侵蚀等性能。常规生产和测试条件下，磷酸镁水泥抗压强度 3 h 可达 50 MPa、1 d 可达 70 MPa，28 d 收缩低于 4×10^{-4}，约为普通硅酸盐水泥 1/5。

磷酸镁水泥因其突出的快硬早强、低收缩、高耐久性等特性，已经被应用于道路快速修补工程；相比有机涂料的防腐效果，磷酸镁防腐涂料形成的防护层还具有强度高、固化时间短、无紫外线老化和无有机物挥发等特点，因此具有防火、防腐性能；又因其对危险废弃物具有物理包覆固化作用，与重金属和放射性元素离子发生化学反应，能生成稳定的化合物，甚至无放射性的危险废弃物固化后可以作为建筑材料继续再利用，因此可用于重金属固化、污染土壤治理和核废料固化等。其在部分工程中的应用已取得了显著优于传统材料的效果。

拓展训练

一、填空题

1. 掺混合材料的硅酸盐水泥比硅酸盐水泥的抗腐蚀性能______。
2. 国家标准规定：硅酸盐水泥初凝时间不得早于______，终凝时间不得迟于______。
3. 测定水泥安定性的方法有______和______。

二、选择题

1. 矿渣水泥体积安定性不良的主要原因不包括(　　)。

A. 石膏掺量过多　　B. 游离 CaO 含量过多

C. 碱含量过高　　D. 游离 MgO 含量过多

2. 在硅酸盐水泥生产过程中，掺入适量石膏的作用是(　　)。

A. 促凝　　B. 缓凝　　C. 增加强度　　D. 硬化

3. 在海水或工业废水等腐蚀环境中进行的混凝土工程，不宜选用(　　)

A. 普通水泥　　B. 火山灰水泥

C. 矿渣水泥　　D. 粉煤灰水泥

4. 检验水泥 f−CaO 是否过量通过(　　)。

A. 压蒸法　　B. 沸煮法

C. 长期温水中浸泡法　　D. 水解法

三、判断题

1. 严寒地区，受水位升降影响的混凝土工程不能选用矿渣水泥。(　　)

2. 水泥是水硬性胶凝材料，因此可以在潮湿环境中储存。(　　)

3. 水泥强度越高，抗腐蚀性越强。(　　)

4. 高铝水泥的水化热大，不能用于大体积混凝土。(　　)

5. 决定水泥石强度的主要因素是熟料矿物组成及含量、水泥的细度，而与加水量无关。(　　)

四、简答题

1. 影响水泥石强度的因素有哪些?

2. 何谓水泥的体积安定性?

3. 硅酸盐水泥的技术性质包括哪些?

4. 在硅酸盐水泥中掺入混合材料有何作用?

五、“直通职考”模拟考题

1. 下列水泥品种中，配置 C60 高强度混凝土宜优先选用(　　)。

A. 矿渣水泥　　B. 硅酸盐水泥　　C. 火山灰水泥　　D. 复合水泥

2. 下列混凝土掺合料中，属于非活性矿物掺合料的是(　　)。

A. 石灰石粉　　B. 硅灰　　C. 沸石粉　　D. 粒化高炉矿渣

3. 下列关于粉煤灰水泥主要特征的说法，正确的是(　　)。

A. 水化热较小　　B. 抗冻性好　　C. 干缩较大　　D. 早期强度高

4. 我国现行标准《通用硅酸盐水泥》(GB 175—2007)中，符号 P·C 代表(　　)。

A. 普通硅酸盐水泥　　B. 硅酸盐水泥

C. 粉煤灰硅酸盐水泥　　D. 复合硅酸盐水泥

模块4　混凝土

学习目标

通过本模块的学习，掌握普通混凝土的基本知识，熟悉普通混凝土的基本使用性能，了解其他品种混凝土。

学习要求

知识点	能力要求	相关知识
混凝土概述	1. 掌握混凝土的定义及特点； 2. 了解混凝土的发展史及发展方向	混凝土的定义、分类、优缺点和发展方向
普通混凝土的组成材料	1. 掌握各组成材料的性能和要求； 2. 掌握水泥、砂、石的各项性能检测	混凝土各组成材料：水泥、细集料、粗集料和水的各项性能要求
混凝土拌合物的技术性质	1. 掌握混凝土和易性的影响因素； 2. 掌握混凝土和易性的测定	混凝土拌合物和易性及其测定、影响和易性的因素及改善措施
硬化混凝土的技术性质	1. 掌握混凝土强度的概念； 2. 掌握混凝土耐久性的概念及其影响因素； 3. 了解混凝土各项强度的测定	混凝土抗压强度与强度等级、轴心抗压强度、抗拉强度、与钢筋的粘结强度、耐久性及影响因素、提高混凝土耐久性的措施
混凝土的外加剂	1. 掌握常用外加剂的各项性能； 2. 了解混凝土外加剂的具体应用	外加剂的分类和使用效果、常用外加剂、影响外加剂适应性的因素和外加剂的选择使用
混凝土外掺料	1. 掌握常用的外掺料种类； 2. 了解外掺料的性质	外掺料分类和常用外掺料
混凝土的配合比设计	1. 掌握3个基本参数； 2. 掌握混凝土配合比的设计步骤； 3. 掌握配合比设计实例	混凝土配合比设计的基本要求、配合比设计中的3个参数、配合比设计的步骤、配合比设计实例
混凝土的质量控制和强度评定	1. 掌握混凝土质量控制； 2. 掌握混凝土强度评定的方法	混凝土质量控制、混凝土强度评定

学习参考标准

《装配式建筑评价标准》(GB/T 51129—2017)；

《混凝土外加剂应用技术规范》(GB 50119—2013)；

《普通混凝土拌合物性能试验方法标准》(GB/T 50080—2016)；

《混凝土用水标准》(JGJ 63—2006)；

《普通混凝土配合比设计规程》(JGJ 55—2011);
《建设用砂》(GB/T 14684—2011);
《普通混凝土用砂、石质量及检验方法标准》(JGJ 52—2006);
《高性能混凝土用骨料》(JG/T 568—2019);
《混凝土坍落度仪》(JG/T 248—2009);
《维勃稠度仪》(JG/T 250—2009);
《混凝土物理力学性能试验方法标准》(GB/T 50081—2019);
《普通混凝土长期性能和耐久性能试验方法标准》(GB/T 50082—2009);
《混凝土结构耐久性设计标准》(GB/T 50476—2019);
《混凝土强度检验评定标准》(GB/T 50107—2010);
《混凝土结构工程施工质量验收规范》(GB 50204—2015);
《装配式建筑 预制混凝土夹心保温墙板》(JC/T 2504—2019);
《装配式建筑 预制混凝土楼板》(JC/T 2505—2019)。

模块导读

混凝土是指由胶结料(有机的、无机的或有机无机复合的)、颗粒状集料、水以及需要加入的化学外加剂和矿物掺合料按适当比例拌制而成的混合料,或经硬化后形成具有堆聚结构的复合材料。

混凝土是当代最主要的土木工程材料之一。

混凝土具有原料丰富、价格低、生产工艺简单的特点,因而其用量越来越大。同时混凝土还具有抗压强度高、耐久性好、强度等级范围宽等特点。这些特点使其使用范围十分广泛,不仅在各种土木工程中使用,就是在造船业、机械工业、海洋的开发、地热工程等方面,混凝土也是重要的材料。

混凝土是一种充满生命力的建筑材料。随着混凝土组成材料的不断发展,人们对材料复合技术认识不断提高。对混凝土的性能要求不仅仅局限于抗压强度,而是在立足强度的基础上,更加注重混凝土的耐久性、变形性能等综合指标的平衡和协调。混凝土各项性能指标的要求比以前更明确、细化和具体。同时,建筑设备水平的提升,新型施工工艺的不断涌现和推广,使混凝土技术适应了不同的设计、施工和使用要求,发展很快。

混凝土并不是一种孤立存在的单一材料。它离不开混凝土用原材料的发展,也离不开混凝土的工程应用对象的发展变化,应该从土木工程大学科的角度来认真对待混凝土。混凝土配合比设计也是这样,首先要分析工程项目的结构、构件特点、设计要求,预估可能出现的不利情况和风险,立足当地原材料;然后采用科学、合理、可行的技术线路、技术手段配制出满足设计要求、施工工艺要求和使用要求的优质混凝土。

【小提示】引入典型的混凝土建筑,培养同学们的建筑审美,引发学习兴趣,引导学生了解和欣赏建筑,读懂建筑物的社会目的和象征意义。

木心美术馆坐落于水乡古镇——乌镇,古镇内小河成街,街桥相连,依河筑屋,被人们称为“东方的威尼斯”。美术馆坐北朝南,结构上采用现浇混凝土结构,其中两层位于湖面上,而以水景庭院为特色的第三层沉在水下,使得该建筑看上去好像漂浮了起来。整个美术馆跨越乌镇元宝湖水面,造型简洁修长,与水中倒影相伴随,成为乌镇西栅一道宁静而清俊的风景线(图 4.1)。

图 4.1　木心美术馆

4.1　混凝土概述

混凝土已经渗透到人们生活的方方面面。混凝土具有原料来源丰富、价格低、生产工艺简单等特点，同时混凝土还具有抗压强度高、耐久性好、强度等级范围宽等特点。这些特点使其使用范围十分广泛，不仅在各种土木工程中得到广泛使用，在其他如海洋开发、机械工业、地热工程等方面也应用广泛。

微课：混凝土概述

4.1.1　混凝土的定义和分类

混凝土是由粗的粒状材料(集料或填充料)镶嵌在坚硬的基质材料(胶凝材料，如水泥)中组成的复合材料。混凝土是一种人工石材。常见的混凝土由胶凝材料、粗集料、细集料和水等原料搅拌成形得到，有些混凝土原料还包括外加剂和外掺料。

混凝土按施工方法分类，分为现浇混凝土、预制混凝土、泵送混凝土、喷射混凝土、预应力混凝土、离心成型混凝土、水下混凝土、自密实混凝土、碾压混凝土等。

混凝土按密度分类，分为重混凝土(表观密度大于 2 600 kg/m^3，由重晶石和铁矿石配制而成，可防辐射)、普通混凝土(表观密度为 1 950～2 600 kg/m^3，是常用的混凝土品种)、轻混凝土(表观密度小于 1 950 kg/m^3，如轻集料混凝土、多孔混凝土和大孔混凝土等，可用于结构和保温隔热等方面)。

混凝土按强度等级分类，分为低强度混凝土(抗压强度<30 MPa)、中强度混凝土(30 MPa≤抗压强度<60 MPa)、高强度混凝土(抗压强度≥60 MPa)。

混凝土按胶凝材料分类，分为水泥混凝土、石膏混凝土、水玻璃混凝土、沥青混凝土、聚合物混凝土等。

混凝土按使用用途分类，分为结构混凝土、防水混凝土、耐热混凝土、耐酸混凝土、道路混凝土、防辐射混凝土等。

4.1.2 混凝土的优缺点与发展方向

混凝土是土木建筑工程中用途最广泛、用量最大的建筑材料之一。混凝土的优点是可塑性好、经济、耐久性好、能效高、便于现场制作以及方便体现美学特性等。但混凝土同时也有显著的缺点，如抗拉强度低、延性差、体积不稳定、保温性差以及强度与质量比值低等。在使用混凝土的时候，应该注意扬长避短，这样才能更有效地发挥混凝土的特性。

混凝土今后的发展方向是向商品化、高强度、高性能方面发展。商品化能克服现场搅拌混凝土的各种弊端，高强度、高性能能够拓宽混凝土的应用范围。随着混凝土技术研究的不断深入，商品混凝土、高强度混凝土、高性能混凝土会越来越广泛地应用于各个方面。混凝土的适用范围将会越来越大。

4.2 普通混凝土的组成材料

普通混凝土由水泥、细集料、粗集料和水组成，有特殊要求的混凝土还会加入某些外加剂、外掺料等。

4.2.1 水泥

水泥的选用，主要考虑的是水泥的品种和强度等级，同时也应从工程的特点、工程所处的自然条件、工程施工条件及水泥的特性等方面进行综合考虑。

水泥强度等级的选择，要考虑水泥强度等级和混凝土强度等级的关系。水泥强度过低，可能会影响混凝土的最终强度；水泥强度过高，水泥的用量会少，则可能影响混凝土拌合物的和易性。可见，过高或过低的水泥强度对混凝土都有不利影响，合适的水泥强度才能得到合适的混凝土。实践经验表明，通常情况，水泥强度等级应为混凝土设计强度等级的1.5～2.0倍。对于较高强度等级的混凝土，水泥强度应为混凝土强度等级的0.9～1.5倍。但普通强度等级的水泥配制高强度混凝土(混凝土强度≥C60)不受此限制。

4.2.2 细集料

按《普通混凝土用砂、石质量及检验方法标准》(JGJ 52—2006)的定义，砂分为天然砂、人工砂和混合砂。

天然砂是由自然条件作用而形成的、公称粒径小于4.75 mm的岩石颗粒，按其产源不同，可分为河砂、海砂、山砂。人工砂是岩石经除土开采、机械破碎、筛分而成的，公称粒径小于4.75 mm的岩石颗粒。混合砂是由天然砂与人工砂按一定比例混合而成的砂。

按《建设用砂》(GB/T 14684—2011)的要求，砂按技术要求分为Ⅰ、Ⅱ、Ⅲ类。其中Ⅰ类宜用于强度等级大于C60的混凝土，Ⅱ类宜用于强度等级为C30～C60及满足抗冻、抗渗或其他要求的混凝土，Ⅲ类宜用于强度等级小于C30的混凝土和建筑砂浆。砂的技术要求如下。

1. 砂的细度模数和颗粒级配

微课：砂的粗细程度及颗粒级配

砂的细度模数和颗粒级配通过砂的筛分析试验来确定。细度模数反映砂的粗细程度。颗粒级配是指集料中大小粒径颗粒的搭配比例或分布情况。细度模数和颗粒级配对集料的堆积密度、空隙率等指标有影响，从而对混凝土强度、和易性等指标造成影响，因此级配设计是混凝土配合比设计的重要部分。

筛分析试验是取用筛孔边长为 9.50 mm 的方孔筛筛过的 500 g 干砂，再用一套筛孔边长分别为 4.75 mm、2.36 mm、1.18 mm、0.60 mm、0.30 mm、0.15 mm 的标准筛对砂进行筛分并称量各筛上的颗粒质量(称为筛余)，计算各筛上的筛余百分率 α_1、α_2、α_3、α_4、α_5、α_6，计算累计筛余百分率 A_1、A_2、A_3、A_4、A_5、A_6。

$A_1=\alpha_1$

$A_2=\alpha_1+\alpha_2$

$A_3=\alpha_1+\alpha_2+\alpha_3$

$A_4=\alpha_1+\alpha_2+\alpha_3+\alpha_4$

$A_5=\alpha_1+\alpha_2+\alpha_3+\alpha_4+\alpha_5$

$A_6=\alpha_1+\alpha_2+\alpha_3+\alpha_4+\alpha_5+\alpha_6$

按下式计算砂的细度模数：

$$M_x=\frac{(A_2+A_3+A_4+A_5+A_6)-5A_1}{100-A_1} \tag{4.1}$$

M_x 在 3.1～3.7 的为粗砂；

M_x 在 2.3～3.0 的为中砂；

M_x 在 1.6～2.2 的为细砂；

M_x 在 0.7～1.5 的为特细砂。

砂的细度模数越大，砂越粗。普通混凝土一般应选用中、粗砂，这样可以节约水泥。细度模数只是在一定程度上反映砂的平均粗细程度，并不能反映砂粒径的分布情况，不同粒径的砂可能会有相同的细度模数。反映砂的粒径分布情况的指标是砂的颗粒级配，按 0.60 mm 孔筛上的累计筛余百分率，把砂分成 1、2、3 三个级配区(表 4.1、图 4.2)。

表 4.1　砂的颗粒级配范围

砂的分类	天然砂			机制砂		
级配区	1 区	2 区	3 区	1 区	2 区	3 区
方筛孔	累计筛余/%					
4.75 mm	10～0	10～0	10～0	10～0	10～0	10～0
2.36 mm	35～5	25～0	15～0	35～5	25～0	15～0
1.18 mm	65～35	50～10	25～0	65～35	50～10	25～0
600 μm	85～71	70～41	40～16	85～71	70～41	40～16
300 μm	95～80	92～70	85～55	95～80	92～70	85～55
150 μm	100～90	100～90	100～90	97～85	94～80	94～75

砂使用的时候以级配区范围或级配曲线判定细集料级配的合格性。细集料级配只要是

处于任何一个级配区，都视为合格。配制混凝土宜优先选用 2 区砂，以保证适当的集料比表面积和较小的空隙率。采用 1 区砂时，应适当提高砂率，并保持足够的水泥用量，以满足混凝土的和易性要求；采用 3 区砂时，宜适当降低砂率。配制泵送混凝土，宜选用中砂。天然砂的实际颗粒级配不符合要求时，宜采用相应的技术措施，并经试验证明能确保混凝土质量后方可允许使用。

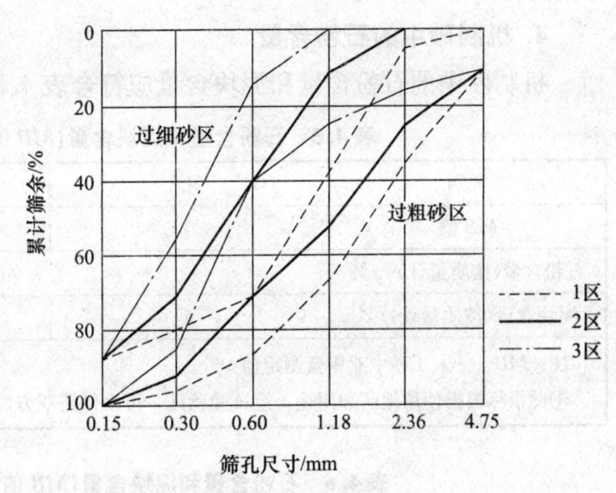

图 4.2　砂的级配曲线

【例 4.1】对 500 g 干砂筛分，筛分结果见表 4.2。试求砂的细度模数。

表 4.2　砂的筛分结果

筛孔边长/mm	筛余 m_i/g	分计筛余百分率 α_i/%	累计筛余百分率 A_i/%
4.75	35	7	7
2.36	65	13	20
1.18	105	21	41
0.60	113	22.6	63.6
0.30	100	20	83.6
0.15	74	14.8	98.4
<0.15	8	1.6	100

解：$M_x=\dfrac{(A_2+A_3+A_4+A_5+A_6)-5A_1}{100-A_1}$

$=\dfrac{(20+41+63.6+83.6+98.4)-5\times7}{100-7}=2.9$

细度模数为 2.9，属于中砂。

微课：砂的技术指标

2. 天然砂的含泥量

天然砂的含泥量应符合表 4.3 的要求。

表 4.3　天然砂的含泥量

类别	Ⅰ	Ⅱ	Ⅲ
含泥量(按质量计)/%	≤1.0	≤3.0	≤5.0

3. 天然砂中的泥块含量

天然砂中的泥块含量应符合表 4.4 的要求。

表 4.4　天然砂中的泥块含量

类别	Ⅰ	Ⅱ	Ⅲ
泥块含量(按质量计)/%	0	≤1.0	≤2.0

4. 机制砂中的石粉含量

机制砂中的石粉含量和泥块含量应符合表 4.5、表 4.6 的要求。

表 4.5　石粉含量和泥块含量(*MB* 值≤1.4 或快速法试验合格)

类别	Ⅰ	Ⅱ	Ⅲ
MB 值	≤0.5	≤1.0	≤1.4 或合格
石粉含量(按质量计)[①]/%	≤10.0		
泥块含量(按质量计)/%	0	≤1.0	≤2.0
注：*MB*——人工砂中亚甲蓝测定值。 ①此指标根据使用地区和用途，经试验验证，可由供需双方协商确定。			

表 4.6　石粉含量和泥块含量(*MB* 值>1.4 或快速法试验不合格)

类别	Ⅰ	Ⅱ	Ⅲ
石粉含量(按质量计,%)	≤1.0	≤3.0	≤5.0
泥块含量(按质量计,%)	0	≤1.0	≤2.0

5. 砂的坚固性

砂的坚固性(硫酸钠溶液检验)应符合表 4.7 的要求。

表 4.7　砂的坚固性

类别	Ⅰ	Ⅱ	Ⅲ
质量损失/%	≤8		≤10

6. 机制砂的单级最大压碎指标

机制砂的单级最大压碎指标：Ⅰ级≤20%，Ⅱ级≤25%，Ⅲ级≤30%。

7. 砂中的有害物质含量

砂中的有害物质含量应符合表 4.8 的要求。

表 4.8　砂中的有害物质含量

类别	Ⅰ	Ⅱ	Ⅲ
云母(按质量计)/%	≤1.0	≤2.0	
轻物质(按质量计)/%	≤1.0		
有机物	合格		
硫化物及硫酸盐(按 SO_3 质量计)/%	≤0.5		
氯化物(以氯离子质量计)/%	≤0.01	≤0.02	≤0.06
贝壳(按质量计)[①]/%	≤3.0	≤5.0	≤8.0
注：①该指标仅适用海砂，其他砂种不做要求。			

4.2.3　粗集料

按《普通混凝土用砂、石质量及检验方法标准》(JGJ 52—2006)的定义，粗集料分为卵石、碎石。卵石是由自然条件作用形成，公称粒径大于4.75 mm的岩石颗粒。碎石是由天然岩石或卵石经破碎、筛分而得的，公称粒径大于4.75 mm的岩石颗粒。卵石表面光滑，由其拌制的混凝土和易性好、与水泥的胶结能力相对较差；碎石表面粗糙，由其拌制的混凝土和易性差，与水泥的胶结能力较强。

【小提示】工程建设中，需要粗集料开山采矿时，重视各种工程材料的循环利用，重视各种工业矿渣代替碎石等的应用，树立生态环保理念。

1. 颗粒级配和最大粒径

微课：石子的最大粒径和颗粒级配

(1)颗粒级配。粗集料的级配有连续级配和单粒级配两种。连续级配，是按颗粒尺寸由小到大连续分级，每级集料都占有一定比例，如天然卵石。连续级配颗粒级差小，颗粒上、下限粒径之比接近，配制的混凝土拌合物和易性好，不易发生离析，目前应用较广泛。单粒级配宜用于组合成具有所要求级配的连续粒级，也可与连续粒级配合使用，以改善集料级配或配成较大粒度的连续粒级。工程中不宜采用单一的单粒级粗集料配制混凝土。按国家标准规定，普通混凝土用碎石或卵石颗粒级配应符合表4.9的规定。

表4.9　碎石或卵石颗粒级

公称粒径/mm \ 累计筛余/% \ 方筛孔/mm		2.36	4.75	9.50	16.0	19.0	26.5	31.5	37.5	53.0	63.0	75.0	90
连续粒级	5～10	95～100	80～100	0～15	0								
	5～16	95～100	85～100	30～60	0～10	0							
	5～20	95～100	90～100	40～80	—	0～10	0						
	5～25	95～100	90～100	—	30～70	—	0～5	0					
	5～31.5	95～100	90～100	70～90	—	15～45	—	0～5	0				
	5～40	—	95～100	70～90	—	30～65	—	—	0～5	0			
单粒粒级	10～20		95～100	85～100		0～15	0						
	16～31.5		95～100		85～100			0～10	0				
	20～40			95～100		80～100			0～10	0			
	31.5～63				95～100			75～100	45～75		0～10	0	
	40～80					95～100			70～100		30～60	0～10	0

(2)最大粒径。粗集料公称粒级的上限称为该粒级的最大粒级的最大粒径，主要考虑结构形式、配筋疏密、运输条件和施工条件。

从结构上考虑，根据规定，混凝土用粗集料的最大粒径不得超过结构截面最小尺寸的1/4，且不得超过钢筋最小净间距的3/4；对于混凝土实心板，不宜超过板厚的1/3，且不得超过40 mm。

从施工角度考虑，对于泵送混凝土，粗集料最大粒径与输送管内径之比碎石不宜大于1∶3，卵石不宜大于1∶2.5，高层建筑宜为1∶3～1∶4，超高层建筑宜为1∶4～1∶5。

2. 颗粒性状及表面特征

碎石或卵石中针、片状颗粒含量应符合表4.10的规定。

表 4.10　针、片状颗粒含量

混凝土强度等级	≥C60	C55～C30	≤C25
针、片状颗粒含量(按质量计)/%	≤8	≤15	≤25

3. 集料杂质含量

碎石或卵石中含泥量应符合表 4.11 的规定。

表 4.11　碎石或卵石中含泥量

混凝土强度等级	≥C60	C55～C30	≤C30
含泥量(按质量计)/%	≤0.5	≤1.0	≤2.0

碎石或卵石中泥块含量应符合表 4.12 的规定。

表 4.12　碎石或卵石中泥块含量

混凝土强度等级	≥C60	C55～C30	≤C30
泥块含量(按质量计)/%	≤0.2	≤0.5	≤0.7

4. 集料强度

碎石的强度可用岩石的抗压强度和压碎值指标表示。工程中可用压碎值指标进行质量控制(表 4.13)。

表 4.13　碎石的压碎值指标

岩石品种	混凝土强度等级	碎石压碎值指标/%
沉积岩	C60～C40	≤10
	≤C35	≤16
变质岩或深成的火成岩	C60～C40	≤12
	≤C35	≤20
喷出的火成岩	C60～C40	≤13
	≤C35	≤30

微课：石子的强度与坚固性

卵石的压碎值指标应符合表 4.14 的规定。

表 4.14　卵石的压碎值指标

混凝土强度等级	C40～C60	≤C35
压碎值指标/%	≤12	≤16

5. 集料的坚固性

碎石或卵石的坚固性应用硫酸钠溶液法检验，并符合表 4.15 的规定。

表 4.15　碎石或卵石的坚固性

混凝土所处的环境条件及其性能要求	5 次循环后的质量损失/%
在严寒及寒冷地区室外使用，并经常处于潮湿或干湿交替状态下的混凝土；有腐蚀性介质作用或经常处于水位变化区的地下结构或有抗疲劳、耐磨、抗冲击等要求的混凝土	≤8

续表

混凝土所处的环境条件及其性能要求	5次循环后的质量损失/%
在其他条件下使用的混凝土	≤12

6. 集料有害物质含量

碎石或卵石中的硫化物和硫酸盐含量以及卵石中有机物等有害物质含量，应符合表4.16的规定。

表4.16　碎石或卵石中的有害物质含量

项目	质量要求
硫化物及硫酸盐含量(折算成 SO_3，按质量计)/%	≤1.0
卵石中有机物含量(用比色法试验)	颜色应不深于标准色。当颜色深于标准色时，应配制混凝土进行强度对比试验，抗压强度比应不低于0.95

4.2.4　混凝土拌合及养护用水

混凝土拌合及养护用水应符合《混凝土用水标准》(JGJ 63—2006)的要求(表4.17)。混凝土用水可以使用地表水、地下水和再生水。未经处理的海水不得用于钢筋混凝土和预应力混凝土，无法取得水源时，海水可用于素混凝土。

表4.17　混凝土用水质量要求

项目	预应力混凝土	钢筋混凝土	素混凝土
pH值	≥5	≥4.5	≥4.5
不溶物/(mg·L^{-1})	≤2 000	≤2 000	≤5 000
可溶物/(mg·L^{-1})	≤2 000	≤5 000	≤10 000
Cl^-/(mg·L^{-1})	≤500	≤1 000	≤3 500
SO_4^{2-}/(mg·L^{-1})	≤600	≤2 000	≤2 700
碱含量/(mg·L^{-1})	≤1 500	≤1 500	≤1 500

4.2.5　混凝土外加剂

混凝土外加剂是一种在混凝土搅拌之前或搅拌过程中加入的，用以改善新拌混凝土和(或)硬化混凝土性能的材料。

混凝土外加剂的使用量少，通常只占水泥用量的5%以下，但是能显著地改善混凝土的某些性能。因此，现代混凝土越来越多地使用外加剂，以获得施工所需要的性能。采用外加剂是满足混凝土性能的有效手段，特别是对于高强度混凝土、高性能混凝土、早强混凝土、流态混凝土、大体积混凝土和喷射混凝土等，一般的混凝土也常常使用外加剂。

【小提示】从各类混凝土外加剂的不同应用中，要学会扬长避短、找到自己的优势，培养正确的人生观。

1. 外加剂的分类和使用效果

微课：混凝土减水剂

混凝土外加剂按主要使用功能分为四类。

(1)改变混凝土拌合物流变性能的外加剂，包括各种减水剂和泵送剂等。

(2)调节混凝土凝结时间、硬化功能的外加剂，包括缓凝剂、促凝剂和速凝剂等。

(3)改善混凝土耐久性的外加剂，包括引气剂、防水剂、阻锈剂和矿物外加剂等。

(4)改善混凝土其他性能的外加剂，包括膨胀剂、防冻剂、着色剂等。

2. 常用外加剂

(1)减水剂。减水剂是在混凝土坍落度基本相同的条件下，能减少拌合用水量的外加剂。减水剂能够保持水胶比不变，增加坍落度，不影响混凝土强度；保持坍落度和水泥用量不变，减少用水量，且能够提高混凝土强度；减少水胶比，提高混凝土的密实度，从而能够提高混凝土的抗冻性与耐久性。

减水剂按凝聚时间分为标准型、早强型和缓凝型三种；按是否引气分为引气型和非引气型两种；按化学成分分为木质素系(木质素磺酸钙)、树脂系(磺化古马龙树脂)、萘系(NNO)等。

(2)早强剂。早强剂是加速混凝土早期强度发展的外加剂。早强剂促进水泥的水化与硬化，可加快施工进度，适用有防冻要求的紧急抢险工程。

常用的早强剂有氯化物早强剂(氯化钙)、硫酸盐早强剂(硫酸钠)和三乙醇胺系早强剂(三乙醇胺)。

(3)缓凝剂。缓凝剂是能延长混凝土拌合物凝结时间的外加剂。缓凝剂具有减水、缓凝和降低水化热的作用，且对钢筋无锈蚀作用，对混凝土的后期强度没有不利影响。

常用的缓凝剂有糖类(糖蜜等)、木质素磺酸盐类(木钙)、羟基羧酸及其盐类(酒石酸)和无机盐类(硼酸盐)。

(4)引气剂。引气剂是指在混凝土搅拌过程中能引入大量均匀分布、稳定而封闭的微小气泡且能保留在混凝土中的外加剂。引气剂能改善混凝土的和易性，提高抗渗性和抗冻性，但是混凝土的强度会有所降低。

常用的引气剂有松香热聚物、脂肪醇硫酸钠、烷基苯磺酸钠等。

(5)防冻剂。防冻剂是能使混凝土在负温下硬化，并在规定养护条件下达到预期性能的外加剂，适用负温下施工的混凝土工程。

常用的防冻剂包括防冻组分(氯化钠)、引气组分(松香热聚物)、早强组分(氯化钙)和减水组分(木钙)。

(6)速凝剂。速凝剂是使混凝土迅速凝结硬化的外加剂。速凝剂主要用于地下工程、隧道工程及喷射混凝土工程，也可用于需要速凝的其他混凝土。常用的速凝剂有粉状速凝剂和液体速凝剂。

3. 影响外加剂适应性的因素和外加剂的选择使用

外加剂对混凝土的适应性是一个十分复杂的问题。不同的外加剂由于化学成分、分子结构及其在分子中的数量、聚合度等的不同，其对不同水泥的适应性不同；同一类型的外加剂由于生产厂家不同，原材料及生产工艺参数不同，其对水泥的适应性也不同。如果几种外加剂复合使用，出现适应性不良的可能性又会加大。当遇到水泥与外加剂不适应的问题时，必须通过试验对不适应的因素逐个排除，找出原因。

(1)影响外加剂适应性的因素。水泥和外加剂的适应性受以下因素影响：

1)水泥的矿物组成、细度、游离氧化钙含量、石膏加入量及形态、水泥熟料碱含量、碱的硫酸饱和度、混合材料种类及掺量、水泥助磨剂等。

2)外加剂的种类及掺量。如萘系减水剂的分子结构，包括磺化度、平均分子量、分子量分布、聚合性能、平衡离子的种类等。

3)混凝土的配合比，尤其是水胶比(单位用水量与胶凝材料之比，胶凝材料包括水泥和活性外掺料)、矿物外加剂的品种和掺量。

4)混凝土搅拌时的加料程序、搅拌时的温度、搅拌机的类型等。

(2)外加剂的选择使用。因混凝土外加剂的适应性受到多种因素的影响，在对其选择使用时应注意以下几点：

1)外加剂的品种应根据工程设计和施工要求选择。应使用工程原材料，通过试验及技术经济比较后确定。

2)几种外加剂复合使用时，应注意不同品种外加剂之间的相容性及对混凝土性能的影响。使用前应进行试验，满足要求后方可使用。

3)严禁使用对人体产生危害、对环境产生污染的外加剂。用户应注意工厂提供的混凝土外加剂安全防护措施的有关资料，并遵照执行。

4)对钢筋混凝土和有耐久性要求的混凝土，应按有关标准规定严格控制混凝土中氯离子含量和碱的数量。混凝土中氯离子含量和总碱量是指其各种原材料所含氯离子和碱含量之和。

4.3 混凝土拌合物的技术性质

4.3.1 混凝土拌合物的和易性

混凝土拌和的过程中，混凝土由浆体状态逐渐变稠，直到完全变成固态为止，混凝土获得可供利用的强度。成形后的混凝土结构如图 4.3 所示。为了获得质量良好的混凝土，满足混凝土强度和耐久性的要求，混凝土在施工过程中要具备易于运输、浇筑、成形且不发生离析的性质，这样的性质称为混凝土的和易性(也称工作性)。

微课：混凝土和易性的概念和检测

混凝土的和易性是一种综合性能，包含流动性、黏聚性、保水性等。流动性是指混凝土拌合物在自重或机械(振捣)力作用下能产生流动并均匀密实地填满模板的性能。黏聚性是指混凝土拌合物各组成材料之间有一定的黏聚力，不致在施工过程中产生离析。保水性是指混凝土拌合物具有一定的保水能力。流动性可通过测定其坍落度或稠度来确定。而黏聚性和保水性是通过对拌合物的观察来进行确定。离析是指混凝土组成材料之间的黏聚力不足造成粗集料下沉，致使内部组成和结构不均匀的现象，以及各组成材料之间出现分层的状况，如图 4.4 所示。

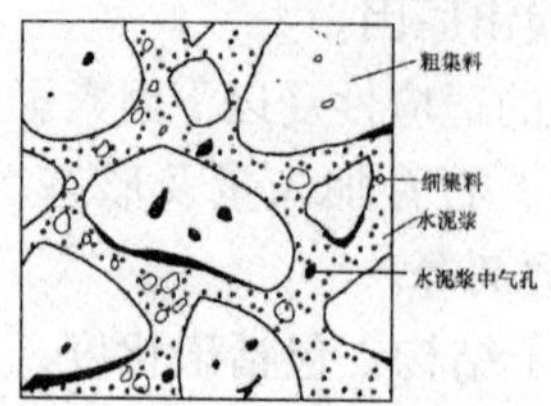

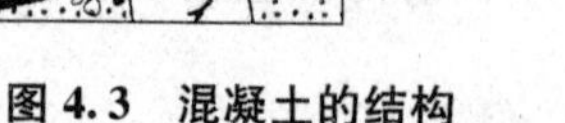

图 4.3 混凝土的结构

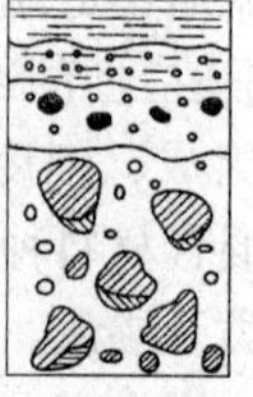

图 4.4 混凝土的离析、分层

混凝土的流动性好，浇筑的混凝土才能均匀、密实成型，黏聚性、保水性好才能保证混凝土不产生离析、泌水现象，三者之间是互相关联又互相矛盾的，黏聚性好则保水性往往也好，但当流动性增大时，黏聚性和保水性往往变差，反之亦然。因此混凝土拌合物的和易性良好，就不能过分地强调流动性或者黏聚性、保水性两方的某一方，而是使这三方面的性能在某种具体条件下，达到均为良好，亦即使矛盾得到统一。

【小提示】通过混凝土拌合物和易性良好中隐含的事物矛盾统一的哲学问题，人与人之间应互相礼让，树立和谐共处的人生观和价值观。

4.3.2 混凝土拌合物和易性的测定

《普通混凝土拌合物性能试验方法标准》(GB/T 50080—2016)中，测定混凝土拌合物和易性的方法常用的有两种：坍落度法和维勃稠度法。测量混凝土的和易性还有变形测试法、下落测试法和搅拌器测试法等。

1. 坍落度法

本方法适用集料最大粒径不大于 40 mm、坍落度不小于 10 mm 的混凝土拌合物的流动性评定。坍落度筒应符合《混凝土坍落度仪》(JG/T 248—2009)的要求。坍落度筒外表应平整光滑，内壁应光滑，无凹凸部位。筒的内径尺寸：底部直径为(200±2) mm，顶部直径为(100±2) mm，高度为(300±2) mm，筒壁厚度≥1.5 mm。捣棒直径为(16±0.2) mm，长度为(650±2) mm，端部应为圆形。测定的时候，将取样后的混凝土按规定方法装入坍落度筒中，按规定振捣密实，将顶部抹平后，垂直平稳提起坍落度筒，脱离坍落度筒的混凝土会因自重而下沉，下沉的距离就是坍落度，以 mm 为单位，如图 4.5 所示。

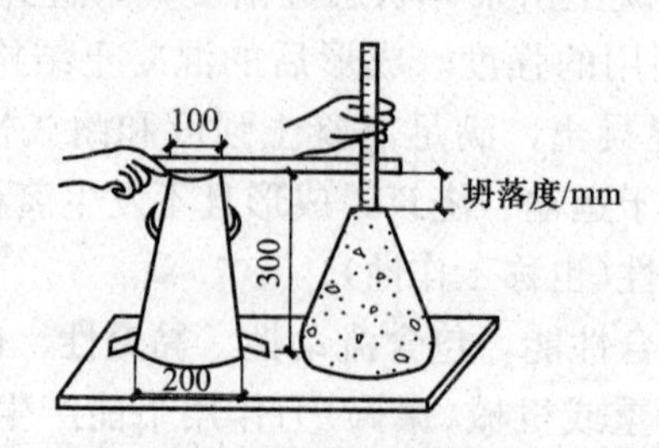

图 4.5 坍落度测定

坍落度越大，表明混凝土的流动性越大，反之，则流动性越小。在测定坍落度的同时，用捣棒在已坍落的混凝土锥体侧面轻轻敲，观察锥体的下沉情况，如果锥体逐渐下沉，则表示黏聚性良好，如果锥体倒坍、崩裂或离析，则表示黏聚性不好。提起坍落度筒后若有稀水泥浆从底部流出，混凝土锥体因失浆致使集料外露，则表示保水性不好。混凝土锥体的坍落情况如图 4.6 所示。

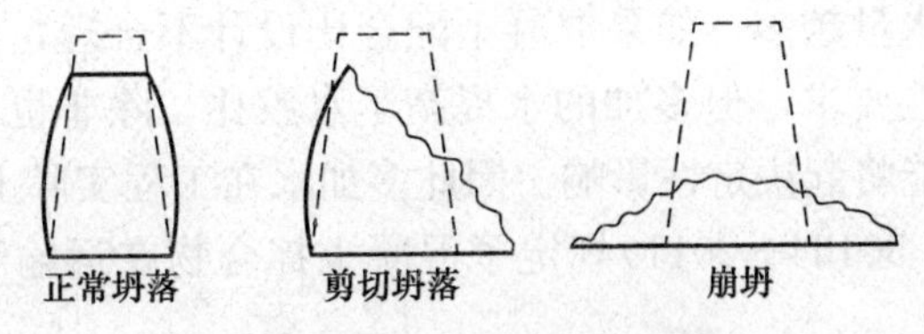

图 4.6　混凝土锥体的坍落情况

按坍落度不同，混凝土分为低塑性混凝土(坍落度 10～40 mm)、塑性混凝土(坍落度 50～90 mm)、流动性混凝土(坍落度 100～150 mm)、大流动性混凝土(坍落度大于 160～210 mm)和特大流动性混凝土(坍落度大于 220 mm)五级。

微课：混凝土维勃稠度试验

2. 维勃稠度法

本方法适用集料最大粒径不大于 40 mm，维勃稠度在 5～30 s 的混凝土拌合物的稠度评定。维勃稠度仪(图 4.7)应符合《维勃稠度仪》(JG/T 250—2009)的要求。测定方法是将坍落度筒放置在振动台的圆桶内，按规定装入混凝土，振捣密实，提起坍落度筒，把透明圆盘转到提走坍落筒的混凝土顶面，启动振动台并计时，当振动到透明圆盘的底面被水泥浆布满的瞬时停止计时，自振动开始至停止的时间就是维勃稠度值，精确至 0.1 s。

图 4.7　维勃稠度仪

按维勃稠度的不同，可将混凝土分为较干硬性混凝土(维勃稠度为 3～5 s)、半干硬性混凝土(维勃稠度为 6～10 s)、干硬性混凝土(维勃稠度为 11～20 s)、特干硬性混凝土(维勃稠度为 21～30 s)和超干硬性混凝土(维勃稠度≥31 s)五级。

3. 其他测试法

(1)变形测试法。这是测量改变在模板中混凝土的外形所需作用力的一种测试方法。

(2)下落测试法。这种方法用于观测混凝土在下落过程中的分层现象。

(3)搅拌器测试法。这种方法用于测量搅拌搅拌器中的混凝土所需要的作用力(可以通过测量运转搅拌器所需的能量来取得)。

4.3.3　混凝土拌合物和易性的影响因素及改善措施

1. 混凝土拌合物和易性的影响因素

影响混凝土拌合物和易性的因素有水含量、砂率及集料的性质、配合比和水泥的性质、时间、温度以及外加剂等。

微课：影响混凝土和易性的因素

【小提示】通过影响和易性的因素，明白影响事物的因素是内因和外因两方面，其中内因起决定作用。遇到问题首先从自身找内因，树立正确的人生观。

(1)水含量。调整混凝土工作性最重要的因素是水的含量。增加用水量能增加混凝土的流动性，但是，增加用水量会降低混凝土的强度，还可能会导致离析和泌水。任何级配的集料颗粒都需要一定量的水来使其达到可塑性。混凝土拌合物的需水量和集料的级配密切相关。越粗糙的集料需水量越多。如果混凝土配合比设计不合理，在成形之前有必要增加过量的水来满足其工作性要求，但多加的水提高了水胶比，除非也相应增加水泥含量，否则多加的水对混凝土性能将起决定性影响。因此多加水在工程实际上是非常不可行的。《混凝土质量控制标准》(GB 50164—2011)规定了混凝土拌合物在运输和浇筑成形过程中严禁浇水。

(2)砂率及集料的性质。砂率是混凝土中砂的质量占砂石总质量的百分比。砂率大、细集料多，则需要的水泥就多，在确定的水胶比条件下，会降低混凝土的和易性。细集料过多时，混凝土拌合物易于成形，但也会使混凝土具有大的可渗透性和低经济性。而砂率小、细集料少又会导致混凝土拌合物粗糙，难以成形，产生离析的可能性加大。因此，配制混凝土时应选择一个合理的砂率。砂率与坍落度的关系如图 4.8 所示，砂率与水泥浆用量的关系如图 4.9 所示。

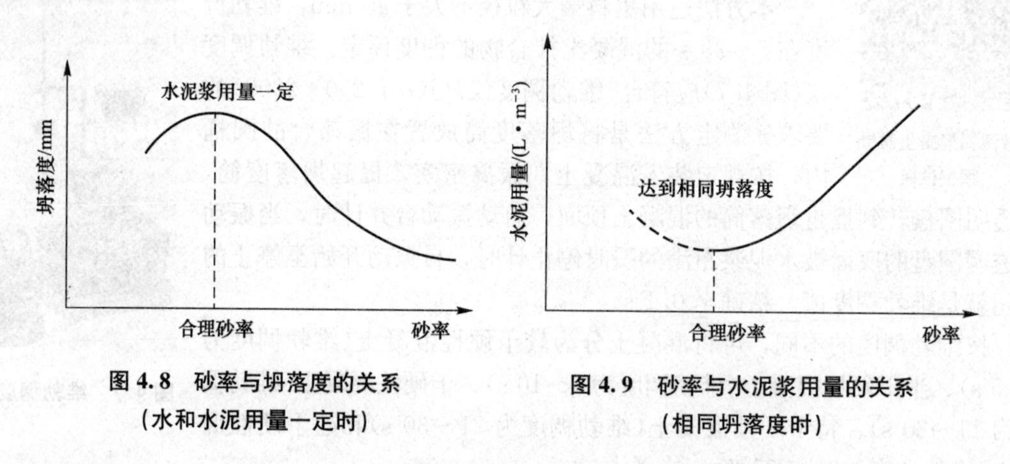

图 4.8　砂率与坍落度的关系（水和水泥用量一定时）

图 4.9　砂率与水泥浆用量的关系（相同坍落度时）

砂有不同的尺寸分布，不同的砂在混凝土中的表现也不同，细集料的级配显著地影响混凝土的工作性。同时，砂的外形和特征也会影响混凝土的工作性，一般认为，越接近球形的集料颗粒，混凝土越易于成形。这在一定程度上是由于球形颗粒以“滚珠”的形式起作用，而有棱角的颗粒会遇到机械闭锁，需要比较多的能量去克服。如果粗集料中含有片状或针状颗粒，那么砂子、水泥和水的用量就必须增加。粉碎的岩石作为集料时，光滑的颗粒比粗糙的颗粒工作性好。

集料的孔隙率同样影响混凝土的工作性。若集料的吸水率比较大，则混凝土拌合物得到的水会很少，将影响混凝土产生良好的工作性。

(3)配合比和水泥的性质。符合配合比要求的集料级配、集料含水率、集料密度及堆积密度、水泥的类型对混凝土工作性都有一定的影响。在决定混凝土工作性方面，水泥的性质不如集料的性质重要。然而，在一定水胶比的条件下，增加早强型水泥的细度会降低混凝土的工作性，这是因为早强型水泥有高的比表面积，同时水化速度快使水泥有更高的用水需求。不同强度等级的水泥对工作性的影响也不同，因为两种同样类型的水泥可能有不同的化合物成分。

(4)温度和时间。在高温环境下，由于水化和水分蒸发加快，表现出混凝土工作性损失快。如果要混凝土的坍落度有一定量的提高，温度越高的时候所需要的水也越多。如果温度可能对混凝土产生影响，实际工作中应在应用之前测试温度的影响程度，并采取有针对性的措施。混凝土在其可流动期间，随着时间的增加，混凝土的工作性将降低。坍落度损失与时间近似呈线性关系，该关系在拌和后的 0.5～1 h时最接近线性关系。因为混凝土坍落度在成形的时候最重要，所以在选择配合比时必须考虑混凝土的坍落度损失。

(5)外加剂。引气剂、减水剂、缓凝剂都会不同程度地提高混凝土的工作性。但是，这些化学外加剂对不同的水泥和集料起的作用是不同的，在某些条件下还会造成工作性的降低，尤其是对一些高性能混凝土使用大量塑化剂时，更应引起注意。

2. 混凝土拌合物和易性的改善措施

可以通过以下措施来改善混凝土拌合物的和易性：

(1)水胶比不变情况下适当增加水泥的用量。

(2)选择合理的砂率。这将有利于提高混凝土的质量和节约水泥。

(3)改善砂石的级配。尽可能采用连续级配，优良的级配可使混凝土具有良好的工作性。

(4)适当使用外加剂。合适的外加剂，可以使混凝土在不增加水泥用量的前提下显著提高工作性。

(5)缩短运输时间。时间对混凝土的工作性影响显著，缩短运输时间能有效减少工作性损失，还能有效提高工作效率。

(6)提高振捣机械的效能。振捣效能的提高，可以抵消施工中对混凝土工作性的部分要求。即使混凝土工作性有所降低，也能保证达到应有的振捣效果。

4.4 硬化混凝土的技术性质

4.4.1 混凝土的抗压强度与强度等级

混凝土具有良好的抗压性能，在工程实践中，人们主要利用的是混凝土的抗压性能。因此，抗压强度是混凝土硬化后最重要的技术性质。混凝土硬化后的强度包括抗压、抗拉、抗剪及抗弯强度等。在工程实践中，人们认识到抗压强度与其他强度之间存在着一定的关联性，可以根据抗压强度来估计其他强度的值。混凝土的抗压强度值最大，抗拉强度值最小。

【小提示】通过学习混凝土硬化后具有高强和耐久性能，了解其中隐含的事物矛盾统一的哲学问题，培养和谐共处的人生观。

微课：混凝土强度及其影响因素

混凝土抗压强度由混凝土立方体抗压强度表示。根据《混凝土物理力学性能试验方法标准》(GB/T 50081—2019)的规定，将混凝土拌合物按标准方法制成标准尺寸立方体试件(边长为 150 mm)，经标准养护[温度(20±2) ℃，相对湿度大于 95%空气中]至规定龄期(未经注明，混凝土的强度评定采

用 28 d 龄期)，经试验测得的抗压强度即混凝土立方体抗压强度，计算公式为

$$f_{cu}=F/A \tag{4.2}$$

式中 f_{cu}——混凝土立方体试件抗压强度(MPa)，计算结果应精确至 0.1 MPa；

F——试件破坏荷载(N)；

A——试件承压面积(mm^2)。

混凝土立方体强度试验采用一组 3 个试件进行试验，3 个试件实测值应符合以下规定：

(1)3 个试件实测值的算术平均值作为该组试件的抗压强度值。

(2)3 个实测值中最大值或最小值如有一个与中间值的差值超过中间值的 15%时，则把最大值和最小值一并剔除，取中间值作为该组试件的抗压强度值。

(3)如最大值和最小值与中间值的差值均超过中间值的 15%，该组试件的试验结果无效。

混凝土立方体抗压强度标准试件边长为 150 mm，根据粗集料最大粒径的不同，可以选用边长为 100 mm 或 200 mm 的非标准尺寸试件。由于试件尺寸不同，会产生相应的尺寸效应，对于 C60 以下的混凝土，采用非标准尺寸试件结果应乘以一个系数进行换算，边长为 100 mm 的非标准尺寸试件乘以 0.95，边长为 200 mm 的非标准尺寸试件乘以 1.05。C60 以上的混凝土宜选用标准试件，当使用非标准试件时应进行换算，换算系数宜由试验确定。

混凝土强度等级应按立方体抗压强度标准值确定。立方体抗压强度标准值是指按照标准方法制作养护的边长为 150 mm 的立方体试件，在 28 d 龄期用标准试验方法测得的具有 95%保证率的抗压强度。混凝土的强度等级由字母“C”+“立方体抗压强度标准值”(以 MPa 计)表示，如“C30”即表示混凝土立方体抗压强度标准值是 30 MPa。《混凝土质量控制标准》(GB 50164—2011)将混凝土抗压强度划分为 C10、C15、C20、C25、C30、C35、C40、C45、C50、C55、C60、C65、C70、C75、C80、C85、C90、C95、C100 共 19 个强度等级。

4.4.2 混凝土的轴心抗压强度

混凝土的立方体抗压强度只是评定强度等级的一个标志，它不能直接用来作为结构设计的依据。为了符合工程实际，在结构设计中混凝土受压构件的计算采用混凝土的轴心抗压强度。

混凝土轴心抗压强度标准试件是 150 mm×150 mm×300 mm 的棱柱体，也可采用 100 mm×100 mm×300 mm 或 200 mm×200 mm×400 mm 棱柱体非标准试件，特殊情况可用 150 mm×300 mm圆柱体标准试件或 100 mm×200 mm 和 200 mm×400 mm 的圆柱体非标准试件。试验证明，立方体抗压强度为 10～55 MPa 范围内时，混凝土轴心抗压强度约是立方体抗压强度的 7/10～8/10倍。

4.4.3 混凝土的抗拉强度

混凝土的抗拉强度很小，只有抗压强度的 1/20～1/10，并且随着混凝土强度等级的提高，比值降低。混凝土是脆性材料，在工作时一般不依靠其抗拉强度。但抗拉强度对于抗开裂性有重要意义，在结构设计中抗拉强度是确定混凝土抗裂能力的重要指标。有时也用来间接衡量混凝土与钢筋的粘结强度等。

混凝土抗拉强度采用立方体劈裂抗拉试验来测定，称为劈裂抗拉强度 f_{ts}。该方法的原理是在试件的两个相对表面的中线上作用着均匀分布的压力，这样就能够在外力作用的竖向平面内产生均布拉伸应力。混凝土劈裂抗拉强度按下式计算：

$$f_{ts}=\frac{2F}{\pi A}=0.637\frac{F}{A} \tag{4.3}$$

式中 f_{ts}——混凝土劈裂抗拉强度(MPa)；

F——试件破坏荷载(N)；

A——试件承压面积(mm^2)。

混凝土轴心抗拉强度可由劈裂抗拉强度换算得到，换算系数可由试验确定。相同强度等级的混凝土轴心抗压强度设计值、轴心抗拉强度设计值均低于混凝土轴心抗压、轴心抗拉强度标准值。

4.4.4 混凝土与钢筋的粘结强度

混凝土与钢筋的粘结强度的主要来源包括混凝土与钢筋间的摩擦力、钢筋与水泥石间的粘结力、变形钢筋的表面机械咬合力。

影响混凝土与钢筋的粘结强度的因素包括混凝土质量(强度)、钢筋尺寸及种类、保护层厚度、横向配筋、加载类型、干湿变化和温度变化等。

混凝土抗压强度较低(20 MPa 左右)时，粘结强度与抗压强度近似呈线性关系。随着混凝土抗压强度的提高，粘结强度的提高逐渐减小，当混凝土抗压强度达到 40 MPa 以上时，粘结强度几乎不再提高。钢筋在混凝土中的位置对粘结强度也有影响，水平位置的钢筋由于混凝土内分层的原因，其粘结强度低于垂直位置的钢筋。

混凝土粘结强度通常采用拔出试验的方法测定。将钢筋的一端埋入混凝土，在另一端施加拉力将钢筋拔出，以钢筋被拔出时的最大拉力作为钢筋与混凝土的粘结强度。温度升高会使粘结强度降低，200 ℃～300 ℃的粘结强度比室温条件下降低一半左右。

由于混凝土的收缩作用对钢筋的影响，干燥的混凝土与钢筋间的粘结强度比潮湿的混凝土高。经干湿交替、冻融循环和重复交变荷载的作用，混凝土与钢筋的粘结强度也会降低。

4.4.5 影响混凝土强度的主要因素

混凝土在承受外力之前，内部早已存在微裂缝和其他结构缺陷。这主要是由水泥水化产生的化学收缩与物理收缩造成的，产生的收缩会引起混凝土体积的变化，这些变化在水泥与集料的界面上产生不均匀的拉应力，从而导致界面上产生微裂缝。混凝土的破坏主要有三种情况(图 4.10)：

(1)硬化水泥石与集料间的破坏，与水泥强度、水胶比和集料性质有关；

(2)硬化水泥石的破坏，与水泥石强度有关；

(3)集料本身的破坏，与集料强度有关。

大量的试验证明，混凝土受力破坏主要是在水泥石与集料的界面处和水泥石本身发生破坏。

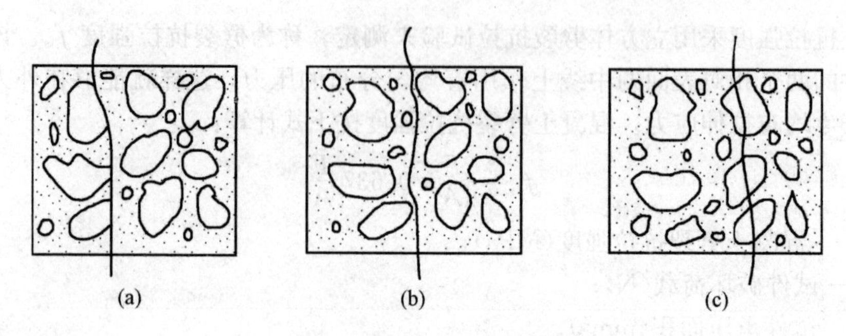

图 4.10 混凝土破坏示意

(a)界面破坏；(b)水泥石破坏；(c)集料破坏

混凝土的强度是工程设计和质量控制的重要依据。影响混凝土强度的因素有很多，主要有水胶比与水泥强度等级、孔隙率、集料、外加剂、养护龄期、养护温度与湿度、养护条件、试验条件等。

【小提示】通过工程案例中分析引起混凝土强度不足的原因，见微知著、防微杜渐，培养责任意识。

1. 水胶比与水泥强度等级

水胶比与水泥强度等级是影响水泥石强度和水泥石与集料界面粘结能力的主要因素，是决定混凝土强度的主要因素。水泥完全水化需要的用水量，一般约需水泥质量的23%，但若仅仅这些水，会使混凝土拌合物无法获得良好的和易性，进而无法施工。为了使混凝土获得良好的和易性，必须加入较多的水，通常所用的混凝土水胶比均在0.5左右。多出的水在混凝土硬化后，或蒸发掉或留在混凝土中，使混凝土形成孔隙并降低混凝土的强度。在水泥品种和强度等级相同的条件下，水胶比小则混凝土强度高，但水胶比太小，混凝土强度会因无法振实而降低，如图4.11所示。

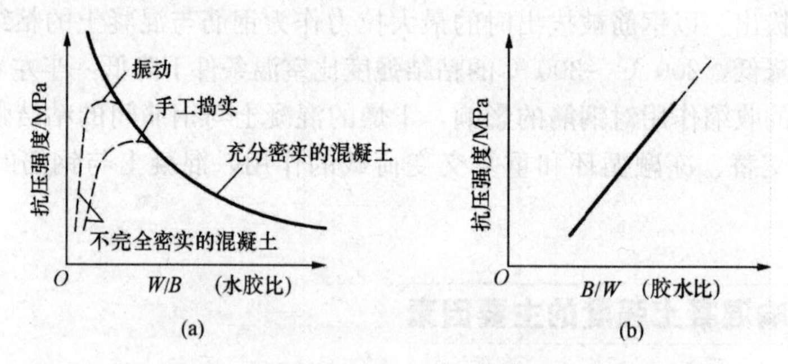

图 4.11 混凝土强度与水胶比和胶水比的关系

(a)强度与水胶比的关系；(b)强度与胶水比的关系

混凝土强度与胶水比之间存在着线性关系：

$$f_{cu}=\alpha_a f_{ce}\left(\frac{B}{W}-\alpha_b\right) \tag{4.4}$$

式中 f_{cu}——混凝土28 d立方体抗压强度(MPa)；

B/W——混凝土的胶水比；

f_{ce}——水泥28 d抗压强度实测值(MPa，$f_{ce}=\gamma_c f_{ce,g}$，γ_c为水泥的富余系数，$f_{ce,g}$为水泥强度等级值)；

α_a、α_b——回归系数，根据试验确定，无试验资料时，碎石：$\alpha_a=0.53$、$\alpha_b=0.20$；卵石：$\alpha_a=0.49$、$\alpha_b=0.13$。

2. 孔隙率

不论龄期、水胶比或水泥特性如何，水泥浆体强度随着水化产物固相体积与水化产物有效空间之比的增加而增长。由于混凝土中的粗集料与水泥浆体间存在着过渡区的界面缝，使混凝土材料的强度与孔隙率的关系更为复杂，难以建立一个通用的关系式。

3. 集料

集料占混凝土体积的70%～80%，特别是粗集料，在混凝土中起到骨架的作用。集料强度对混凝土强度有着重要影响。随着混凝土强度的提高，选用集料的强度也应提高。集料的形状、表面特征、洁净程度等对集料与水泥石的粘结质量有影响，也对混凝土的强度产生影响。针、片状颗粒含量较多的集料，对混凝土拌合物和易性带来不利影响，从而导致混凝土强度降低。碎石表面粗糙，与水泥石的界面粘结质量高，采用碎石作为集料的混凝土比采用卵石作为集料的混凝土强度高。集料表面的黏土、细粉等会影响集料与水泥石的界面粘结强度，集料表面清洁程度越高，与水泥石界面粘结质量越好；粗集料的最大粒径也对集料与水泥石的界面粘结产生影响，集料越大，粒径越大，越容易在集料颗粒下表面形成水囊，并由此产生界面裂缝。粗集料级配良好、砂率适当时，能组成密集的骨架，使水泥浆数相对减少，也能使混凝土强度有所提高。

4. 外加剂

外加剂能够显著提高混凝土的强度，合理地使用外加剂，可以获得满意的混凝土强度。外加剂的使用要通过试验准确确定，使用不当不但得不到满意的效果，还可能适得其反。

5. 养护龄期

正常养护条件下，混凝土的强度随龄期的增加而增长，混凝土强度在最初的两周强度增长快，如图4.12所示，以后增长速度会逐渐减小，如果混凝土中还有未水化的水泥颗粒，在合适的条件下，混凝土强度会继续增长，混凝土在3～6个月时的强度较28 d时会提高25%～50%，强度增长时间可长达数十年。

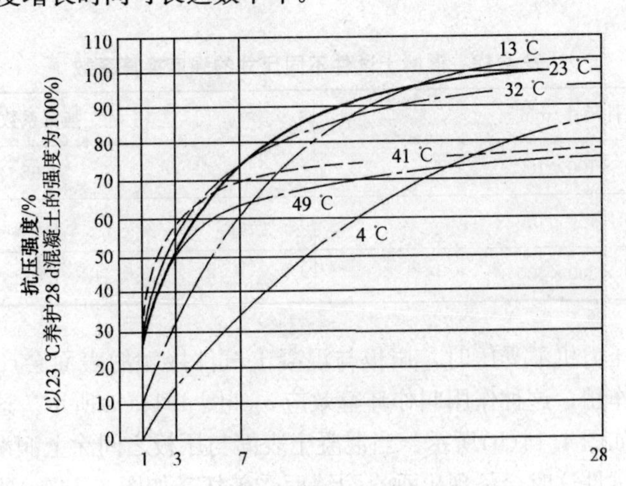

图4.12 混凝土养护龄期与强度的关系

标准条件养护下，可以用以下经验公式估计：

$$f_n = f_{28}\frac{\lg n}{\lg 28} \tag{4.5}$$

式中　f_n——nd 混凝土的抗压强度(MPa)；

f_{28}——28 d 混凝土的抗压强度(MPa)；

n——养护龄期，$n \geqslant 3$。

6. 养护温度与湿度

水泥的水化需要一定的温度和湿度条件，所以浇筑后的混凝土必须保持一定时间的湿度和温度，才能使混凝土的强度不断增长。适当的湿度才能使水泥水化正常进行，如图 4.13所示，若湿度不够，混凝土会因失水不能充分水化甚至会停止水化，影响混凝土的强度。正常的温度可以保证混凝土强度正常增长，温度过低则混凝土强度发展缓慢。

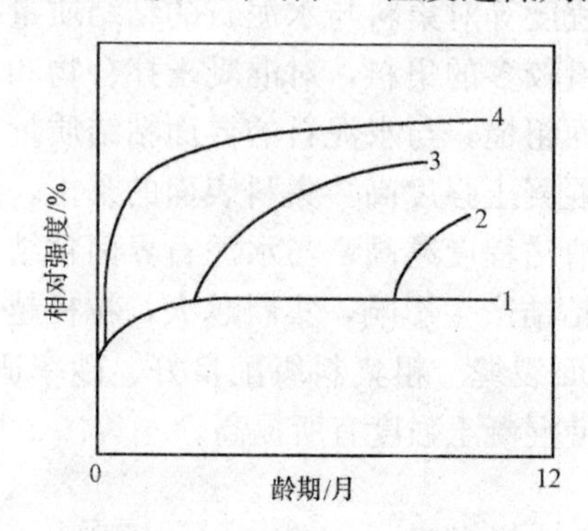

图 4.13　湿度对强度发展的影响

1—空气中养护；2—9 个月后水中养护；3—3 个月后水中养护；4—标准湿度条件下养护

7. 试验条件

试验条件是指试件尺寸、形状和表面状态，试验时的加荷速度等。试验条件不同时，测得的混凝土强度值会有所不同。

试件尺寸越大，测得的强度值越小，不同试件尺寸间可以通过换算系数进行调整(表 4.18)。

表 4.18　混凝土试件不同尺寸的强度换算系数

试件尺寸/mm	换算系数
100×100×100	0.95
150×150×150	1.00
200×200×200	1.05

混凝土试块在压力机下受压时，压板与混凝土试件接触的表面会产生摩阻力，对试件的横向膨胀起约束作用，这种作用叫作环箍效应，如图 4.14(a)所示。这种作用使试件破坏后呈一对顶棱体，如图 4.14(b)所示。当混凝土表面与压板之间涂上润滑剂时，环箍效应会大大减小，混凝土试件这时会呈现出垂直裂缝而受破坏，如图 4.14(c)所示。混凝土试件受压时的加荷速度对测值也有比较大的影响，加荷速度越快，测得的值越大。

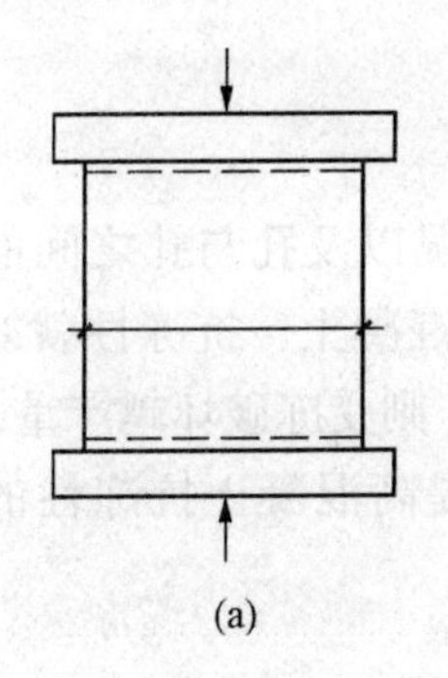
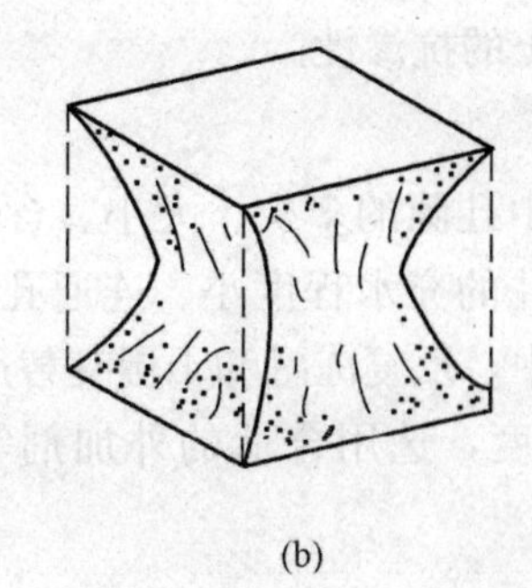
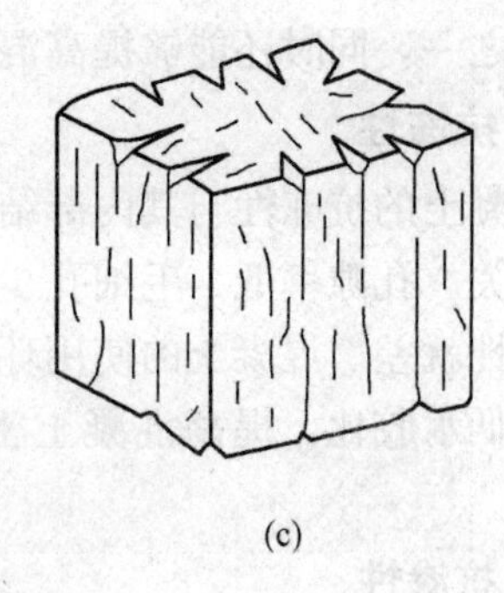

(a)　　　　(b)　　　　(c)

图 4.14　混凝土试件受压破坏状态

(a)环箍效应；(b)有环箍效应的破坏；(c)无环箍效应的破坏

4.4.6　提高混凝土强度的措施

(1)采用高强度等级水泥。同样用量下的水泥强度等级越高，相应的混凝土强度等级越高。但如果单依靠提高水泥的强度等级来提高混凝土的强度，往往是不经济的。对组成混凝土的各种材料综合考虑来提高混凝土强度是更加可行的方案。

(2)采用低水胶比的干硬性混凝土。混凝土的水胶比低，水泥水化后在混凝土中留下的孔隙少，混凝土的密实度和强度都会提高。

(3)采用湿热养护。湿热养护能够有效提高养护的湿度和温度，有利于水泥水化，对提高混凝土的强度特别是早期强度有利。采用的措施有蒸汽养护、蒸压养护、集料预热等。

(4)改进施工工艺。可以采用机械搅拌和振捣，使混凝土更加密实，从而提高混凝土强度，还可采取高速搅拌、二次投料搅拌以及高频振捣等方法。

(5)使用外加剂和外掺料。在混凝土中适当掺加外加剂和外掺料，能够提高混凝土的强度，外掺料还能够代替部分水泥，降低混凝土的造价。

4.4.7　混凝土的耐久性

混凝土是现代建筑工程中最重要的建筑材料之一，作为结构材料，不但要满足强度要求，同时还要满足经久耐用的要求。高性能混凝土重点关注的一个方向就是高耐久性。耐久性的提高对充分利用自然资源与保护环境有积极意义。

微课：混凝土耐久性

混凝土的耐久性主要由抗腐蚀性、抗冻性、抗渗性、抗碳化性以及抗碱集料反应等性能综合衡量。

1. 抗腐蚀性

干燥环境下使用的混凝土遭受腐蚀的可能性很小，但当混凝土使用环境的水中含有侵蚀性介质时，可能会遭到腐蚀。混凝土抗腐蚀性能与水泥品种、混凝土密实度有关。水泥中与腐蚀介质发生反应的成分多，抗腐蚀性差；反之，抗腐蚀性就好。

针对不同的环境条件选择合适的水泥品种，有助于提高混凝土的抗腐蚀性能。提高混凝土的密实程度，减少外界腐蚀介质进入混凝土内部的通道，也是提高混凝土抗腐蚀性能的措施之一，同时还能够提高混凝土的抗渗性。

2. 抗冻性

混凝土的抗冻性与其内部结构中孔隙的多少、大小、含水情况以及孔与孔之间的连通情况有关。孔隙率低、毛细孔少、孔的充水程度小、连通孔少的混凝土，抗冻性就好，反之抗冻性就差。混凝土的使用环境中，反复冻融和干湿交替严重，则受冻破坏越严重。

降低水胶比，提高混凝土密实度，选用合适的外加剂等是提高混凝土抗冻性的主要措施。

3. 抗渗性

抗渗性是混凝土抵抗压力水渗透的性能。混凝土的抗渗性对混凝土的抗冻性和抗腐蚀性有直接的影响。混凝土渗透的主要原因是混凝土内部的连通孔隙形成渗水通道或者由于产生裂缝形成渗水通道。混凝土孔隙的多少与水胶比密切相关，同时与施工过程中的振捣与养护也有关系。采取改善这些环节的措施，降低水胶比，加强振捣与养护，可以提高混凝土的抗渗性。混凝土的抗渗性还与水泥品种、粗细集料的级配、外加剂、外掺料等因素有关。

4. 抗碳化性

混凝土碳化是空气中的二氧化碳和水进入混凝土，与水泥石中的氢氧化钙反应生成碳酸钙的过程。

混凝土碳化能使混凝土的表面强度有所提高，但碳化造成的碱度降低会使钢筋混凝土中的钢筋失去碱性保护而锈蚀，锈蚀的钢筋会产生体积膨胀造成混凝土开裂破坏。混凝土碳化还会造成混凝土的收缩，碳化层因收缩开裂。总体而言，碳化对混凝土的有利作用少于有害作用，应采取措施防止混凝土的碳化作用。水化作用后氢氧化钙含量高的水泥抗碳化能力强；低水胶比混凝土的孔隙率低，二氧化碳不易侵入，也可以提高抗碳化能力。对于钢筋混凝土，增加保护层厚度是提高抗碳化能力的措施之一。

5. 抗碱集料反应

碱集料反应是指混凝土中的碱性物质(氧化钠、氧化钾)与集料中的活性成分(二氧化硅)发生化学反应，生成碱—硅酸凝胶，吸水后引起混凝土体积膨胀造成开裂破坏的现象。碱集料反应时间缓慢，短则几年，长则几十年才能被发现，严重影响混凝土的耐久性。

碱集料反应需要具备 3 个条件：首先是水泥中碱的含量较高；其次是集料中含有活性的二氧化硅成分；再次是有水的存在。三者缺一不可。因此，可以采取以下措施预防碱集料反应的发生：

(1)控制水泥含碱量以及混凝土中的总含碱量。

(2)控制集料中的活性成分或选用非活性成分的集料。

(3)掺加混合料缓解碱集料反应。

(4)使混凝土处于干燥状态或隔绝水分的来源。

4.4.8 混凝土的变形性能

混凝土的变形包括非荷载作用下的变形和荷载作用下的变形。非荷载作用下的变形，分为混凝土的化学收缩、干湿变形及温度变形；荷载作用下的变形，分为短期荷载作用下的变形及长期荷载作用下的变形(徐变)。

1. 化学收缩

混凝土在硬化过程中，由于水泥水化物的固体体积比反应前物质的总体积小，从而引起混凝土的收缩，这种收缩称为化学收缩。它是不能恢复的，一般收缩值较小，对混凝土结构没有破坏作用，但在混凝土内部可能产生微细裂缝而影响承载状态和耐久性。

2. 干湿变形

混凝土周围环境湿度的变化会引起混凝土的干湿变形，这种变形称为干缩湿胀。干湿变形能使混凝土表面产生较大的拉应力而导致开裂，降低混凝土的抗渗、抗冻、抗腐蚀性等耐久性能。干湿变形与水泥品种与用量、用水量、集料以及施工养护条件等因素有关。选择合理级配、含泥量小的集料，减少水泥用量，采用低水胶比的配合比，加强混凝土养护等措施有利于减少干湿变形。

3. 温度变形

混凝土随着温度变化产生热胀冷缩的变形为温度变形。混凝土的温度变形系数 α 为$(1\sim1.5)\times10^{-5}/℃$，即温度每升高 1 ℃，每 1 m 膨胀 0.01～0.015 mm。温度变形对大体积混凝土、纵长的混凝土结构、大面积混凝土工程极为不利，易使这些混凝土产生温度裂缝。可采取的措施有采用低热水泥、减少水泥用量、掺加缓凝剂、采用人工降温、设温度伸缩缝，以及在结构内配置温度钢筋等，减少因温度变形而引起的混凝土质量问题。

4. 短期荷载作用下的变形

混凝土是一种由水泥、砂、石、游离水、气泡等组成的不匀质的多组分复合材料，为弹塑性体。受力时既产生弹性变形，又产生塑性变形，其应力－应变关系呈曲线，如图 4.15所示。卸荷后能恢复的应变 $\varepsilon_{弹}$ 是由混凝土的弹性应变引起的，称为弹性应变；剩余的不能恢复的应变 $\varepsilon_{塑}$ 则是由混凝土的塑性应变引起的，称为塑性应变。

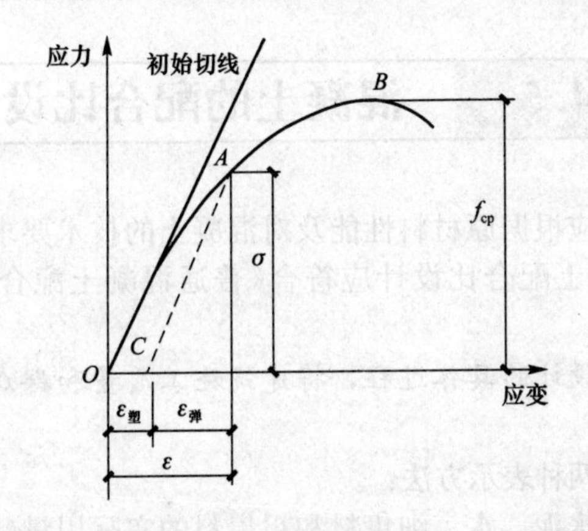

图 4.15　混凝土在压力作用下的应力一应变曲线

5. 长期荷载作用下的变形(徐变)

混凝土在持续荷载作用下，除产生瞬间的弹性变形和塑性变形外，还会产生随时间增长的变形，称为徐变。长期荷载作用下的变形的过程：在加荷瞬间产生瞬时变形，随着时间的延长，又产生徐变变形。荷载初期，徐变变形增长较快，以后逐渐变慢并稳定下来。卸荷后，一部分变形瞬时恢复，其值小于在加荷瞬间产生的瞬时变形。在卸荷后的一段时间内变形还会继续恢复，称为徐变恢复。残存的不能恢复的变形，称为残余变形，如图 4.16所示。

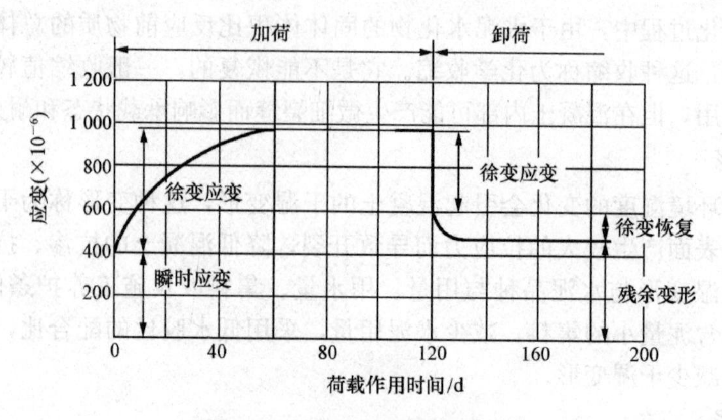

图 4.16　徐变变形与徐变恢复

混凝土的徐变是由于在长期荷载作用下，水泥石中的凝胶体产生黏性流动，向毛细孔内迁移所致。影响混凝土徐变的因素有水胶比、水泥用量、集料种类、应力等。混凝土内毛细孔数量越多，徐变越大；加荷时龄期越长，徐变越小；水泥用量和水胶比越小，徐变越小；所用集料弹性模量越大，徐变越小；所受应力越大，徐变越大。

徐变的有利影响：可消除钢筋混凝土内的应力集中，使应力重新分配，从而使混凝土构件中局部应力得到缓和。对大体积混凝土则能消除一部分由于温度变形所产生的破坏应力。

徐变的不利影响：使钢筋的预加应力受到损失(预应力减小)，使构件强度减小。

4.5　混凝土的配合比设计

普通混凝土的配合比应根据原材料性能及对混凝土的技术要求进行计算，并经试验室试配、调整后确定。混凝土配合比设计应符合《普通混凝土配合比设计规程》(JGJ 55—2011)的要求。

【小提示】通过配合比设计的具体过程，将建筑施工质量和群众人身安全联系起来，增强责任意识。

混凝土配合比通常有两种表示方法：

(1)用 1 m^3 混凝土中水泥、水、细集料和粗集料的实际用量(kg)，按顺序表示，如每立方米混凝土水泥 300 kg、水 186 kg、砂 660 kg、石子 1 280 kg。

(2)以水泥的质量为 1，其他材料取与水泥的比值，水用水胶比表示。如水泥：砂：石子=1：2.35：4.40，W/B=0.57。

4.5.1　混凝土配合比设计的基本要求

混凝土配合比设计应满足强度、和易性、耐久性和经济性的要求。

满足强度要求是混凝土配合比设计的首要任务；没有合适的和易性，实际施工中很难达到设计要求的强度，所以必须在配合比设计中充分考虑混凝土拌合物的和易性；建筑物是长期使用的结构，设计要求有使用年限的要求，所以配合比设计也要反映耐久性的要求；满足上述条件要求的混凝土，应该是经济的，这样才能有利于降低造价。

4.5.2 混凝土配合比设计的资料准备

(1)混凝土设计强度的等级。

(2)混凝土拌合料的坍落度。

(3)水泥品种、等级强度、质量水平。

(4)粗、细集料品种(最大粒径、砂的细度模数、级配范围等)。

(5)外加剂、外掺料品种质量。

(6)对混凝土的特殊要求(如抗冻、抗渗等要求)。

4.5.3 混凝土配合比设计中的参数

混凝土配合比设计就是确定混凝土拌合物中胶凝材料、水、细集料、粗集料的材料用量。反映这 4 种组成材料之间关系的是 3 个参数：水与胶凝材料之比(水胶比)；砂与石子的比例(砂率)；集料与水泥浆之间的比例(单位用水量)。确定了这 3 个参数，基本就可以确定混凝土配合比。

1. 水胶比

水胶比影响水泥浆体的孔隙率，是决定混凝土强度和耐久性的重要因素。水胶比小，对强度和耐久性有利，但是会降低流动性，给施工带来困难。反之，增加流动性，则对强度和耐久性不利。混凝土配合比设计中通过控制最大水胶比和最小胶凝材料用量(表 4.19)来加以保证。在强度和耐久性满足的情况下，水胶比应尽量取大值，可以获得较高的流动性，给施工带来方便。

表 4.19 混凝土最大水胶比和最小胶凝材料用量

最大水胶比	最小胶凝材料用量/(kg·m^{-3})		
	素混凝土	钢筋混凝土	预应力混凝土
0.60	250	280	300
0.55	280	300	300
0.50	320		
≤0.45	330		

2. 砂率

砂率影响混凝土的和易性和水泥用量。砂率是混凝土中砂的质量占砂石总质量的百分比。砂率的变化会使集料的总表面积和空隙率发生大的变化，对混凝土拌合物的和易性有明显的影响。水泥一定的条件下，砂率大时，细集料比例大，表面积大，水泥浆会变薄，拌合物的流动性将减小；砂率小时，粗集料比例大，细集料的填充作用会降低，则影响黏聚性和保水性，容易造成离析现象。所以，配制混凝土时，砂率既不能太大也不可太小，应选用一个合理砂率。合理砂率是指能够使混凝土拌合物获得合适的流动性，并能保证黏聚性和保水性时的砂率(图 4.8、图 4.9)。混凝土配合比设计时的砂率可依据表 4.20 选取。

表 4.20 混凝土砂率

水胶比(*W*/*B*)	卵石最大粒径/mm			碎石最大粒径/mm		
	10	20	40	16	20	40
0.40	26～32	25～31	24～30	30～35	29～34	27～32
0.50	30～35	29～34	28～33	33～38	32～37	30～35
0.60	33～38	32～37	31～36	36～41	35～40	33～38
0.70	36～41	35～40	34～39	39～44	38～43	36～41

3. 单位用水量

单位用水量影响混凝土水胶比，进而影响水泥用量。在水胶比和水泥用量一定的条件下，用水量过大，会降低混凝土的耐久性。用水量少，影响润滑性能；用水量多，影响黏聚性，易泌水。大量的试验表明，当粗集料和细集料的种类和比例确定后，在一定的水胶比范围内(W/B=0.4～0.8)，水泥混凝土的坍落度主要取决于单位体积用水量，而受其他因素的影响较小，这一规律称为固定加水量定则，它为水泥混凝土的配合比设计提供了极大的方便。混凝土配合比设计时的用水量可依据表 4.21 或表 4.22 选取。

表 4.21 干硬性混凝土用水量 kg/m³

拌合物稠度		卵石最大公称粒径/mm			碎石最大公称粒径/mm		
项目	指标	10	20	40	16	20	40
维勃稠度/s	16～20	175	160	145	180	170	155
	11～15	180	165	150	185	175	160
	5～10	185	170	155	190	180	165

表 4.22 塑性混凝土用水量 kg/m³

拌合物稠度		卵石最大粒径/mm				碎石最大粒径/mm			
项目	指标	10	20	31.5	40	16	20	31.5	40
坍落度/mm	10～30	190	170	160	150	200	185	175	165
	35～50	200	180	170	160	210	195	185	175
	55～70	210	190	180	170	220	205	195	185
	75～90	215	195	185	175	230	215	205	195

4.5.4 混凝土配合比设计的步骤

混凝土配合比设计是一个计算、试配、调整的过程，需要经过初步计算配合比、试验室试配调整、确定施工配合比等阶段。混凝土配合比设计的过程是逐步满足混凝土的强度、和易性、耐久性，并达到节约水泥、降低造价目的的过程。

以水泥、砂、石、水4组分普通混凝土为例，混凝土配合比设计的步骤如下。

1. 初步配合比设计

微课：混凝土的初步配合比

(1)确定配制强度 $f_{cu,0}$。为保证混凝土强度达到设计强度等级的要求，混凝土的配制强度 $f_{cu,0}$ 按下式计算：

$$f_{cu,0} \geqslant f_{cu,k} + 1.645\sigma \tag{4.6}$$

式中　$f_{cu,0}$——混凝土配制强度(MPa)；

$f_{cu,k}$——混凝土立方体抗压强度标准值(混凝土的设计强度等级)(MPa)；

σ——混凝土强度标准差(MPa)。

当具有近1～3个月的同一品种、同一强度等级混凝土的强度资料，且试件组数不小于30时，混凝土强度标准差(σ)可按下式计算：

$$\sigma = \sqrt{\frac{\sum_{i=1}^{n} f_{cu,i}^2 - nm_{fcu}^2}{n-1}} \tag{4.7}$$

式中　$f_{cu,i}$——第 i 组试件配制强度值(MPa)；

m_{fcu}——n 组试件的强度平均值(MPa)；

n——试件组数。

其他参数含义同前。

对于强度等级不大于C30的混凝土，当混凝土强度标准差的计算值不小于3.0 MPa时，应按上式计算结果取值；当混凝土强度标准差的计算值小于3.0 MPa时，应取3.0 MPa。

对于强度等级大于C30且小于C60的混凝土，当混凝土强度标准差的计算值不小于4.0 MPa时，应按上式计算结果取值；当混凝土强度标准差的计算值小于4.0 MPa时，应取4.0 MPa。

当没有近期的同一品种、同一强度等级混凝土强度资料时，σ 值可按表4.23取值。

表4.23　混凝土 σ 取值

混凝土强度等级	≤C20	C20～C45	C50～C55
σ/MPa	4.0	5.0	6.0

(2)确定水胶比(W/B)。

$$\frac{W}{B} = \frac{\alpha_a \cdot f_b}{f_{cu,0} + \alpha_a \cdot \alpha_b \cdot f_b} \tag{4.8}$$

式中　α_a、α_b——回归系数，根据工程所使用的水泥、集料，通过试验建立的水胶比与混凝土强度关系式确定。当不具备试验统计资料时，回归系数取值如下：碎石，$\alpha_a=0.53$，$\alpha_b=0.20$；卵石，$\alpha_a=0.49$，$\alpha_b=0.13$。

f_b——胶凝材料28 d抗压强度(MPa)，可实测。当无实测值时，按下式确定：

$$f_b = \gamma_f \gamma_s f_{ce} \tag{4.9}$$

γ_f、γ_s——粉煤灰影响系数和粒化高炉矿渣粉影响系数；

f_{ce}——水泥28 d胶砂抗压强度(MPa)。

由以上计算得出的水胶比与表4.19规定的最大水胶比进行比较，若计算值大于最大水胶比值，取最大水胶比值，若计算值小于最大水胶比值，取计算值。

(3)确定用水量(m_{w0})和外加剂用量(m_{a0})。混凝土水胶比在0.40～0.80范围时，根据粗集料的种类、粗集料的最大粒径以及施工要求的混凝土拌合物稠度，按表4.21或表4.22选取。混凝土水胶比小于0.40时，可通过试验确定。

掺外加剂时，每立方米流动性或大流动性混凝土的用水量(m_{w0})可按下式计算：

$$m_{w0}=m'_{w0}(1-\beta) \tag{4.10}$$

式中 m_{w0}——计算配合比每立方米混凝土的用水量(kg/m³)；

m'_{w0}——未掺外加剂时推定的满足实际坍落度要求的每立方米混凝土的用水量(kg/m³)，以表4.22中90 mm坍落度的用水量为基础，按每增大20 mm坍落度相应增加5 kg/m³用水量来计算；当坍落度增大到180 mm以上时，随坍落度相应增加的用水量可减少；

β——外加剂的减水率(%)，应经混凝土试验确定。

每立方米混凝土中的外加剂用量(m_{a0})应按下式计算：

$$m_{a0}=m_{b0}\beta_a \tag{4.11}$$

式中 m_{a0}——计算配合比每立方米混凝土中的外加剂用量(kg/m³)；

m_{b0}——计算配合比每立方米混凝土中的胶凝材料用量(kg/m³)；

β_a——外加剂掺量(%)，应经混凝土试验确定。

(4)每立方米混凝土的胶凝材料用量(m_{b0})按下式计算：

$$m_{b0}=\frac{m_{w0}}{W/B} \tag{4.12}$$

(5)每立方米混凝土的矿物掺合料用量(m_{f0})按下式计算：

$$m_{f0}=m_{b0}\beta_f$$

式中 m_{f0}——计算配合比每立方米混凝土的矿物掺合料用量(kg/m³)；

β_f——矿物掺合料掺量(%)。

(6)每立方米混凝土的水泥用量(m_{c0})按下式计算：

$$m_{c0}=m_{b0}-m_{f0}$$

式中 m_{c0}——计算配合比每立方米混凝土的水泥用量(kg/m³)。

(7)选取合理砂率β_s。合理砂率β_s根据水胶比、粗集料的种类、最大粒径按表4.20选取，也可以由试验或经验资料确定。

(8)计算砂、石用量m_{s0}、m_{g0}。

在已知砂率的情况下，砂、石的用量可用质量法或体积法求得。

1)质量法。假定各组成材料的质量之和(即拌合物的体积密度)接近一个固定值。当采用质量法计算混凝土配合比时，砂、石的用量应按式(4.13)计算，砂率应按式(4.14)计算：

$$m_{f0}+m_{c0}+m_{g0}+m_{s0}+m_{w0}=m_{cp} \tag{4.13}$$

$$\beta_s=\frac{m_{s0}}{m_{g0}+m_{s0}}\times 100\% \tag{4.14}$$

式中 m_{g0}——计算配合比每立方米混凝土的石子用量(kg/m³)；

m_{s0}——计算配合比每立方米混凝土的砂用量(kg/m³)；

β_s——砂率(%)；

m_{cp}——每立方米混凝土拌合物的假定质量(kg)，可取2 350～2 450 kg/m³。

2)体积法。假定混凝土拌合物的体积等于各组成材料的体积与拌合物中所含空气的体积之和。当采用体积法计算混凝土配合比时，砂率应按式(4.14)计算，砂、石用量应按下式计算：

$$\frac{m_{c0}}{\rho_c}+\frac{m_{f0}}{\rho_f}+\frac{m_{g0}}{\rho_g}+\frac{m_{s0}}{\rho_s}+\frac{m_{w0}}{\rho_w}+0.01\alpha=1 \tag{4.15}$$

式中 ρ_c——水泥密度(kg/m^3)，可按现行国家标准《水泥密度测定方法》(GB/T 208—2014)测定，也可取 2 900～3 100 kg/m^3；

ρ_f——矿物掺合料密度(kg/m^3)，可按现行国家标准《水泥密度测定方法》(GB/T 208—2014)测定；

ρ_g——粗骨料的表面密度(kg/m^3)，应按现行行业标准《普通混凝土用砂、石质量及检验方法标准》(JGJ 52—2006)测定；

ρ_s——细骨料的表面密度(kg/m^3)，应按现行行业标准《普通混凝土用砂、石质量及检验方法标准》(JGJ 52—2006)测定；

ρ_w——水的密度(kg/m^3)，可取 1 000 kg/m；

α——混凝土的含气量百分数，在不使用引气剂或引气型外加剂时，α 可取 1。

通过上述计算可得混凝土组成材料的用量，即得到了初步配合比。

2. 试验室配合比确定

根据和易性满足要求的基准配合比和水胶比，配制混凝土试件。

混凝土配合比试配应采用工程中实际使用的原材料，搅拌方法宜与生产时使用的方法相同。混凝土配合比试配时，每盘混凝土的最小搅拌量应符合表 4.24 的规定。采用机械搅拌时，搅拌量不应小于搅拌机额定搅拌量的 1/4。

表 4.24 混凝土试配的最小搅拌量

集料最大粒径/mm	搅拌物数量/L
31.5 及以下	20
40	25

按计算的初步配合比进行试配时，应先进行试拌以检查拌合物的性能，当试拌的拌合物坍落度或维勃稠度不符合要求，或黏聚性及保水性不好时，应在保证水胶比不变的条件下调整用水量或砂率，直到符合要求为止，以经调整满足和易性要求的配合比作为基准配合比。

混凝土强度试验时至少应采用 3 个不同的配合比。当采用不同的 3 个配合比时，其中的一个应为基准配合比，另外两个配合比的水胶比，宜较基准配合比分别增、减 0.05，用水量应与基准配合比相同，砂率可分别增、减 1%。不同水胶比的混凝土拌合物坍落度与要求值的差超过允许偏差时，可通过增、减用水量来调整。制作混凝土强度试验试件时，应检验混凝土拌合物的坍落度或维勃稠度、黏聚性、保水性及表观密度，以此结果作为代表相应配合比的混凝土拌合物的性能。进行混凝土强度试验时，每种配合比至少应制作一组(3 块)试件，标准养护至 28 d 时试压。

根据试验得出的混凝土强度与其相对应的胶水比(B/W)关系，用作图法或计算法求出与配制强度($f_{cu,0}$)相对应的胶水比，按下列原则确定 1 m^3 混凝土的材料用量。

(1)用水量(m_w)和外加剂用量(m_a)应在基准配合比用水量的基础上，根据制作强度试件时测得的坍落度或维勃稠度进行调整确定。

(2)胶凝材料用量(m_b)应以用水量乘以选定出来的胶水比计算确定。

(3)粗骨料和细骨料用量(m_g和 m_s)应在基准配合比的粗骨料和细骨料用量的基础上，按选定的胶水比进行调整后确定。

经试配确定配合比后，尚应按下列步骤进行校正：

据前述已确定的材料用量按下式计算混凝土的表观密度计算值 $\rho_{c,c}$：

$$\rho_{c,c}=m_c+m_f+m_g+m_s+m_w \tag{4.16}$$

式中 $\rho_{c,c}$——混凝土拌合物的表观密度计算值(kg/m^3)；

m_c——每立方米混凝土的水泥用量(kg/m^3)；

m_f——每立方米混凝土的矿物掺合料用量(kg/m^3)；

m_g——每立方米混凝土的粗骨料用量(kg/m^3)；

m_s——立方米混凝土的细骨料用量(kg/m^3)；

m_w——每立方米混凝土的用水量(kg/m^3)。

再按下式计算混凝土配合比的校正系数 δ：

$$\delta=\frac{\rho_{c,t}}{\rho_{c,c}} \tag{4.17}$$

式中 δ——混凝土配合比校正系数；

$\rho_{c,t}$——混凝土拌合物的表观密度实测值(kg/m^3)。

当混凝土拌合物表观密度实测值与计算值之差的绝对值不超过计算值的 2%时，按上述步骤确定的配合比即试验室配合比；当两者之差超过 2%时，应将配合比中的每项材料用量均乘以校正系数(δ)，以校正后的配合比作为试验室配合比。

3. 施工配合比确定

试验室配合比中的集料是按干燥状态考虑的，实际施工中的集料通常都含有一定水分，因此，施工中应该把含在集料中的水从实际加水量中扣除。而实际用砂、石量则应加上砂、石的含水量，经过这样调整后的配合比即施工配合比。

微课：混凝土的施工配合比

设砂的含水率为 $a\%$、石子的含水率为 $b\%$，则施工配合比为

$$m'_c=m_c$$

$$m'_s=m_s(1+a\%)$$

$$m'_g=m_s(1+b\%)$$

$$m'_w=m_w-m_s\cdot a\%-m_g\cdot b\%$$

4.5.5 普通混凝土配合比设计举例

某钢筋混凝土构件设计强度等级为 C30，坍落度要求为 35～50 mm，混凝土采用机械搅拌，机械振捣，构件在干燥环境下使用。水泥强度采用 42.5 级，其 28 d 强度实测值为 44.4 MPa，密度为 3 050 kg/m^3；石子为 5～31.5 mm 碎石，表观密度为 2 750 kg/m^3，含水率为 1%；砂为中砂表观密度为 2 650 kg/m^3，含水率为 3%。根据近期统计资料，混凝土强度标准差 σ=4.6 MPa。试设计混凝土配合比，并确定施工配合比。

解：

1. 计算初步配合比

(1)确定混凝土试配强度($f_{cu,0}$):

$$f_{cu,0} \geqslant f_{cu,k}+1.645\sigma=30+1.645\times4.6=37.6(\text{MPa})$$

取混凝土试配强度($f_{cu,0}$)值为 37.6 MPa。

(2)确定水胶比(W/B):

回归系数选取:碎石,$\alpha_a=0.53$,$\alpha_b=0.20$;$f_b=44.4(\text{MPa})$。

$$\frac{W}{B}=\frac{\alpha_a\cdot f_b}{f_{cu,0}+\alpha_a\cdot\alpha_b\cdot f_b}=\frac{0.53\times44.4}{37.6+0.53\times0.20\times44.4}=0.56$$

查表 4.19,干燥环境下使用的构件,最大水胶比为 0.60。与计算值比较取小值,故 $W/B=0.56$。

(3)确定混凝土用水量(m_{w0}):查表 4.22,取 $m_{w0}=185\ \text{kg/m}^3$。

(4)确定水泥用量(m_{c0})。因为没有掺加矿物掺合料,即 $m_{f0}=0$ kg,

$$m_{b0}=\frac{m_{w0}}{\frac{W}{B}}=\frac{185}{0.56}=330(\text{kg})$$

$$m_{c0}=m_{b0}-m_{f0}=330\ \text{kg}$$

查表 4.19,最小胶凝材料用量为 300 kg。与计算值比较取大值,故取 $m_{c0}=300$ kg。

(5)确定砂率(β_s):

查表 4.20,确定砂率 $\beta_s=36\%$。

(6)确定砂(m_{s0})、石子(m_{g0})用量:

采用体积法计算,取 $\alpha=1$,$\rho_w=1\ 000\ \text{kg/m}^3$;已知 $\rho_c=3\ 050\ \text{kg/m}^3$,$\rho_g=2\ 750\ \text{kg/m}^3$,$\rho_s=2\ 650\ \text{kg/m}^3$;由第(5)步知:$\beta_s=36\%$。

$$\frac{330}{3\ 050}+\frac{185}{1\ 000}+\frac{m_{s0}}{2\ 650}+\frac{m_{g0}}{2\ 750}+0.01\times1=1$$

$$\beta_s-\frac{m_{s0}}{m_{s0}+m_{g0}}\times100\%=36\%$$

解得 $m_{s0}=681$ kg,$m_{g0}=1\ 210$ kg。

(7)确定初步配合比:

按照上述计算得到的 1 m³ 混凝土中各材料用量为:水泥(m_{c0})330 kg,水(m_{w0})185 kg,砂(m_{s0})681 kg,石子(m_{g0})1 210 kg。

初步配合比:$m_{c0}:m_{s0}:m_{g0}=330:681:1\ 210=1:2.06:3.67$

$$W/B=0.56$$

2. 确定试验配合比

以初步配合比进行试配,检测混凝土的坍落度,坍落值满足要求,其黏聚性和保水性良好。则此初步配合比可以作为基准配合比制作强度试件,按照砂、石用量不变(或分别增加或减少 1%用量),分别以 0.50、0.56、0.62 水胶比(水用量不变)制作 3 组强度试件(其中水胶比为 0.56 试件的配合比即基准配合比)。经检测,水胶比为 0.56 的一组试件,和易性、强度均满足设计要求,且所用水泥最少,定为混凝土的试验配合比。

3. 确定施工配合比

施工中的实际用水量应扣除砂、石中的含水量,实际用砂、石量应加上砂、石的含水量。砂的含水率为3%，石子的含水率为1%。

施工配合比为

$$m'_c=330\ \text{kg}$$
$$m'_s=m_s(1+a\%)=681\times(1+3\%)=701(\text{kg})$$
$$m'_g=m_g(1+b\%)=1\ 210\times(1+1\%)=1\ 222(\text{kg})$$
$$m'_w=m_w-m_s\cdot a\%-m_g\cdot b\%=185-681\times3\%-1\ 210\times1\%=152(\text{kg})$$

4.6 混凝土的质量控制和强度评定

4.6.1 混凝土质量控制

混凝土的质量与配合比设计、原材料质量、配料、搅拌、运输、浇筑、振捣、养护等一系列环节有关。任何一个环节出现问题，都可能严重影响混凝土的质量。控制好混凝土的质量，需要从各个方面通盘考虑。

(1)混凝土生产施工之前，应制定完整的技术方案，并做好各项准备工作。

(2)混凝土拌合物在运输和浇筑成型过程中严禁加水。

(3)混凝土原材料进场时，供方应按规定批次向需方提供质量证明文件。

(4)材料进场后，应按规定进行进场检验。

(5)在运输过程中，应控制混凝土不离析、不分层，并应控制混凝土拌合物性能满足施工要求。

(6)混凝土原材料计量应符合要求，计量偏差在允许范围内。

(7)混凝土搅拌宜采用强制性搅拌机，原材料投料方式应满足混凝土搅拌要求和混凝土拌合物质量要求。

(8)混凝土养护应制定专项方案并严格执行。

4.6.2 混凝土强度的评定

混凝土强度的评定应按《混凝土强度检验评定标准》(GB/T 50107—2010)规定执行。混凝土强度试样应在混凝土的浇筑地点随机取样。试件的取样频率和数量应符合下列规定：

(1)每100盘，但不超过100 m^3 的同配合比混凝土，取样次数不应少于一次。

(2)每一工作班拌制的同配合比混凝土不足100盘和100 m^3 时，取样次数不应少于一次。

(3)当一次连续浇筑同配合比混凝土超过1 000 m^3 时，每200 m^3 取样不应少于一次。

(4)对房屋建筑，每一楼层、同一配合比混凝土，取样不应少于一次。

每次取样应至少制作一组标准养护试件。每组3个试件应由同一盘或同一车的混凝土中取样制作。检验评定混凝土强度用的混凝土试件，其成型方法及标准养护条件应符合现行国家标准《混凝土物理力学性能试验方法标准》(GB/T 50081—2019)的规定。

每组混凝土试件强度代表值的确定，应符合下列规定：

(1)取 3 个试件强度的算术平均值作为每组试件的强度代表值。

(2)当一组试件中强度的最大值或最小值与中间值之差超过中间值的 15%时，取中间值作为该组试件的强度代表值。

(3)当一组试件中强度的最大值和最小值与中间值之差均超过中间值的 15%时，该组试件的强度不应作为评定的依据。

混凝土强度按统计方法和非统计方法进行评定。

1. 统计方法评定

(1)当连续生产的混凝土，生产条件在较长时间内能保持一致，且同一品种、同一强度等级混凝土的强度变异性保持稳定时，可按以下方法评定。

1)按本方法评定，需要至少 3 组试件作为一个检验批，满足以下要求：

$$m_{fcu} \geqslant f_{cu,k} + 0.7\sigma_0 \tag{4.18}$$

$$f_{cu,min} \geqslant f_{cu,k} - 0.7\sigma_0 \tag{4.19}$$

2)当混凝土强度等级不高于 C20 时，其强度的最小值应满足式(4.20)要求：

$$f_{cu,min} \geqslant 0.85\ f_{cu,k} \tag{4.20}$$

3)当混凝土强度等级高于 C20 时，其强度的最小值应满足式(4.21)要求：

$$f_{cu,min} \geqslant 0.90\ f_{cu,k} \tag{4.21}$$

式中 $m_{f_{cu}}$——同一检验批混凝土立方体抗压强度的平均值(N/mm^2)，精确到 0.1 N/mm^2；

$f_{cu,k}$——混凝土立方体抗压强度标准值(N/mm^2)，精确到 0.1 N/mm^2；

$f_{cu,min}$——同一检验批混凝土立方体抗压强度的最小值(N/mm^2)，精确到 0.1 N/mm^2；

σ_0——检验批混凝土立方体抗压强度的标准差(N/mm^2)，精确到 0.01 N/mm^2。当 σ_0 计算值小于 2.5 N/mm^2 时，应取 2.5 N/mm^2。

$$\sigma_0 = \sqrt{\frac{\sum_{i=1}^{n} f_{cu,i}^2 - n \cdot m_{fcu}^2}{n-1}} \tag{4.22}$$

式中 $f_{cu,i}$——第 i 组混凝土试件的立方体抗压强度代表值(N/mm^2)，精确到 0.1 N/mm^2；

n——前一检验期内的样本容量(上述检验期不应少于 60 d，也不宜超过 90 d，且在该期间内样本容量不应少于 45)。

(2)当生产的混凝土连续性差，生产条件不能在较长时间内保持一致，或无法由统计资料确定标准差数据时，可按以下方法评定。

按本方法评定，需要至少 10 组试件作为一个检验批，满足以下要求：

$$m_{f_{cu}} \geqslant f_{cu,k} + \lambda_1 \cdot S_{fcu} \tag{4.23}$$

$$f_{cu,min} \geqslant \lambda_2 \cdot f_{cu,k} \tag{4.24}$$

$$S_{fcu} = \sqrt{\frac{\sum_{i=1}^{n} f_{cu,i}^2 - n \cdot m_{fcu}^2}{n-1}} \tag{4.25}$$

式中 S_{fcu}——同一检验批混凝土立方体抗压强度的标准差(N/mm^2)，精确到 0.01 N/mm^2；当 S_{fcu} 计算值小于 2.5 N/mm^2 时，应取 2.5 N/mm^2；

n——本检验期内的样本容量；

λ_1，λ_2——合格评定系数，按表4.25取用。

表4.25 混凝土强度的合格评定系数

试件组数	10～14	15～19	≥20
λ_1	1.15	1.05	0.95
λ_2	0.9	0.85	

2. 非统计方法评定

按非统计方法评定混凝土强度时，其强度应同时满足下列要求：

$$m_{fcu} \geqslant \lambda_3 \cdot f_{cu,k} \tag{4.26}$$

$$f_{cu,min} \geqslant \lambda_4 \cdot f_{cu,k} \tag{4.27}$$

式中 λ_3，λ_4——合格评定系数，按表4.26取用。

表4.26 混凝土强度的非统计方法合格评定系数

混凝土强度等级	＜C60	≥C60
λ_3	1.15	1.10
λ_4	0.95	

当检验结果满足以上评定强度规定时，则该批混凝土强度应评定为合格；当不能满足上述规定时，该批混凝土强度应评定为不合格。

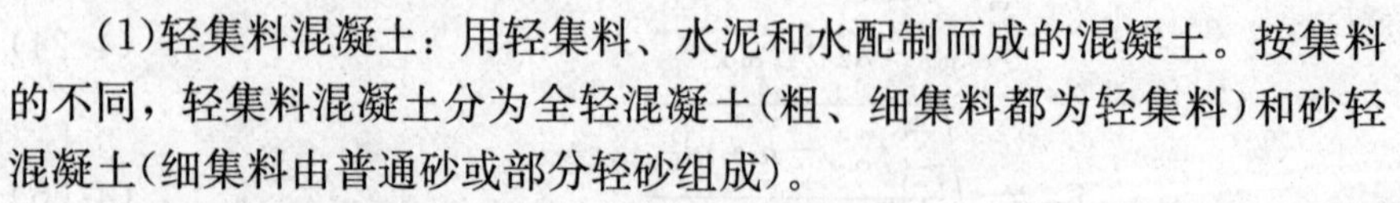

4.7 其他品种混凝土简介

4.7.1 轻混凝土

微课：其他品种混凝土

轻混凝土是指表观密度小于1 950 kg/m³ 的混凝土。轻混凝土具有质轻、高强度、多功能等特性，可分为轻集料混凝土、大孔混凝土和多孔混凝土3类。

【小提示】在学习不同工程选择不同品种混凝土的过程中培养认真细致、质量至上的职业素养。

(1)轻集料混凝土：用轻集料、水泥和水配制而成的混凝土。按集料的不同，轻集料混凝土分为全轻混凝土(粗、细集料都为轻集料)和砂轻混凝土(细集料由普通砂或部分轻砂组成)。

轻集料混凝土的吸水率大，拌合水要考虑附加用水，以保证轻集料混凝土的和易性。轻集料混凝土中的轻集料易上浮，易分层，搅拌时应选用强制式搅拌机搅拌。

(2)大孔混凝土：用粗集料、水泥和水配制而成的混凝土(一般不含或仅含少量细集料)。按集料不同，大孔混凝土分为无砂大孔混凝土、少砂大孔混凝土、普通(碎石、卵石)大孔混凝土和轻集料(陶料、浮石)大孔混凝土。

大孔混凝土含有大量空隙，配制时需要严格控制用水量，用水量过多会造成水泥流淌。可利用大孔混凝土透水、透气的特点制作滤水管和滤水板等。

(3)多孔混凝土：即不用集料的轻质混凝土，内部充满大量气孔，其孔隙率大、表观密度小、导热系数低，具有良好的保温隔热性，可制作成多种混凝土制品(墙板、砌块等)。多孔混凝土按气泡形成的不同，分为加气混凝土和泡沫混凝土。加气混凝土是用含钙材料(水泥、石灰)、含硅材料(石英砂、粉煤灰等)与加气剂，经与水混合搅拌发泡、蒸汽或蒸压养护生成的多孔混凝土。泡沫混凝土是将水泥浆与发泡剂混合搅拌形成的混凝土。

4.7.2 抗渗混凝土(防水混凝土)

抗渗混凝土是指抗渗等级等于或大于P6级的混凝土。普通混凝土水胶比较大，硬化后混凝土中含有渗水通道，抗渗防水效果不理想。抗渗混凝土采用技术措施，提高混凝土的密实度并堵塞渗水通道，达到抗渗防水的效果，主要用于有抗渗防水要求的建筑结构部位。

4.7.3 高强度混凝土

高强度混凝土是指强度等级大于等于C60的混凝土。采用高强度混凝土，能够减轻自重，提高承载能力。高强度混凝土的配制除加入水泥、砂、石和水4种原材料以外，还需要加入外加剂和外掺料，以达到提高密实度、提高强度的目的。高强度混凝土采用的水胶比都很小。

4.7.4 高性能混凝土(HPC)

高性能混凝土是以耐久性作为设计的主要指标，针对不同用途要求，对耐久性、和易性、适用性、强度、体积稳定性和经济性等性能予以重点保证，是在大幅度提高普通混凝土性能的基础上采用现代混凝土技术制作的混凝土。高性能混凝土在配制上的特点是采用低水胶比，选用优质原材料，且须掺加足够数量的矿物掺合料和高效外加剂。

4.7.5 纤维增强混凝土

纤维增强混凝土是不连续的短纤维无规则地均匀分散于水泥砂浆或水泥混凝土基材中而形成的复合材料，纤维可提高混凝土的抗拉、抗弯、冲击韧性、抗裂、抗疲劳等性能，也能改善混凝土的脆性。随着纤维增强混凝土技术的发展，纤维增强混凝土在工程中的应用越来越广泛，特别是应用在强度要求较高的大体积混凝土工程，抗折、抗拉强度及韧性要求高的楼面混凝土、柱、梁等结构混凝土工程及桩用混凝土，重要设备底座，飞机场跑道等。目前，土木工程中常用的主要有钢纤维增强混凝土、玻璃纤维增强混凝土、碳纤维增强混凝土和聚丙烯纤维增强混凝土等。近年来，又有很多研究者致力于高抗震纤维增强混凝土的研究，并已取得很大进展。

世博会意大利国家馆，从外观看如同分裂的马赛克，用20个功能模块代表意大利的20个大区，体现出不同地区、不同文化的和谐共处。白天，自然光透过混凝土照射到场馆；

晚上，馆内灯光照射到馆外的街道上，折射出正在涌入场馆的人的身影。如此奇特的光影效果是如何实现的？世博会意大利国家馆，在传统的混凝土当中加入玻璃质地的成分，制成玻璃纤维混凝土。利用各种成分的比例变化，达到不同透明度的渐变，从而具有高质量的透明度，产生了奇妙的透明渐变效果，这种材料被称为透明混凝土。光线透过透明混凝土照射进场馆，能够营造出梦幻的色彩效果，并且透明混凝土可以折射五彩斑斓的灯光(图 4.17)。

图 4.17　世博会意大利国家馆

模块小结

仿真试验：混凝土拌合物体积密度

本模块对混凝土的基本知识做了较全面的介绍；对普通混凝土组成材料、拌合物技术性质、硬化混凝土技术性质、混凝土外加剂及外掺料做了系统介绍；详细介绍了混凝土的配合比设计以及质量评定方法；对其他品种混凝土进行了简单介绍。

(1)普通混凝土的基本组成材料是水泥、水、粗集料和细集料，各项基本组成材料必须满足国家有关规范、标准规定的质量要求，才能保证混凝土的质量。

(2)混凝土的主要技术性质包括混凝土拌合物的和易性、硬化混凝土的强度及变形、混凝土的耐久性。要求混凝土具有良好的和易性、较高的强度、较小的变形和良好的耐久性。

(3)混凝土拌合物和易性包括流动性、黏聚性和保水性，一般用坍落度法和维勃稠度法对其进行测定。影响混凝土和易性的主要因素有水泥浆的数量、水泥浆的稠度、砂率、组成材料、环境温度等。

(4)混凝土的抗压强度高，实际工程主要利用其承受压力。影响混凝土抗压强度的因素有水泥的强度等级和水胶比、集料的性质、施工方法、养护温度与湿度等。

(5)混凝土配合比设计的基本要求包括和易性、强度、耐久性和经济性。混凝土配合比一般先计算出初步配合比，然后经和易性检验、调整得出基准配合比，再根据强度检验、校核水胶比得出试验室配合比，最后根据施工现场集料含水率换算成施工配合比。

(6)混凝土外加剂是混凝土基本组成材料以外的重要组分。混凝土外加剂虽然掺量很少，但能显著改善混凝土的性能。在实际工程中，应根据具体情况合理选择外加剂的品种。

(7)为了保证混凝土结构的可靠性，必须对混凝土进行质量控制。

(8)其他品种混凝土包括轻集料混凝土、防水混凝土、耐热混凝土、纤维混凝土等。

工程案例

如图 4.18 所示，某学校教学楼工程为 6 层框架结构，建筑面积为9 080 m^2，抗震等级为三级。基础采用静压预应力管桩，基础及主体均采用强度等级为 C30 商品混凝土，由本地一家商品混凝土厂提供，运距约为 5 km。外墙采用 MU10 多孔砖，内墙采用 MU2.5 空心砖，合同约定基础以上总工期为 140 d。结构封顶之后，施工单位对第四层竖向构件混凝土强度等级用回弹法检测，发现回弹值不符合设计要求。根据混凝土试块抗压强度检测报告，该层柱 28 d 龄期的立方体抗压强度代表值为 24～27 N/mm^2，不满足混凝土强度验收要求。经计算，截面为 500 mm×500 mm 的中柱存在一定安全隐患，部分边柱承载力也不够。

图 4.18　教学楼示意

1. 事故原因调查分析

(1)出现质量问题的混凝土于 7 月某日浇筑，当日气温 24 ℃～30 ℃，排除气候因素的影响。

(2)混凝土运输过程与施工操作规范，无异常情况。

(3)事故混凝土颜色与正常混凝土无差别，可排除粉煤灰完全替代水泥的可能性；据现场检测和厂家对该批混凝土配合比记录，该批混凝土配合比满足要求。

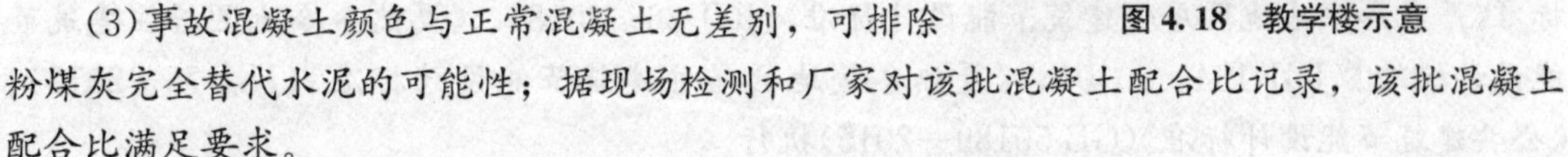

(4)据施工人员回忆，该批混凝土的流动性特强，混凝土凝结缓慢，混凝土强度发展慢，养护过程中出现异常颜色的液体。

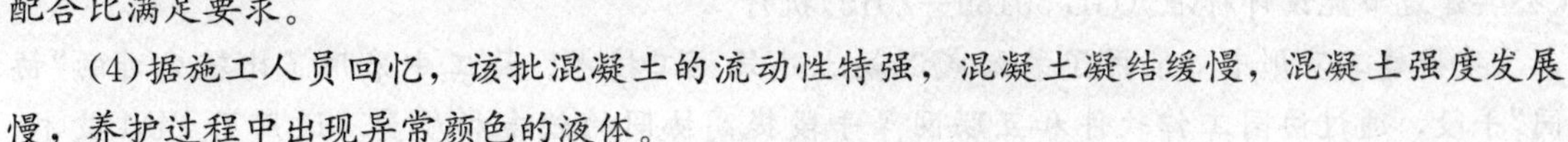

(5)厂家反映其采用了缓凝减水外加剂，具有缓凝和减水两种效应。

根据各方专家勘察和讨论，认定由于第四层柱混凝土外加剂超量引起强度严重降低，柱承载能力无法满足设计要求，属于施工质量事故，需要进行加固处理。

2. 加固处理原则

本工程采用的外加剂为缓凝型减水剂，在混凝土中只是暂时阻碍了水泥水化反应的进行，延长了混凝土拌合物的凝结时间，并未从本质上改变水泥水化反应及其产物，对混凝土构件强度的损害并不严重，无须拆毁重建。且四层结构柱的外观完好，混凝土具有一定的承载力，宜进行加固处理。由于本工程工期限制较严，故在制定处理方案时充分考虑工期因素，并按照结构安全、施工可行、费用经济的原则，决定对事故混凝土采用外包加强(增加纵向受力钢筋，加大混凝土截面面积)的处理方案(图 4.19)。

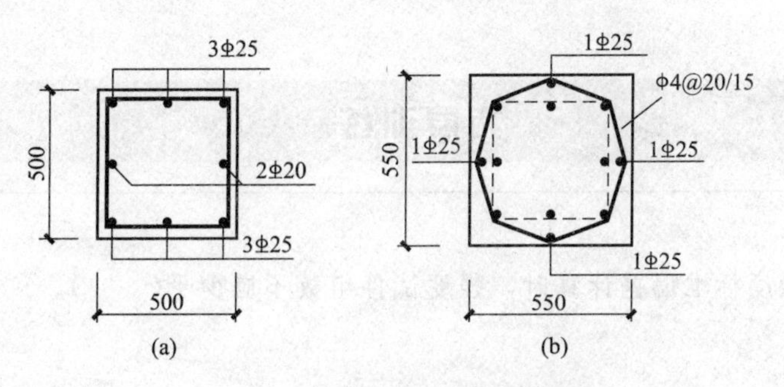

图 4.19　混凝土柱加固前后断面

(a)加固前；(b)加固后

知识拓展

装配式混凝土建筑

随着现代工业技术的发展，建造房屋可以像机器生产那样，成批成套地制造。只要把预制好的房屋构件，运到工地装配起来就可以。装配式建筑在 20 世纪初就开始引起人们的兴趣，到20世纪60年代终于实现。英、法、苏联等国首先做了尝试。由于装配式建筑的建造速度快，而且生产成本较低，其迅速在世界各地推广开来。

2020年8月28日，住房和城乡建设部等部门联合印发《关于加快新型建筑工业化发展的若干意见》，提出要大力发展钢结构建筑、推广装配式混凝土建筑，推动城乡建设绿色发展。

我国各地区在气候、环境、资源、经济社会发展水平及民俗文化等方面都存在较大差异，在工程建设中应符合所在地城市规划的要求，因地制宜与周围环境相协调是建筑设计的基本原则。“少规格，多组合”是装配式建筑设计的重要原则，减少构件的规格种类及提高构件模板的重复使用率，利于构件的生产制造与施工，利于提高生产速度和工人的劳动效率，从而降低造价。装配式建筑应根据不同的气候分区及建筑的类型按现行国家或行业标准《严寒和寒冷地区居住建筑节能设计标准》(JGJ 26—2018)、《夏热冬冷地区居住建筑节能设计标准》(JGJ 134—2010)、《夏热冬暖地区居住建筑节能设计标准》(JGJ 75—2012)、《公共建筑节能设计标准》(GB 50189—2015)执行。

某校建工实训中心采用了装配式混凝土建筑施工技术。施工中采用了比较先进的“协同”手段，通过协同工作软件和互联网等手段提高协同的效率和质量。运用了BIM技术，从项目技术策划阶段开始，贯穿设计、生产、施工、运营维护各个环节，保证建筑信息在全过程的有效衔接(图4.20)。

图4.20　装配式混凝土施工

拓展训练

一、单选题

1. 混凝土强度标准偏差计算时，强度试件组数不应少于(　　)。

A. 25组

B. 20组

C. 15组

D. 30组

2. 普通混凝土抗压强度试件以(　　)为标准试件。

A. 边长为150 mm的立方体试件

B. 边长为200 mm的立方体试件

C. 边长为120 mm的立方体试件

D. 边长为100 mm的立方体试件

3. 普通混凝土抗折强度试件以(　　)为标准试件。

A. 边长为 100 mm×100 mm×600 mm 的横柱形试件

B. 边长为 150 mm 的立方体试件

C. 边长为 150 mm×150 mm×600 mm 的柱形试件

D. 边长为 200 mm 的立方体试件

4. 人工成型混凝土试件用捣棒，下列不符合要求的是(　　)。

A. 钢制，长度 600 mm　　B. 钢制，长度 500 mm

C. 直径 16 mm　　D. 端部呈半球形

5. 坍落度大于 70 mm 的混凝土试验室成型方法是(　　)。

A. 捣棒人工捣实　　B. 振动台振实

C. 插入式振捣棒振实　　D. 平板振动器

6. 下列做法不符合试件养护规定的是(　　)。

A. 试件放在支架上

B. 试件彼此间隔 10～20 m

C. 试件表面应保持潮湿，并不得被水直接冲淋

D. 试件放在地面上

7. 进行混凝土抗压强度试验时，在下述条件下关于试验值错误的说法是(　　)。

A. 加荷速度加快，试验值偏小

B. 试件尺寸加大，试验值偏小

C. 试件位置偏离支座中心，试验值偏小

D. 上下压板平面不平行，试验值偏小

8. 混凝土的和易性的 3 个方面不包括(　　)。

A. 流动性　　B. 黏聚性　　C. 分层性　　D. 保水性

9. 混凝土坍落度的试验中，下列不正确的是(　　)。

A. 坍落度底板应放置在坚实水平面上

B. 把按要求取得的混凝土试样用小铲分两层均匀地装入筒内

C. 每层用捣棒插捣 25 次

D. 插捣应沿螺旋方向由外向中心进行

10. 混凝土配合比试配时，下列不正确的是(　　)。

A. 混凝土强度试验时应采用 3 个不同的配合比

B. 当采用 3 个不同的配合比时，其中一个应为确定的基准配合比

C. 当采用 3 个不同的配合比时，另外两个配合比的砂率可分别增加和减少 1%

D. 当采用 3 个不同的配合比时，另外两个配合比的用水量应与基准配合比相同

11. 混凝土拌合物坍落度和坍落扩展度值测量精确至(　　)。

A. 1 mm　　B. 5 mm　　C. 1 cm　　D. 5 cm

12. 混凝土强度值 3 个测值中的最大值和最小值与中间值的差均超过中间值的(　　)，则该组试件的试验结果无效。

A. 15%　　B. 20%　　C. 25%　　D. 30%

13. 当混凝土强度等级<C60 时，用非标准试件测得强度值均应乘以尺寸换算系数，其值为：对 200 mm×200 mm×200 mm 试件为(　　)，对 100 mm×100 mm×100 mm 试件为(　　)。

A. 1.20，1.00　　B. 1.15，0.95　　C. 1.00，1.05　　D. 1.05，0.95

14. 强度检测时，将试件安放在试验机的下压板上(或下垫板上)，试件的承压面应与成型时的顶面(　　)。

A. 平行　　B. 垂直　　C. 倾斜　　D. 无要求

15. 下列不是硬化后混凝土物理力学性能的是(　　)。

A. 碳化　　B. 立方体抗压强度

C. 抗折强度　　D. 静力受压弹性模量

16. 当无统计资料计算混凝土强度标准差时，其值取用错误的是(　　)。

A. 混凝土强度等级低于 C20 时取 4.0　　B. 混凝土强度等级 C20～C35 时取 5.0

C. 混凝土强度等级 C20～C35 时取 6.0　　D. 混凝土强度等级高于 C35 时取 6.0

17. 混凝土抗折强度试验时，试验机应带有能使两个相等荷载同时作用在试件跨度(　　)处的抗折试验装置。

A. 四分点　　B. 五分点　　C. 二分点　　D. 三分点

二、填空题

1. 混凝土养护室的温度________，湿度________。

2. 水泥养护箱的温度________，湿度________。

3. 混凝土坍落度实测值为 80 mm，是________混凝土。

4. 中砂的细度模数________。

5. 砂的筛分析试验需用筛______、______、______、______、______、______。

6. 为了保证混凝土浇筑时不离析，自高处倾落时，自由倾落高度不超过______；在浇筑竖向结构时，如浇筑高度超过________，应采用串筒或溜槽。

7. 混凝土的振捣方法有________和________两种。

8. 混凝土养护目的是为其硬化提供适宜的________和________。

三、简答题

1. 简述普通混凝土的组成材料及各自的作用。

2. 什么是混凝土拌合物的和易性？影响和易性的因素有哪些？改善和易性的措施有哪些？

3. 试述坍落度法测定坍落度的操作过程。

4. 影响混凝土强度的因素有哪些？

5. 提高混凝土强度的措施有哪些？

6. 混凝土的变形有几种？怎样减少混凝土的变形？

7. 什么是混凝土的外加剂？使用外加剂有哪些注意事项？

8. 混凝土配合比的 3 个参数是什么？

9. 混凝土配合比设计的基本要求有哪些？

10. 试述混凝土强度评定的方法。

四、设计题

1. 某框架结构钢筋混凝土，混凝土设计强度等级为C30，现场机械搅拌，机械振捣成型。混凝土坍落度要求为50～70 mm，并根据施工单位的管理水平和历史统计资料，混凝土强度标准差取4.0 MPa。所用原材料如下：

水泥：普通硅酸盐水泥42.5级，密度3.1 g/cm³，水泥强度富余系数1.12；

砂：河砂M_x＝2.4，Ⅱ级配区，密度2.65 g/cm³；

石子：碎石D＝40 mm，连续级配，级配良好，密度2.70 g/cm³；

水：自来水；

求混凝土的初步计算配合比。

2. 承上题，根据初步计算配合比，称取12 L各材料用量进行混凝土和易性试拌调整。测得混凝土坍落度为20 mm，小于设计要求，增加5%的水泥和水，重新搅拌，测得坍落度为65 mm，且黏聚性和保水性均满足设计要求，并测得混凝土表观密度为2 392 kg/m³。求基准配合比。又经混凝土强度试验，恰好满足设计要求。已知现场施工所用砂含水率4.5%，石子含水率1.0%，求施工配合比。

五、"直通职考"模拟考题

1. 对混凝土抗渗性起决定性作用的是(　　)。

A. 混凝土内部孔隙特征　　B. 水泥强度和品质

C. 混凝土水胶比　　D. 养护的温度和湿度

2. 在砂用量相同的情况下，若砂子过细，则拌制的混凝土(　　)。

A. 黏聚性差　　B. 易产生离析现象

C. 易产生泌水　　D. 水泥用量增大

3. 在正常用水量条件下，配制泵送混凝土宜掺入适量(　　)。

A. 氯盐早强剂　　B. 硫酸盐早强剂

C. 高效减水剂　　D. 硫铝酸钙膨胀剂

4. 混凝土的碱集料反应是内部碱性孔隙溶液和集料中的活性成分发生了反应，因此以下措施中对于控制工程中碱集料反应最为有效的是(　　)。

A. 控制环境温度　　B. 降低混凝土含碱量

C. 控制环境湿度　　D. 改善集料级配

5. 根据混凝土的劈裂强度可推断出其(　　)。

A. 抗压强度　　B. 抗拉强度　　C. 抗剪强度　　D. 弹性模量

6. 有耐火要求的混凝土应采用(　　)。

A. 硅酸盐水泥　　B. 普通硅酸盐水泥

C. 矿渣硅酸盐水泥　　D. 火山灰质硅酸盐水泥

7. 除所用水泥和集料的品种外，通常对混凝土强度影响最大的因素是(　　)。

A. 外加剂　　B. 水胶比　　C. 养护温度　　D. 养护湿度

8. 现代混凝土使用的矿物掺合料不包括(　　)

A. 粉煤灰　　B. 硅灰

C. 磨细的石英砂　　D. 粒化高炉矿渣

9. 混凝土的单轴抗压强度与三轴抗压强度相比(　　)。

A. 数值较大　　B. 数值较小　　C. 数值相同　　D. 大小不能确定

10. 施工现场常用坍落度试验来测定混凝土(　　)指标。

A. 流动性　　B. 黏聚性　　C. 保水性　　D. 耐久性

11. 混凝土立方体抗压强度标准试件的边长为(　　)mm。

A. 70.7　　B. 100　　C. 150　　D. 200

12. 在抢修工程中常用的混凝土外加剂是(　　)。

A. 减水剂　　B. 早强剂　　C. 缓凝剂　　D. 膨胀剂

13. 混凝土用集料的粒形对集料的空隙率有很大的影响，会最终影响混凝土的(　　)。

A. 孔隙率　　B. 强度　　C. 导热系数　　D. 弹性模量

14. 集料的性质会影响混凝土的性质，两者的强度无明显关系，但两者关系密切的性质是(　　)。

A. 弹性模量　　B. 泊松比　　C. 密度　　D. 吸水率

模块5 建筑砂浆

学习目标

通过本模块的学习，掌握砌筑砂浆的材料组成和技术性质特点，熟悉砌筑砂浆的配合比设计过程，了解抹面砂浆及其他特种砂浆的特点及应用。

学习要求

知识点	能力要求	相关知识
建筑砂浆	1. 了解建筑砂浆的定义及分类； 2. 了解建筑砂浆的用途	建筑砂浆的定义、分类及用途
砌筑砂浆	1. 掌握砌筑砂浆的材料组成； 2. 掌握砌筑砂浆的技术性质； 3. 理解砌筑砂浆配合比设计过程	砌筑砂浆的组成、技术性质、配合比设计
抹面砂浆及其他砌筑砂浆	1. 了解抹面砂浆的性质及用途； 2. 了解其他特种砂浆的特点及应用	抹面砂浆及其他特种砂浆的特点、分类、应用

学习参考标准

《砌筑水泥》(GB/T 3183—2017)；

《聚合物水泥防水砂浆》(JC/T 984—2011)；

《预拌砂浆》(GB/T 25181—2019)；

《建筑砂浆基本性能试验方法标准》(JGJ/T 70—2009)；

《砌筑砂浆配合比设计规程》(JGJ/T 98—2010)；

《普通混凝土用砂、石质量及检验方法标准》(JGJ 52—2006)；

《混凝土用水标准》(JGJ 63—2006)。

模块导读

砂浆是建筑上砌砖使用的粘结材料，一般由一定比例的胶凝材料(水泥、石灰膏、黏土等)和集料(砂子)加水混合而成，也叫作灰浆、砂浆。人类使用砂浆的历史可以追溯到几千年前，古代中国的建筑工人就将糯米汤与标准砂浆混合，发明了超强度的“糯米砂浆”。标准砂浆的成分是熟石灰，即经过煅烧或加热至高温，然后放入水中的石灰岩。糯米砂浆或许是世界上第一种使用有机和无机原料制成的复合砂浆。糯米砂浆比纯石灰砂浆的强度更大，更具耐水性。建筑工人利用糯米砂浆去修建城墙、宝塔、墓穴，其中一些建筑至今屹立不倒，甚至现代推土机都难以推倒，还能承受强度很大的地震，如万里长城、北京故宫、客家围屋等(图 5.1)。

(a)

(b)

(c)

图 5.1　用糯米砂浆修建的古建筑

(a)万里长城；(b)北京故宫；(c)客家围屋

古罗马人在继承希腊人生产和使用石灰的基础上，对石灰的使用工艺进行改进。这种工艺不仅要在石灰中掺入砂子，还掺入磨细的火山灰(在没有火山灰的地区，则掺入与火山灰具有同样效果的磨细碎砖)。这种“石灰—火山灰—砂子”三组分砂浆就是建筑史上大名鼎鼎的“罗马砂浆”。后被科学家发现的一段浸没在地中海深处的古罗马防波堤，经历长达2 000多年的海水侵蚀冲击，却依旧坚而不摧，被称为现代混凝土的原型。

中国早期土坯房的主体材料多为黏土砂浆，胶凝材料为黏土，混合一部分砂子，为避免开裂及粘结强度低的问题，一些有智慧的师傅会在黏土砂浆中掺入稻草等材料，提高其拉伸强度。

以石灰、石膏为胶结材料的砂浆粘结材料，整体强度有很大的提升，且外观效果提升巨大。但是因石灰、石膏的耐水性较差，对于复杂的外界环境，没办法满足所有部位对粘结材料的要求。

1824 年，英国人阿斯普丁发明了水泥，从此建筑材料发生了天翻地覆的变化，粘结材料的主要胶凝材料就逐渐升级为水泥。以水泥为主要胶凝材料，施工现场按比例混合砂子和水搅拌均匀(也会有师傅加入一定量的石灰、石膏)。而如今水泥的应用更加广泛，已经成为建筑业中不可或缺的材料。

干混砂浆是由专业生产厂家生产，由水泥、干燥筛分处理的细集料、矿物掺合料、加强材料和外加剂按一定比例混合而成的粘结材料。干混砂浆于 1893 年在欧洲首先发明，国内现在也已经有成熟的生产及应用技术。干混砂浆的技术逐渐成熟，应对复杂的应用环境及需求，国内的学者及技术人才研发出各类更专业的高技术配方，干混砂浆又被更细致地分类。

5.1　建筑砂浆的定义及分类

5.1.1　建筑砂浆的定义

建筑砂浆是由胶凝材料、细集料、水以及根据性能确定的其他组分按适当比例配合、拌制并经硬化而成的工程材料。此外，还可以在砂浆中加入适当比例的掺合料和外加剂，以改善砂浆的性能。它与混凝土的主要区别是组成材料中没有粗集料，因此建筑砂浆也称为砂率为 100%的混凝土。砂浆与混凝土具有相似的基本性质，但由于在砂浆中，细集料和胶凝材料用量较多，干燥收缩大，强度比较低，在土木结构中不直接承受荷载，而是传递荷载。

微课：建筑砂浆简介

建筑砂浆在建筑工程中，是一项用量大、用途广泛的建筑材料。建筑砂浆在建筑中起粘结、衬垫、传递应力的作用，主要用于砌筑、抹面、修补和装饰工程。

(1)在结构工程中，用于把单块砖、石、砌块等胶结成砌体，如用于砖墙的勾缝、大中型墙板及各种构件的接缝。

(2)在装饰工程中，用于墙面、地面及梁、柱等结构表面的抹灰，镶贴石材、瓷砖等各类装饰板材。

(3)制成各类特殊功能的砂浆，如保温砂浆、防水砂浆等。

5.1.2 建筑砂浆的分类

砂浆的种类很多，根据所用胶凝材料的不同，建筑砂浆分为水泥砂浆、石灰砂浆和混合砂浆(水泥石灰砂浆、石灰浆、水泥黏土砂浆等)；根据用途的不同又分为砌筑砂浆、抹面砂浆、防水砂浆、装饰砂浆及特种砂浆等。

5.2 砌筑砂浆

5.2.1 砌筑砂浆的定义

在建筑砂浆中，将砖、石、砌块等粘结成为砌体的砂浆称为砌筑砂浆。砌筑砂浆起着胶结块材和传递荷载的作用，是砌体的重要组成部分。

微课：砌筑砂浆组成

【小提示】*砂浆是砖石的胶凝剂，凝聚力是团队合作的胶凝剂。*

砌筑砂浆一般分为现场配制砂浆和预拌砌筑砂浆(图 5.2、图 5.3)。现场配制砂浆是由水泥、细集料和水，以及根据需要加入的石灰、活性掺合料或外加剂在现场配制成的砂浆，又分为水泥砂浆和水泥混合砂浆；预拌砌筑砂浆(商品砂浆)是由专业生产厂生产的湿拌砌筑砂浆或干混砌筑砂浆，工作性好，耐久性优良，目前在我国大中城市中逐步推广应用。

图 5.2 现场配制砂浆

图 5.3 预拌砌筑砂浆

5.2.2 砌筑砂浆的组成材料

1. 水泥

用来配制砂浆水泥品种的选择与混凝土相同，可根据砌筑部位、环境条件等选择适宜的水泥品种。水泥强度等级应根据砂浆品种及强度等级的要求进行选择。M15 及 M15 以下强度等级的砂浆宜选用 32.5 级的通用硅酸盐水泥或砌筑水泥，M15 以上强度等级的砂浆宜选用 42.5 级的通用硅酸盐水泥。

2. 细集料

配制砂浆的细集料最常用的是天然砂。砂宜选用中砂，且应符合现行行业标准《普通混凝土用砂、石质量及检验方法标准》(JGJ 52—2006)的规定，且应全部通过 4.75 mm 的筛孔。由于砂浆层较薄，砂的最大粒径应有所限制，理论上不应超过砂浆层厚度的 1/5～1/4，砂的粗细程度对砂浆的水泥用量、和易性、强度及收缩等影响较大。也可以采用细炉渣等作为细集料，但应该选用燃烧完全、未燃煤粉和其他有害杂质含量较少的炉渣，否则将影响砂浆的质量。

3. 掺合料

为了改善砂浆的和易性和节约水泥、降低砂浆成本，在配制砂浆时，常在砂浆中掺入适量的磨细生石灰、石灰膏、石膏、粉煤灰、黏土膏、电石膏等物质作为掺合料。为了保证砂浆的质量，经常将生石灰先熟化成石灰膏，然后用孔径不大于 3 mm×3 mm 的网过滤，且熟化时间不得少于 7 d；如用磨细生石灰粉制成，其熟化时间不得少于 2 d。沉淀池中储存的石灰膏，应采取防止干燥、冻结和污染的措施。严禁使用脱水硬化的石灰膏。制作电石膏的电石渣应用孔径不大于 3 mm×3 mm 的网过滤，检验时应加热至 70 ℃至少保持 20 min，并应待乙炔挥发完后再使用。消石灰粉不得直接用于砌筑砂浆。石灰膏、电石膏试配时的稠度一般为(120±5)mm，如果现场施工时，石灰膏稠度与试配时不一致，按表 5.1 进行换算。

表 5.1 石灰膏不同稠度时的换算系数

石灰膏稠度/mm	120	110	100	90	80	70	60	50	40	30
换算系数	1.00	0.99	0.97	0.95	0.93	0.92	0.90	0.88	0.87	0.86

4. 外加剂

除掺合料外，还可在砂浆中掺入适量的外加剂，来改善新拌及硬化后砂浆的各种性能或赋予砂浆某些特殊性能。例如为改善砂浆和易性，提高砂浆的抗裂性、抗冻性及保温性，可掺入微沫剂、减水剂等外加剂；为增强砂浆的防水性和抗渗性，可掺入防水剂等；为增强砂浆的保温隔热性能，除选用轻质细集料外，还可掺入引气剂提高砂浆的孔隙率。

5. 水

砂浆拌合用水的技术要求与混凝土拌合用水的相同，拌制混凝土宜用饮用水，当采用其他水源时，水质均应符合《混凝土用水标准》(JGJ 63—2006)的规定。

5.2.3 砌筑砂浆的技术性质

砂浆在凝结硬化前称为砂浆拌合物，硬化后称为硬化砂浆，通常简称为砂浆。砂浆拌合物(新拌砂浆)的和易性主要包括流动性、保水性两个方面，硬化砂浆的基本性能主要有抗压强度、粘结强度等。

《砌筑砂浆配合比设计规程》(JGJ/T 98—2010)规定：稠度、保水率和试配抗压强度这3项技术指标是砌筑砂浆的必检项目，3项都满足要求者，称为合格砂浆。

【小提示】学习合格砂浆的规范要求，树立质量至上意识、法治意识。

1. 新拌砂浆的和易性

(1)流动性。砂浆的流动性也称稠度，是指砂浆拌合物在自重或外力作用下流动的性质。砂浆的流动性用砂浆稠度仪测定，以沉入度(单位mm)表示。根据《建筑砂浆基本性能试验方法标准》(JGJ/T 70—2009)的规定，将砂浆拌合物按规定方法装入砂浆稠度仪的盛浆容器，用一个质量为300 g的试锥，自由沉入砂浆拌合物，从刻度盘上读出其下沉深度，即砂浆的稠度。沉入度大的砂浆，流动性好。砂浆的流动性应根据砂浆和砌体种类、施工方法和气候条件来选择。砌筑砂浆的施工稠度见表5.2。

微课：砌筑砂浆流动性

表5.2 砌筑砂浆的施工稠度 mm

砌体种类	施工稠度
烧结普通砖砌体、粉煤灰砖砌体	70～90
混凝土砖砌体、普通混凝土小型空心砌块砌体、灰砂砖砌体	50～70
烧结多孔砖砌体、烧结空心砖砌体、轻集料混凝土小型空心砌块砌体、蒸压加气混凝土砌块砌体	60～80
石砌体	30～50

影响新拌砂浆流动性的因素有砂浆的用水量、胶凝材料的种类和用量、集料的粒形和级配、外加剂的性质和掺量、拌和的均匀程度等。

砂浆中用水量越大，砂浆拌合物的流动性就越大，稠度也就越大，但稠度过大时，会导致稳定性变差。需水量大的水泥拌制的砂浆拌合物，在用水量相同的情况下，流动性相对较小。细集料的细度模数对流动性的影响比较明显。细度模数越小，在用水量相同的情况下，流动性就越小，或者说为保持相同的流动性，所需的用水量就越大。砂浆外加剂主要用于改善砂浆的稳定性、抗渗性、抗冻性等性能，但大多数对流动性都有很敏感的影响，所以要严格控制外加剂的掺量。

(2)保水性。砂浆拌合物在运输、停放和使用过程中，阻止水分与固体颗粒之间、细浆体与集料之间相互分离，保持水分的能力称为砂浆的保水性(稳定性)。保水性良好的砂浆水分不易流失，容易摊铺成均匀的砂浆层，且与基底的粘结好，强度较高。砂浆的保水性与胶凝材料的类型和用量、砂的级配、用水量以及有无掺合料和外加剂等因素有关。加入适量的外加剂，能明显改善砂浆的保水性(稳定性)和流动性。

微课：砌筑砂浆保水性

砂浆的保水性可根据《建筑砂浆基本性能试验方法标准》(JGJ/T 70—

2009)的规定用保水性试验来衡量。按规定的方法将砂浆拌合物装入内径 100 mm、高 25 mm 的金属或硬塑料圆环试模中，用 8 片中速定性滤纸覆盖在砂浆表面保持 2 min，砂浆中部分水分被滤纸吸收，其剩余的水分占原有水分的质量百分比即保水率。砌筑砂浆的保水率应符合表 5.3 的规定。保水性试验适用于测定大部分预拌砂浆的保水性能。

表 5.3　砌筑砂浆的保水率　　%

砂浆种类	保水率
水泥砂浆	≥80
水泥混合砂浆	≥84
预拌砌筑砂浆	≥88

2. 硬化后砂浆的强度

(1)抗压强度及等级。砌筑砂浆的强度通常指立方体抗压强度值，根据《建筑砂浆基本性能试验方法标准》(JGJ/T 70—2009)的规定，砂浆的抗压强度采用 1 组 3 个边长为 70.7 mm的立方体试件，在温度为(20±2) ℃、相对湿度为 90%以上的标准养护室中养护至 28 d 龄期，进行抗压强度试验得到的抗压强度平均值确定。

根据《砌筑砂浆配合比设计规程》(JGJ/T 98—2010)的规定，水泥砂浆及预拌砌筑砂浆的强度等级分为 M5、M7.5、M10、M15、M20、M25、M30。水泥混合砂浆的强度等级可分为 M5、M7.5、M10、M15。砂浆的抗压强度是衡量砂浆是否合格的最重要的指标。影响砂浆强度的因素有材料性质、配合比、施工质量等。砂浆的实际强度除与水泥的强度和用量有关外，还与基底材料的吸水性有关，就此可分为吸水基层材料和不吸水基层材料等情况。

(2)粘结强度。在砌体结构中，砂浆主要起粘结和传递荷载的作用。抗压强度直观地反映了砂浆的强度性能，是砂浆划分等级的指标，同时也间接反映了砂浆的粘结强度。砂浆的抗压强度越高，与基材的粘结强度也越高。但粘结强度还与基层的表面状态、湿润状况、清洁程度以及砂浆的种类和施工养护等条件有很大关系。比如在砂浆中掺入聚合物可使粘结性大大提高。

微课：砌筑砂浆强度

实际上，对于砌体来说，砂浆的粘结强度较抗压强度更具有实际意义，但抗压强度相对来说更易测定。结合国内施工的实际情况，将砂浆的抗压强度作为必检项目和配合比设计的依据。

5.2.4　砌筑砂浆的配合比设计

砌筑砂浆由水泥、细集料、掺合料、水配制而成，必要时还需加入适量的外加剂。砂浆配合比设计，就是要确定砂浆中各组成材料的用量或它们之间的质量比。

砂浆配合比设计既要保证满足强度等级的要求，又要满足砂浆和易性的要求，还应满足经济合理的要求。经过计算、试配、调整，从而确定施工用的配合比。

微课：砌筑砂浆配合比设计

【小提示】通过砌筑砂浆配合比设计要满足强度和和易性的要求，引出事物内部矛盾统一的哲学问题，树立文明礼让、和谐共处的价值观。

现场配制砌筑砂浆有水泥混合砂浆和水泥砂浆两类，根据《砌筑砂浆配合比设计规程》(JGJ/T 98—2010)的规定：用于砌筑吸水底面的砂浆配合比按如下方法设计。

1. 水泥混合砂浆配合比设计步骤

(1)确定砂浆试配强度。

$$f_{m,0}=kf_2 \tag{5.1}$$

式中 $f_{m,0}$——砂浆的试配强度(MPa)，精确至0.1 MPa；

f_2——砂浆强度等级值(MPa)，精确至0.1 MPa；

k——系数，按表5.4取值。

表5.4 砂浆强度标准差σ及k值

施工水平	强度标准差σ/MPa							k
	M5	M7.5	M10	M15	M20	M25	M30	
优良	1.00	1.50	2.00	3.00	4.00	5.00	6.00	1.15
一般	1.25	1.88	2.50	3.75	5.00	6.25	7.50	1.20
较差	1.50	2.25	3.00	4.50	6.00	7.50	9.00	1，25

(2)砂浆强度标准差的确定应符合下列规定。当有统计资料时，砂浆强度标准差应按下式计算：

$$\sigma=\sqrt{\frac{\sum_{i=1}^{n}f_{m,i}^2-n\mu_{fm}^2}{n-1}} \tag{5.2}$$

式中 $f_{m,i}$——统计周期内同一品种砂浆第i组试件的强度(MPa)；

μ_{fm}——统计周期内同一品种砂浆n组试件强度的平均值(MPa)；

n——统计周期内同一品种砂浆试件的总组数，$n\geqslant 25$。

当不具有近期统计资料时，砂浆强度标准差可按表5.4取用。

(3)计算水泥用量。每立方米砂浆中的水泥用量可按下式计算：

$$Q_c=\frac{1\,000(f_{m,0}-\beta)}{\alpha\times f_{ce}} \tag{5.3}$$

式中 Q_c——每立方米砂浆中的水泥用量(kg)，精确至1 kg；

f_{ce}——水泥实测强度(MPa)，精确至0.1 MPa；

α、β——砂浆的特征系数，其中α取3.03，β取−15.09。(注：各地区也可用本地区试验资料确定α、β值，统计用的试验组数不得少于30组。)

在无法取得水泥的实测强度值时，可按下式计算：

$$f_{ce}=\gamma_c\cdot f_{ce,k} \tag{5.4}$$

式中 $f_{ce,k}$——水泥强度等级值(MPa)；

γ_c——水泥强度等级值的富余系数，该值宜按实际统计资料确定，无统计资料时取1.0。

(4)水泥混合砂浆的掺合料石灰膏用量应按下式计算：

$$Q_D = Q_A - Q_c \tag{5.5}$$

式中　Q_D——每立方米砂浆的石灰膏用量(kg)，精确至 1 kg；石灰膏使用时的稠度为(120±5) mm；

Q_c——每立方米砂浆的水泥用量(kg)，精确至 1 kg；

Q_A——每立方米砂浆中水泥和石灰膏的总量，应精确至 1 kg，可为 350 kg。

(5)确定每立方米砂浆中的砂子用量。应按干燥状态(含水率小于 0.5%)的堆积密度值作为计算值，即 1 m^3 的砂浆含有 1 m^3 堆积体积的砂。

(6)确定每立方米砂浆中的用水量。根据砂浆稠度等要求可选用 210～310 kg。但同时也要注意以下几点：

1)混合砂浆中的用水量，不包括石灰膏中的水；

2)当采用细砂或粗砂时，用水量分别取上限或下限；

3)稠度小于 70 mm 时，用水量可小于下限；

4)施工现场气候炎热或在干燥季节，可酌量增加用水量。

(7)配合比的试配、调整与确定。砂浆试配时应采用工程中实际使用的材料，按计算所得配合比进行试拌时，应测定其拌合物的稠度和保水率，当不能满足要求时，应调整材料用量，直到符合要求为止，然后确定为试配时的砂浆基准配合比。

试配时至少应采用 3 个不同的配合比，其中一个为基准配合比，其他配合比的水泥用量应按基准配合比分别增加或减少 10%。在保证稠度、分层度合格的条件下，可将用水量或掺加料用量做相应调整。对 3 个不同的配合比进行调整后，应按《建筑砂浆基本性能试验方法标准》(JGJ/T 70—2009)的规定成型试件，测定砂浆强度，并选定符合试配强度要求且水泥用量最低的配合比作为砂浆配合比。砂浆配合比以各种材料用量的比例形式表示。

2. 水泥砂浆配合比选用

根据《砌筑砂浆配合比设计规程》(JGJ/T 98—2010)的规定，水泥砂浆的材料用量可按表 5.5 选用。

表 5.5　每立方米水泥砂浆材料用量　　kg/m^3

强度等级	水泥	砂	用水量
M5	200～230	砂的堆积密度值	270～330
M7.5	230～260		
M10	260～290		
M15	290～330		
M20	340～400		
M25	360～410		
M30	430～480		

注：①M15 及 M15 以下强度等级水泥砂浆，水泥强度等级为 32.5 级；M15 以上强度等级水泥砂浆，水泥强度等级为 42.5 级。

②当采用细砂或粗砂时，用水量分别取上限或下限。

③稠度小于 70 mm 时，用水量可小于下限。

④施工现场气候炎热或在干燥季节，可酌量增加用水量。

⑤试配强度应按式(5.1)计算。

3. 砌筑砂浆配合比计算实例

微课：砌筑砂浆配合比设计实例

某工程砌筑砖墙要求采用M10的水泥石灰混合砂浆。原材料如下：采用强度等级为42.5的普通硅酸盐水泥；中砂，干燥堆积密度为1 495 kg/m³，含水率为3%；石灰膏的稠度为120 mm。此工程施工管理水平一般，试计算此砌筑砂浆的配合比。

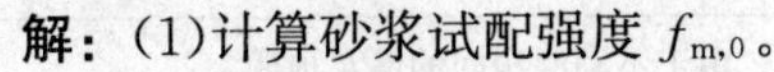

解：(1)计算砂浆试配强度 $f_{m,0}$。

$$f_{m,0}=kf_2=1.20\times10=12(\text{MPa})$$

(2)计算水泥用量 Q_c。

$$Q_c=\frac{1\ 000(f_{m,0}-\beta)}{\alpha\times f_{ce}}=275(\text{kg})$$

式中 $\alpha=3.03$，$\beta=-15.09$。

(3)计算石灰膏用量。取每立方米砂浆中水泥和石灰膏的总量为350 kg，则石灰膏的用量为

$$350-275=75(\text{kg})$$

(4)计算砂子用量。

$$1\ 495\times(1+3\%)=1\ 540(\text{kg})$$

(5)计算用水量。取每立方米砂浆中用水量300 kg。

故此砂浆的设计配合比为水泥∶石灰膏∶砂∶水＝275∶75∶1 540∶300＝1∶0.27∶5.6∶1.09。

5.3 抹面砂浆及其他特种砂浆

5.3.1 抹面砂浆

微课：抹面砂浆

抹面砂浆是以薄层涂抹在建筑物或构筑物表面的砂浆，又称抹灰砂浆。它的功能是抹平表面，光洁美观，包裹并保护基体，免受风雨破坏以及液、气相介质的腐蚀，延长使用寿命，同时还兼有保温、调湿功能。

抹面砂浆根据功能不同可分为普通抹面砂浆、装饰抹面砂浆和具有某些特殊功能的抹面砂浆(如防水砂浆、绝热砂浆、吸声砂浆、耐酸砂浆等)。

抹面砂浆的组成材料与砌筑砂浆基本相同，但有时会加入一些纤维材料(如麻刀、纸筋、玻璃纤维等)，来提高抹灰层的抗拉强度，增加抹灰层的弹性和耐久性，或者为了使其具有某些特殊功能需要选用特殊集料或掺合料。与砌筑砂浆不同，抹面砂浆的主要技术性质指标不是抗压强度，而是和易性以及与基底材料的粘结强度，通常是选择经验配合比，见表5.6。

表 5.6　常用抹面砂浆配合比及应用范围

材料	配合比(体积比)	应用范围
石灰∶砂	1∶2～1∶4	砖石墙表面(檐口、勒脚、女儿墙以及潮湿房间的墙除外)
石灰∶黏土∶砂	1∶1∶4～1∶1∶8	干燥环境的墙表面
石灰∶石膏∶砂	1∶0.4∶2～1∶1∶3	用于不潮湿房间的木质表面
石灰∶石膏∶砂	1∶0.6∶2～1∶1.5∶3	用于不潮湿房间的墙及顶棚
石灰∶石膏∶砂	1∶2∶2～1∶2∶4	用于不潮湿房间的线脚及其他装修工程
石灰∶水泥∶砂	1∶0.5∶4.5～1∶1∶5	用于檐口、勒脚、女儿墙以及比较潮湿的部位
水泥∶砂	1∶2.5～1∶3	用于浴室、潮湿车间等墙裙、勒脚或地面基层
水泥∶砂	1∶1.5～1∶2	用于地面、顶棚或墙面面层
水泥∶砂	1∶0.5～1∶1	用于混凝土地面随时压光
水泥∶石膏∶砂∶锯末	1∶1∶3∶5	用于吸声抹灰
水泥∶白石子	1∶1～1∶2	用于水磨石(打底用1∶2.5水泥砂浆)

1. 普通抹面砂浆

普通抹面砂浆在建筑物表面起平整、保护、光洁、美观的作用。抹面砂浆不承受外力，对强度要求不高；但要求与基底有足够的粘结力，故胶凝材料一般比砌筑砂浆多。一般抹面砂浆按材料不同可分为石灰砂浆、水泥砂浆、水泥混合砂浆、聚合物水泥砂浆、麻刀灰、纸筋灰、石膏灰等。

为了保证抹灰层表面平整，避免开裂脱落，施工时应分两层或三层进行，各层作用不同，所用砂浆品种也不同，具体见表 5.7。

表 5.7　抹面砂浆各层的作用、沉入度、砂的最大粒径及应用范围

<table>
<tr><th>层别</th><th>作用</th><th>沉入度/mm</th><th>砂最大粒径/mm</th><th>应用部位</th><th>适用砂浆品种</th></tr>
<tr><td rowspan="4">底层</td><td rowspan="4">与基层粘结并初步找平</td><td rowspan="4">100～120</td><td rowspan="4">2.5</td><td>用于砖墙底层</td><td>石灰砂浆</td></tr>
<tr><td>防水、防潮要求的部位或地面等</td><td>水泥砂浆</td></tr>
<tr><td>用于板条墙或顶棚的底层</td><td>混合砂浆或石灰砂浆</td></tr>
<tr><td>混凝土墙、梁、柱、顶棚等底层</td><td>混合砂浆</td></tr>
<tr><td>中层</td><td>找平作用</td><td>70～90</td><td rowspan="2">1.2</td><td rowspan="2">详见表 5.6</td><td>混合砂浆或石灰砂浆</td></tr>
<tr><td>面层</td><td>装饰作用</td><td>70～80</td><td>细砂配制的混合砂浆、麻刀灰或纸筋灰</td></tr>
</table>

2. 装饰砂浆

装饰砂浆是用于室内外的装饰，来增加建筑物的美观。装饰砂浆与普通抹面砂浆的主要区别在面层。装饰砂浆面层一般选用一定颜色的胶凝材料和染料，并采用特殊的施工操作方法，使装饰面层呈现出不同的色彩、线条和花纹等装饰效果。装饰砂浆面层的胶凝材料常采用普通水泥、白水泥、彩色水泥、石灰、石膏等，集料可采用普通砂、石英砂、彩釉砂、彩色瓷粒、玻璃珠以及大理石或花岗石破碎成的石碴等，也可根据装饰需要加入一些矿物颜料。

5.3.2 其他特种砂浆

1. 防水砂浆

防水砂浆是一种抗渗性高的砂浆，用作防水层。砂浆防水层又称刚性防水层，适用不受振动和具有一定刚度的混凝土和砖石砌体工程的表面，不宜用于变形较大或可能产生不均匀沉陷的建筑物。

微课：防水砂浆和预拌砂浆

根据防水材料组成的不同，防水砂浆主要有以下三种：

(1)普通水泥防水砂浆：由水泥、细集料、掺合料加水制成的砂浆。

(2)掺加防水剂的防水砂浆：在普通水泥中掺入一定量的防水剂而制成的防水砂浆，它是幕墙应用最为广泛的一种防水砂浆。常用的防水剂有硅酸钠类、金属皂类、氯化物金属盐及有机硅类，但氯盐类防水剂不宜用在钢筋混凝土结构，以防钢筋锈蚀。

(3)膨胀水泥和无收缩水泥防水砂浆：采用膨胀水泥和无收缩水泥制成的防水砂浆，具有微膨胀或补偿收缩的性能，从而提高了砂浆的密实性和抗渗性。

防水砂浆的配合比，水泥与砂的质量一般不宜大于1：2.5，水胶比应控制为0.50～0.60，稠度不应大于80 mm，应选用42.5级以上的普通硅酸盐水泥和级配良好的中砂。

防水砂浆对施工操作技术要求很高。制备防水砂浆应先将水泥和砂干拌均匀，再加入水和防水剂溶液继续搅拌直到均匀。施工前，应先在润湿清洁的底面上抹一层低水胶比的纯水泥浆(也可用聚合物水泥浆)，然后抹一层防水砂浆，在防水砂浆初凝前，用抹子压实一层，第二层至第四层都是以同样的方法进行操作，最后一层要压光。每层厚度约为5 mm，共抹4～5层，共20～30 mm厚。施工完毕后，还必须加强养护，以防开裂。

【小提示】由防水砂浆的工程施工过程可知，工程质量的保障靠的是专注和精益求精。

2. 预拌砂浆

预拌砂浆是由专业生产厂生产的湿拌砂浆或干混砂浆。

(1)湿拌砂浆：由水泥、细集料、保水增稠材料、外加剂和水以及根据需要掺入的矿物掺合料等组分按一定比例，在搅拌站经计量、拌制后，采用搅拌运输车运送至使用地点，放入专用容器储存，并在规定时间内使用完毕的砂浆拌合物。

(2)干混砂浆：又称为干粉砂浆，是将干粉状的建筑集料、胶粘剂(水泥、石膏、石灰)与各种添加剂按使用用途的不同配方进行配比，在搅拌设备中均匀混合，用袋装或散装的形式运到建筑工地，加水后就可直接使用的砂浆类建材。干粉砂浆粘结强度高，保水性好，可实现大规模机械化作业，省工省料。

预拌砂浆的特点是集中生产，生产效率高，质量有保证，扬尘少，有利于施工人员身体健康和环境保护。

【小提示】通过干混砂浆联系节能减排，树立绿色环保、文明施工的新发展理念。

3. 保温砂浆

保温砂浆是采用水泥、石灰、石膏等胶凝材料与膨胀珍珠岩、膨胀蛭石、陶粒砂等轻质集料，按一定比例配制的砂浆。保温砂浆主要用于建筑墙体保温、屋面保温、供热管道隔热层等处。

4. 膨胀砂浆

微课：其他特种砂浆

膨胀砂浆是在水泥砂浆中加入膨胀剂或使用膨胀水泥等材料，按一定比例配制而成的砂浆。膨胀砂浆有一定的膨胀特性，可补偿水泥砂浆的收缩，防止干缩开裂，达到粘结密实的作用。

5. 耐腐蚀砂浆

耐腐蚀砂浆主要有以下 4 种：

(1)耐酸砂浆：是用水玻璃和氟硅酸钠加入石英砂、花岗岩砂、铸石等耐酸粉料和细集料并按一定比例配制的砂浆，具有耐酸性，用于耐酸地面和耐酸容器的内壁防护层。

(2)硫黄耐酸砂浆：以硫黄为胶结料，聚硫橡胶为增塑剂，掺加耐酸粉料和集料，经加热熬制而成，具有密实、强度高、硬化快的特点。能耐大多数无机酸、中性盐和酸性盐的腐蚀，但不耐浓度在 5%以上的硝酸、强碱和有机溶液，耐磨和耐火性均差，脆性和收缩性较大，一般多用于粘结块材，灌注管道接口及地面、设备基础、储罐等处。

(3)耐铵砂浆：先以高铝水泥、氧化镁粉和石英砂干拌均匀后，再加复合酚醛树脂充分搅拌制成，能耐各种铵盐、氨水等侵蚀，但不耐酸和碱。

(4)耐碱砂浆：以普通硅酸盐水泥、砂和粉料加水拌和制成，有时掺加石棉绒。砂及粉料应选用耐碱性能好的石灰石、白云石等集料，常温下能抵抗 330 g/L 以下的氢氧化钠浓度的碱类侵蚀。

6. 吸声砂浆

吸声砂浆是由水泥、石膏、砂、锯末等材料按一定的比例制成的砂浆。在吸声砂浆中掺入玻璃纤维、矿物棉等松软的材料能获得更好的吸声效果，常用于室内的墙面和顶棚的吸声。

7. 防辐射砂浆

防辐射砂浆是在水泥砂浆中加入重晶石粉和重晶石砂配制，具有防射线辐射的砂浆。用于屏蔽射线辐射，主要有重晶石砂浆和加硼水泥砂浆两种。

8. 聚合物砂浆

聚合物砂浆是在水泥砂浆中加入有机聚合物乳液配制而成的砂浆，具有粘结力强、干缩率小、脆性低、耐腐蚀性好等特性。聚合物砂浆用于修补和防护工程，主要有树脂砂浆和聚合物水泥砂浆两种。

9. 自流平砂浆

自流平砂浆是由特种水泥、精细集料及多种添加剂组成，与水混合后形成一种流动性强、高塑性的自流平地基材料。自流平砂浆稍经刮刀展开，即可获得高平整基面，其硬化速度快，24 h 即可在上行走，或进行后续工程(如铺木地板、金刚板等)，施工快捷、简便，是传统人工找平所无法比拟的，适用混凝土地面的精找平及所有铺地材料，广泛应用于民间及商业建筑。

模块小结

建筑砂浆由胶凝材料、细集料、水、掺合料和外加剂按一定比例配合而成，在建筑工程中起粘结、衬垫和传递荷载的作用，根据用途的不同，又分为砌筑砂浆、抹面砂浆、防水砂浆、装饰砂浆及特种砂浆等。

在建筑砂浆中，将砖、石、砌块等粘结成为砌体的砂浆称为砌筑砂浆。砌筑砂浆起着胶结块材和传递荷载的作用，是砌体的重要组成部分。

砂浆拌合物(新拌砂浆)的和易性主要包括流动性、保水性(稳定性)两个方面；硬化砂浆的基本性能主要有抗压强度、粘结强度等。

砂浆配合比设计可通过查看有关资料或手册来选取或通过计算来进行，再经过、试配、调整，从而确定施工用配合比。

工程案例

抹面砂浆的施工

随着城市化进程的加快，建筑工程项目越来越多，在建筑工程施工的过程中，墙面抹灰是一项基础性工程，科学的抹灰工作具有隔热、防潮以及防风等功能，但是目前水泥砂浆抹灰在性能和施工工艺方面都还存在一些问题，容易导致墙面产生裂缝，影响房屋的使用性能和整体质量。引起墙面裂缝产生的原因主要有以下几点。首先，原材料选材配比方面的问题，某些水泥生产商为了降低生产成本，获取更大利益，通常会在水泥里掺其他的混合材料，给工程质量造成很大影响，导致裂缝产生。其次，水泥砂浆的含泥量超标，导致裂缝发生。再次，施工人员由于缺乏专业的技术知识，在进行墙面抹灰作业时，没按照规范和标准进行操作，导致墙面产生裂缝。最后，温度影响，若温度变化太大，水泥水化过程释放出的热能散发不出来也会导致墙面裂缝。因此要重视墙面水泥砂浆抹灰工作，做好相应的准备工作，严格按照规范和标准，创新施工技术，并且对水泥砂浆抹灰墙面所产生裂缝的问题加以重视，控制好工程的整体质量，既可以提升城市建筑的审美效果，还能保障建筑结构的安全性，具有非常重要的现实意义。

知识拓展

聚合物改性水泥砂浆的应用

近年来，建筑物表面混凝土剥落、碳化和钢筋锈蚀问题日益引起人们的关注，特别是一些沿海城市和地区，许多年代较久远的混凝土建筑物表面严重破坏，急需加固与修补。

针对老旧混凝土建筑物的修补，国内研制出适合其表面修补加固的新型材料，并且对于保护具有历史价值的建筑物，延长其使用寿命，减少维修成本也有着重要意义。目前应用较为广泛的是聚合物改性水泥砂浆，它是一种将有机材料和无机材料相复合的复合材料，兼有有机材料和无机材料的优点，与普通混凝土或砂浆相比，高性能聚合物改性水泥砂浆具有良好的抗折强度、抗腐蚀性和收缩量等优点，可作为理想的修补材料、砌体材料和建筑物抹面防水材料，被广泛应用于建筑、道路和桥梁的加固、防腐、防水、表面装饰等工程领域。在道路工程中，由于聚合物改性水泥砂浆具有良好的防水性、较高的抗折强度及其良好的变形能力，可用来作为高等级水泥混凝土路面材料，减少水泥混凝土面层开裂，延长其使用寿命；另外，聚合物改性水泥砂浆还可以用在桥面工程中，用来避免和减少粘结和防水较为复杂的施工工艺，从而降低工程成本。

聚合物改性水泥砂浆在实际使用时预先把级配砂、水泥、矿粉、减水剂、膨胀剂、乳胶粉和烃丙基甲基纤维素醚按配比混合包装好，现场施工时加入一定比例的水调配，即可应用于混凝土的面层修补及结构加固。

拓展训练

一、填空题

1. 普通砂浆主要包括______和______，主要用于承重墙、非承重墙中各种混凝土砖、粉煤灰砖和黏土砖的砌筑与抹灰。

2. 砂浆和易性包括流动性和保水性两个方面的含义，其中流动性用______来表示，保水性用______来表示。

3. 抹灰砂浆通常采用______、______、______3层抹灰的做法，底层抹灰的作用是与基层牢固地粘结，要求砂浆的沉入度______，中层主要起______的作用，面层主要起______的作用。

4. 砌筑砂浆的强度是指____________。

二、选择题

1. 新拌砂浆的和易性包含(　　)两个方面的含义。

A. 黏聚性、流动性　　B. 保水性、流动性
C. 黏聚性、保水性　　D. 收缩性、保水性

2. 用于砌筑不吸水底面的砂浆，其强度主要取决于(　　)。

A. 水胶比　　B. 水胶比和水泥用量
C. 水泥等级和水胶比　　D. 水泥等级和水泥用量

3. 凡涂在建筑物或构件表面的砂浆，可统称为(　　)。

A. 砌筑砂浆　　B. 抹面砂浆　　C. 混合砂浆　　D. 防水砂浆

4. 砌筑砂浆的流动性指标用(　　)表示。

A. 坍落度　　B. 维勃稠度　　C. 沉入度　　D. 分层度

5. 砌筑砂浆的保水性指标用(　　)表示。

A. 坍落度　　B. 维勃稠度　　C. 沉入度　　D. 分层度

6. 砌筑砂浆的强度，对于吸水基层时，主要取决于(　　)。

A. 水胶比　　B. 水泥用量
C. 单位用水量　　D. 水泥的强度等级和用量

三、简答题

1. 砂浆的和易性包括哪些含义？各用什么来表示？

2. 测定砂浆抗压强度的试件尺寸为多少？

3. 砌筑不吸水材料(密实材料)和吸水材料(多孔材料)时，砂浆的强度和哪些因素有关？强度公式如何？两个强度公式的原则是否一致？为什么？

4. 配制砂浆时，为什么除水泥外常常还要加入一定量的其他胶凝材料？

5. 在配制水泥石灰混合砂浆时，为什么不考虑石灰对砂浆的强度贡献？

四、“直通职考”模拟考题

1. 地下工程水泥砂浆防水层的养护时间至少应为(　　) d。

A. 7　　B. 14　　C. 21　　D. 28

2. 防水砂浆施工时，其环境温度最低限制为(　　)℃。

A. 0　　B. 5　　C. 10　　D. 15

3. 下列关于砌筑砂浆的说法，正确的是(　　)。

A. 砂浆应采用机械搅拌

B. 水泥粉煤灰砂浆搅拌时间不得小于 3 min

C. 留置试块边长为 7.07 cm 的正方体

D. 同盘砂浆应留置两组试件

E. 6 个试件为一组

4. 砌筑砂浆强度等级不包括(　　)。

A. M2.5　　B. M5　　C. M7.5　　D. M10

模块6 建筑钢材

学习目标

通过本模块的学习，掌握钢材的冶炼加工和分类，掌握建筑钢材的主要力学性能、工艺性能及建筑用钢材的相关标准以及在工程实际中的应用，掌握钢材的锈蚀和防护；掌握钢材的检测方法。

学习要求

知识点	能力要求	相关知识
钢材的主要技术性能	1. 掌握钢材的力学性能； 2. 掌握钢材的工艺性能； 3. 了解钢材性能的影响因素	钢材材质均匀密实、强度高、塑性和韧性好，能承受冲击和振动荷载，易于加工，是一种重要的建筑结构材料
建筑常用钢材	1. 掌握钢结构用钢； 2. 掌握钢筋混凝土用钢	建筑用钢包括钢结构用的各种型钢(如圆钢、角钢、工字钢、钢管等)、板材以及钢筋混凝土结构用的钢筋、钢丝、钢绞线等
建筑用钢的防锈与防火	1. 了解钢材的防锈； 2. 了解钢材的防火	钢材的主要缺点是容易锈蚀，耐火性差，维修费用高
建筑钢材的取样及验收	1. 了解钢材的取样； 2. 了解钢材的验收	钢材广泛应用于建筑、铁路、桥梁等工程中，是一种重要的建筑结构材料

学习参考标准

《碳素结构钢》(GB/T 700—2006)；
《预应力混凝土用钢丝》(GB/T 5223—2014)；
《预应力混凝土用钢绞线》(GB/T 5224—2014)；
《低合金高强度结构钢》(GB/T 1591—2018)；
《金属材料 拉伸试验 第1部分：室温试验方法》(GB/T 228.1—2010)；
《金属材料 弯曲试验方法》(GB/T 232—2010)；
《钢筋混凝土用钢 第1部分：热轧光圆钢筋》(GB/T 1499.1—2017)；
《钢筋混凝土用钢 第2部分：热轧带肋钢筋》(GB/T 1499.2—2018)；
《钢筋混凝土用余热处理钢筋》(GB 13014—2013)；
《冷轧带肋钢筋》(GB/T 13788—2017)；
《优质碳素结构钢》(GB/T 699—2015)。

模块导读

钢材材质均匀密实、强度高、塑性和韧性好，能承受冲击和振动荷载，易于加工和施工，广泛应用于建筑、铁路、桥梁等工程，是一种重要的建筑结构材料。钢材的主要缺点是容易锈蚀，耐火性差，维修费用高。

钢材及其与混凝土复合的钢筋混凝土和预应力钢筋混凝土已经成为现代建筑结构的主体材料。具有强度高、自重轻等优点的钢结构在大跨度、高层及超高层、受动荷载和重型工业厂房等结构中得到广泛应用。

6.1 钢的冶炼与分类

建筑工程中主要使用的金属材料是建筑钢材，其次是铸铁、铝合金等。

6.1.1 钢的冶炼

钢是用生铁冶炼而成的。生铁的冶炼过程是将铁矿石、燃料(焦炭)和溶剂(石灰石)等置于高炉中熔炼，约在1 750 ℃高温下，石灰石与铁矿石中的硅、锰、硫、磷等经过化学反应，生成铁渣，浮于铁水表面，铁渣和铁水分别从出渣口和出铁口放出。铁渣排出时用水急冷得水淬矿渣，排出的铁水即生铁。生铁的主要成分是铁，但含有较多的碳以及硫、磷、硅、锰等杂质，使得生铁的性质硬而脆，塑性很差，抗拉强度很低，不能焊接、锻造、轧制，使用受到很大限制。

炼钢的过程就是将生铁进行精炼，减少生铁中碳、硫、磷等杂质的含量，以显著改善其技术性能，提高质量。理论上，凡是含碳量在2.06%以下，含硫、磷等杂质较少的铁碳合金都可称为钢。

【小提示】由钢和铁的区别就在于2.06%含碳量的界限，可以引申为提升自身素质，把握好“度”。

根据炼钢设备的不同，建筑钢材的冶炼方法可分为氧气转炉炼钢法、平炉炼钢法和电炉炼钢法三种。不同的冶炼方法对钢材的质量有着不同的影响。

1. 氧气转炉炼钢法

氧气转炉炼钢法是在空气转炉炼钢法的基础上发展起来的先进方法，以熔融的铁水为原料，由炉顶向转炉内吹高压氧气，能有效地去除碳、硫、磷等杂质，使钢的质量显著提高，且成本较低。氧气转炉炼钢法是现代炼钢的主要方法，常用来炼制优质碳素钢和合金钢。

2. 平炉炼钢法

平炉炼钢法是利用拱形炉顶的反射原理，以固态或液态生铁、适量铁矿石和废钢作为原料，用煤或重油为燃料进行冶炼。平炉炼钢法冶炼时间长，有足够的时间调整和控制其化学成分，去除杂质更彻底，成品质量较高。但由于设备一次性投资大，燃料热效率较低，冶炼周期长，故其成本较高。

3. 电炉炼钢法

电炉炼钢法是以生铁及废钢为原料，利用电加热进行高温冶炼的炼钢方法。电炉熔炼温度高，而且温度可以自由调节，清除杂质容易，故电炉钢的质量最好，但成本也最高。此方法主要用于冶炼优质碳素钢及特殊合金钢。

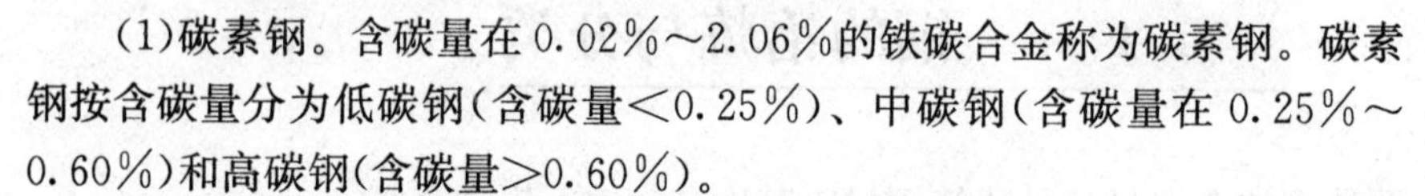

6.1.2 钢的分类

钢材的品种繁多，应用中常有以下几种分类方法。

微课：钢材的分类

1. 按化学成分分

按化学成分，钢材分为碳素钢和合金钢。

(1)碳素钢。含碳量在0.02%～2.06%的铁碳合金称为碳素钢。碳素钢按含碳量分为低碳钢(含碳量＜0.25%)、中碳钢(含碳量在0.25%～0.60%)和高碳钢(含碳量＞0.60%)。

(2)合金钢。碳素钢中加入一定量的合金元素称为合金钢。合金钢按合金的含量分为低合金钢(合金元素总量＜5%)、中合金钢(合金元素总量在5%～10%)和高合金钢(合金元素总量＞10%)。

建筑工程中常用的主要钢种是普通碳素钢中的低碳钢和合金钢中的低合金高强度结构钢。

2. 按品质分

按品质分，钢材分为普通碳素钢(含硫量≤0.045%，含磷量≤0.045%)、优质碳素钢(含硫量≤0.035%，含磷量≤0.035%)、高级优质钢(含硫量≤0.025%，含磷量≤0.025%)和特级优质钢(含硫量≤0.015%，含磷量≤0.025%)。

3. 按用途分

按用途分，钢材分为结构钢、工具钢和特殊钢。

(1)结构钢是指主要用作工程结构构件及机械零件的钢。

(2)工具钢是指主要用作各种量具、刀具及模具的钢。

(3)特殊钢是指具有特殊物理、化学或机械性能的钢，如不锈钢、耐酸钢和耐热钢等。

建筑上常用的是结构钢。

4. 按脱氧程度分

根据脱氧程度，浇铸的钢材可分为沸腾钢、镇静钢和特殊镇静钢3种。

(1)沸腾钢。炼钢时加入锰铁进行脱氧，脱氧很不完全，故称沸腾钢，代号为“F”。沸腾钢组织不够致密，杂质和夹杂物较多，硫、磷等杂质偏析较严重，故质量较差。但其生产成本低、产量高，可广泛用于一般的建筑工程。

(2)镇静钢。炼钢时一般采用硅铁、锰铁和铝锭等做脱氧剂，脱氧充分，这种钢水铸锭时能平静地充满锭模并冷却凝固，基本无气泡，故称镇静钢，代号为“Z”(也可省略不写)。镇静钢成本较高，但其组织致密，成分均匀，性能稳定，故质量好，适用预应力混凝土等重要结构工程。

(3)特殊镇静钢。比镇静钢脱氧程度更充分彻底的钢，其质量最好，适用特别重要的结构工程，代号TZ(也可省略不写)。

5. 按产品类型分

按产品类型，钢材可分为型材、板材、线材和管材等。

(1)型材。型材是指用于钢结构中的角钢、工字钢、槽钢、方钢、吊车轨、轻钢门窗、钢板桩等。

(2)板材。板材是指用于建造房屋、桥梁及建筑机械的中厚钢板，用于屋面、墙面、楼板等的薄钢板。

(3)线材。线材是指用于钢筋混凝土和预应力混凝土中的钢筋、钢丝和钢绞线等。

(4)管材。管材是指用于钢桁架和供水、供气(汽)的管线等。

6.2 钢材的主要技术性能

6.2.1 钢材的力学性能

建筑钢材的力学性能主要有抗拉性能、冲击韧性、硬度和疲劳强度等。

微课：钢筋的力学拉伸性能

1. 抗拉性能

钢材抵抗塑性变形或断裂的能力称为其强度，钢材的强度用拉伸试验测定。其应力一应变曲线(σ—ε 曲线)如图 6.1 所示。从图中可以看出，低碳钢拉伸过程经历 4 个阶段，即弹性阶段(*OA*)、屈服阶段(*AB*)、强化阶段(*BC*)、颈缩阶段(*CD*)。

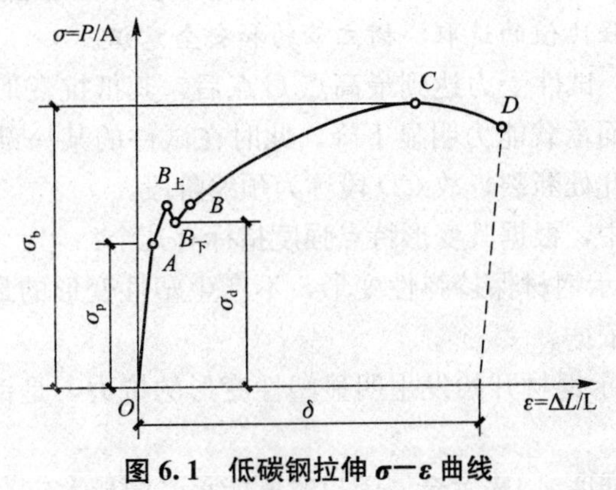

图 6.1 低碳钢拉伸 σ—ε 曲线

(1)弹性阶段(*OA*)。曲线 O_a 段是一条直线，应变与应力成正比，钢材表现为弹性。当加荷到曲线上任意一点应力 σ，此时产生的应变为 ε，当荷载 σ 卸掉后，应变 ε 将恢复到零。在此段，应力和应变的比值称为弹性模量，即 $E=\frac{\sigma}{\varepsilon}$，单位为 MPa。与 *A* 点对应的应力称为弹性极限，用 σ_p 表示，单位为 MPa。

【小提示】钢筋在拉伸的最初阶段都表现为弹性，做人、做事也要有弹性。弹性模量数值的大小反映钢材变形的难易程度，可以引申为性格越倔强的人，弹性模量越大。

(2)屈服阶段(AB)。应力超过A点后，应力与应变不再成正比关系，钢材在荷载作用下，开始丧失对变形的抵抗能力，并产生明显的塑性变形。应力的增长落后于应变的增长，锯齿形的最高点$B_{上}$所对应的应力称为上屈服点，最低点$B_{下}$所对应的应力称为下屈服点。下屈服点$B_{下}$对应的应力为钢材的屈服强度，用σ_s表示，单位为MPa。屈服强度是确定结构容许应力的主要依据。

$$\frac{F_s}{A_0}=\sigma_s \tag{6.1}$$

σ_s——钢材的屈服强度(MPa)；

F_s——钢材拉伸时的屈服荷载(N)；

A_0——钢材试件的初始横截面面积(mm^2)。

【小提示】由钢材的屈服阶段类比人在遇到困难时做思想斗争的过程，要具有不屈不挠、坚忍不拔的精神。

(3)强化阶段(BC)。应力超过屈服强度后，由于钢材内部组织中的晶格发生了变化，钢材得到强化，所以钢材抵抗塑性变形的能力提高，应力值呈上升趋势，应变随应力的增加而继续增加，C点的应力称为强度极限或抗拉强度，用σ_b表示，单位为MPa。

$$\frac{F_b}{A_0}=\sigma_b \tag{6.2}$$

式中　σ_b——钢材的抗拉强度(MPa)；

F_b——钢材拉伸时的极限荷载(N)；

A_0——钢材试件的初始横截面面积(mm^2)。

屈强比σ_S/σ_b在工程中很有意义。此值越小，表明结构的可靠性越高，即防止结构破坏的潜力越大；但此值太小时，钢材强度的有效利用率低。合理的屈强比一般为0.60～0.75。

【小提示】由合理屈强比值的选取，树立节约和安全意识。

(4)颈缩阶段(CD)。试件受力达到最高点C点后，其抵抗变形的能力明显降低。钢材的变形速度明显加快，而承载能力明显下降。此时在试件的某一部位，截面急剧缩小，出现颈缩现象，钢材将在此处断裂，故CD段称为颈缩阶段。

在钢筋的拉伸曲线中，根据其变形特点强度指标有几个：

(1)弹性极限(σ_p)表示钢材保持弹性变形，不产生塑性变形的最大应力，是弹性零件的设计依据。

(2)屈服强度(σ_s)表示钢材开始发生明显塑性变形的抗力，是钢结构设计的依据。

(3)极限强度(抗拉强度σ_b)表示金属受拉时所能承受的最大应力。

微课：钢筋的其他力学性能

通过拉伸试验，除能检测钢材屈服强度和抗拉强度等强度指标外，还能检测出钢材的塑性。塑性表示钢材在外力作用下发生塑性变形而不破坏的能力，是钢材的一个重要指标。钢材塑性用伸长率或断面收缩率表示。

将拉断后的试件在断口处拼合，量出拉断后标距的长度，如图6.2所示，按式(6.3)计算钢材的伸长率δ。

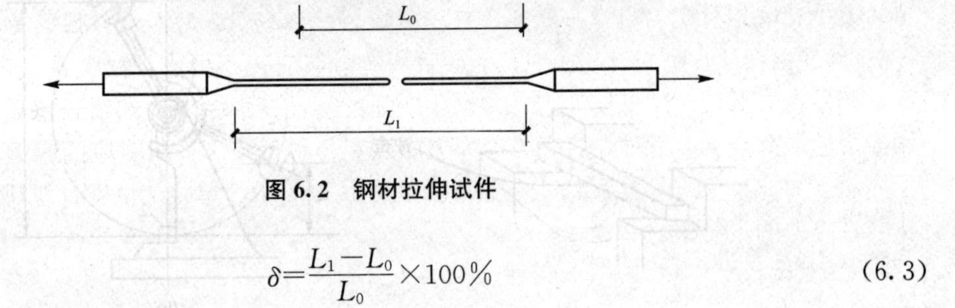

图 6.2　钢材拉伸试件

$$\delta=\frac{L_1-L_0}{L_0}\times 100\% \tag{6.3}$$

式中　L_1——试件断裂后标距的长度(mm)；

L_0——试件的原标距长度(mm)；

δ——伸长率(当 $L_0=5\ d_0$ 时，为 δ_5；当 $L_0=10\ d_0$ 时，为 δ_{10}，d_0 为试件的原直径)，

已知试件拉断处的截面面积 A_1，试件原始截面直径 A_0，断面收缩率 φ 按式(6.4)计算。

$$\varphi=\frac{A_0-A_1}{A_0}\times 100\% \tag{6.4}$$

式中　A_0——试件原截面面积(mm^2)；

A_1——试件拉断处的截面面积(mm^2)；

φ——断面收缩率(%)。

伸长率和断面收缩率都表示钢材断裂前经受塑性变形的能力。断面收缩率 φ 越高，表示钢材塑性越好。伸长率是衡量钢材塑性的重要指标，δ 越大，则钢材的塑性越好。伸长率大小与标距大小有关，对于同一种钢材，$\delta_5>\delta_{10}$。钢材具有一定的塑性变形能力，可以保证钢材应力重分布，从而不致产生突然的脆性破坏。

与低碳钢的 $\sigma-\varepsilon$ 曲线比，高碳钢的 $\sigma-\varepsilon$ 曲线特点：抗拉强度高、塑性变形下没有明显的屈服点。其结构设计取值是人为规定的条件屈服点($\sigma_{0.2}$)，即将钢件拉伸至塑性变形达到原长的 0.2%时的应力值，如图 6.3 所示。拉伸试验机与样品的安装如图 6.4 所示。

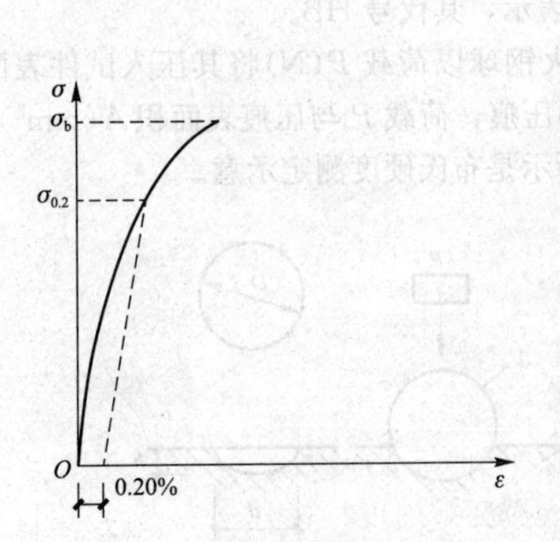

图 6.3　高碳钢拉伸 $\sigma-\varepsilon$ 曲线

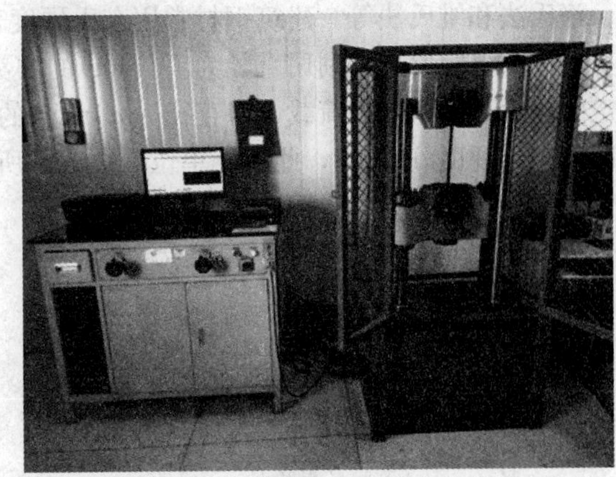

图 6.4　拉伸试验机与样品的安装

2. 冲击韧性

冲击韧性是指钢材抵抗冲击荷载而不破坏的能力。规范规定以刻槽的标准试件，在冲击试验机摆锤作用下，以破坏后缺口处单位面积所消耗的功来表示，符号为 α_k，单位为 J/cm^2，如图 6.5 所示。

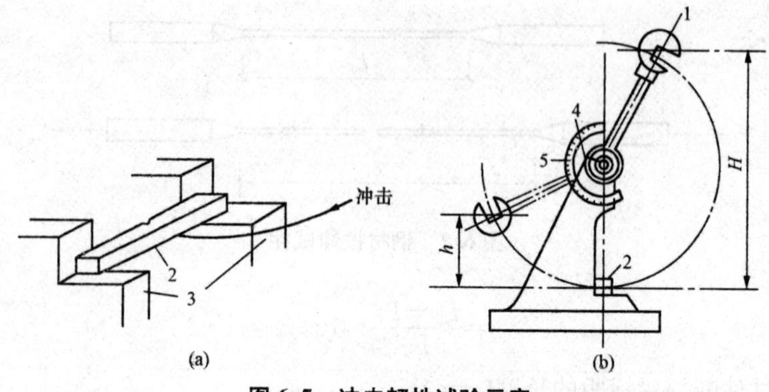

图 6.5　冲击韧性试验示意

(a)试件装置；(b)摆冲式试验机工作原理

1—摆锤；2—试件；3—试验台；4—刻度盘；5—指针

α_k 值越大，冲断试件消耗的功越多，或者说钢材断裂前吸收的能量越多，说明钢材的韧性越好，不容易产生脆性断裂。

影响钢材冲击韧性的因素很多，当钢材内硫、磷的含量高，脱氧不完全，存在化学偏析，含有非金属夹杂物及焊接形成的微裂纹时，都会使钢材的冲击韧性显著下降。

此外，环境温度对钢材的冲击韧性影响也很大。试验表明，冲击韧性随温度的降低而下降，开始时下降缓慢，当达到一定温度范围时，突然下降很快而呈脆性。这种性质称为钢材的冷脆性，这时的温度称为脆性转变温度，如图 6.6 所示。脆性转变温度越低，钢材的低温冲击韧性越好。因此，在负温下使用的结构，应当选用脆性转变温度低于使用温度的钢材。脆性临界温度的测定较复杂，规范中通常是根据气温条件规定－20 ℃或－40 ℃的负温冲击值指标。

3. 硬度

钢材的硬度是指其表面抵抗硬物压入产生局部变形的能力。测定钢材硬度的方法有布氏法、洛氏法和维氏法等。建筑钢材常用布氏硬度表示，其代号 HB。

布氏法的测定原理是利用直径为 D(mm)的淬火钢球以荷载 P(N)将其压入试件表面，经规定的持续时间后卸去荷载，得直径为 d(mm)的压痕，荷载 P 与压痕表面积 A(mm^2)之比，即得布氏硬度(HB)值，此值无单位。图 6.7 所示是布氏硬度测定示意。

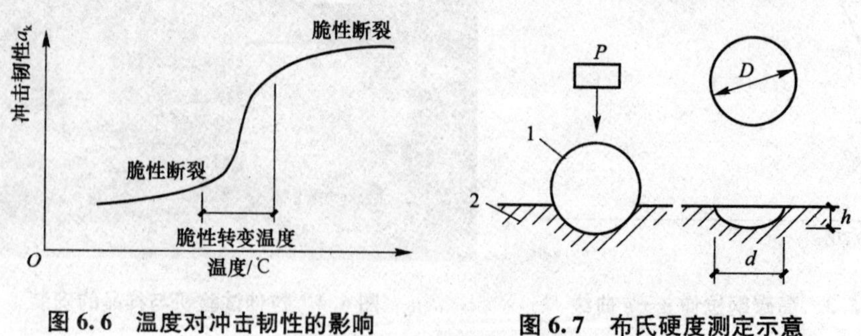

图 6.6　温度对冲击韧性的影响

图 6.7　布氏硬度测定示意

1—淬火钢球；2—试件

材料的硬度是材料弹性、塑性、强度等性能的综合反映。

试验证明，碳素钢的 HB 值与其抗拉强度 σ_b 之间存在较好的关系，当 HB＜175 时，

$\sigma_b \approx 0.36$ HB；当 HB＞175 时，$\sigma_b \approx 0.35$ HB。根据这些关系，可以通过在钢结构原位上测出钢材的 HB 值来估算钢材的抗拉强度。

4. 疲劳强度

钢材在交变荷载反复作用下，可在远小于抗拉强度的情况下突然破坏，这种破坏称为疲劳破坏。钢材的疲劳破坏指标用疲劳强度(或称疲劳极限)来表示，它是指试件在交变应力下，作用 $10^6 \sim 10^7$ 周次，不发生疲劳破坏的最大应力值。钢材的疲劳破坏是拉应力引起的。首先在局部开始形成微细裂纹，其后由于裂纹尖端处产生应力集中而使裂纹迅速扩展直至钢材断裂。因此，钢材的内部成分的偏析和夹杂物的多少以及最大应力处的表面粗糙程度、加工损伤等，都是影响钢材疲劳强度的因素。

疲劳破坏经常突然发生，因而有很大的危险性，往往造成严重事故。在设计承受反复荷载且须进行疲劳验算的结构时，应当了解所用钢材的疲劳强度。

6.2.2 钢材的工艺性能

钢材在加工过程中所表现出来的性能称为钢材的工艺性能。良好的工艺性能，可使钢材顺利通过各种加工，并保证钢材制品的质量不受影响。冷弯、冷拉、冷拔及焊接性能均是建筑钢材的重要工艺性能。

微课：钢材的冷弯性能和可焊性

1. 冷弯

钢材在常温下承受弯曲变形的能力称为冷弯性能。冷弯性能是通过检验钢材试件按规定的弯曲程度弯曲后，弯曲处外面及侧面有无裂纹、起层和断裂等情况进行评定的，若弯曲后，有上述一种现象出现，均可判定为冷弯性能不合格。其测试方法如图 6.8、图 6.9 所示。一般以试件弯曲的角度(α)和弯心直径 d 与试件厚度 a(或直径)的比值(d/a)来表示。弯曲角度 α 越大，d/a 越小，弯曲后弯曲的外面及侧面没有裂纹、起层和断裂的话，说明钢材试件的冷弯性能越好。

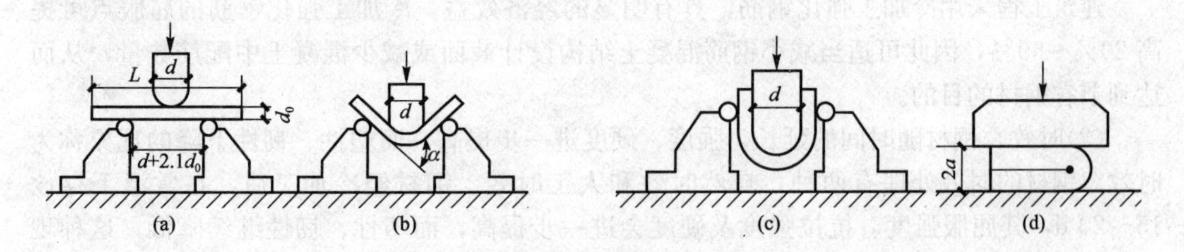

图 6.8　钢筋冷弯

(a)试件安装；(b)弯曲 90°；(c)弯曲 180°；(d)弯曲至两面重合

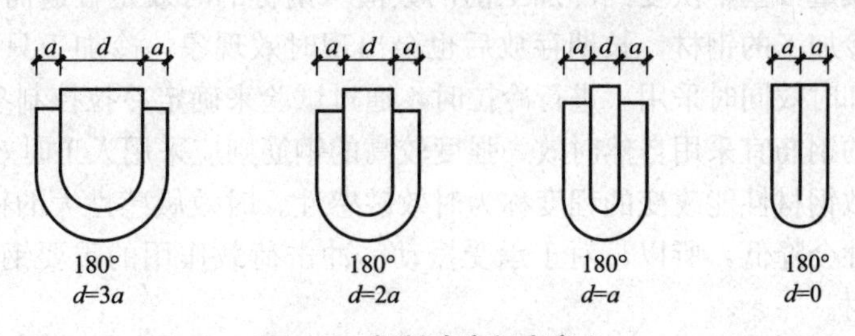

图 6.9　钢材冷弯规定弯心

冷弯也是检验钢材塑性的一种方法。相对于伸长率而言，冷弯是对钢材塑性更严格的检验，能揭示钢材内部是否存在组织不均匀、内应力和夹杂物等缺陷。冷弯性能检测不仅是评定钢材塑性与加工性能的技术指标，而且对焊接质量也是一种严格的检验，能揭示焊件在受弯表面是否存在未熔合、微裂纹及夹杂物等缺陷。对于重要结构和弯曲成型的钢材，冷弯性能必须合格。

2. 钢材的冷加工

(1)冷加工强化。将钢材在常温下进行冷加工(如冷拉、冷拔或冷轧)，使其产生塑性变形，从而提高屈服强度和硬度，降低塑性和韧性的过程，称为冷加工强化。

微课：钢材的冷加工处理

建筑工地或预制构件厂常利用该原理对热轧带肋钢筋或热轧光圆钢筋按一定方法进行冷拉、冷拔或冷轧加工，以提高其屈服强度，节约钢材。

1)冷拉：以超过钢筋屈服强度的应力拉伸钢筋，使之伸长，然后缓慢卸去荷载。钢筋经冷拉后，可提高屈服强度，而其塑性变形能力有所降低。冷拉一般采用控制冷拉率法，预应力混凝土用预应力钢筋则宜采用控制冷拉应力法。钢筋经冷拉后，其屈服强度可提高10%～30%，节约钢材10%～20%，但塑性、韧性会降低。

2)冷拔：将光圆钢筋通过硬质合金拔丝模孔强行拉拔，每次拉拔断面缩小应在10%以下。钢筋在冷拔过程中，不仅受拉，同时还受到挤压作用，因而冷拔的作用比纯冷拉作用强烈。经过一次或多次冷拔后的钢筋，表面光洁，屈服强度提高40%～60%，但塑性和韧性大大降低，具有硬钢的性质。

【小提示】由钢筋的冷加工处理不能变成“瘦身钢筋”，强化遵守法治意识。

3)冷轧：冷轧是将光圆钢筋在轧机上轧成断面形状的钢筋，可以提高其强度及与混凝土的粘结力。钢筋在冷轧时，纵向与横向同时产生变形，因而能较好地保持其塑性和内部结构的均匀性。

建筑工程采用冷加工强化钢筋，具有明显的经济效益。冷加工强化钢筋的屈服点可提高20%～60%，因此可适当减小钢筋混凝土结构设计截面或减少混凝土中配筋数量，从而达到节省钢材的目的。

(2)时效。钢材随时间的延长，强度、硬度进一步提高，而塑性、韧性下降的现象称为时效。钢材的时效处理有两种：自然时效和人工时效。钢材经冷加工后，在常温下存放15～20 d，其屈服强度、抗拉强度及硬度会进一步提高，而塑性、韧性继续降低，这种现象称为自然时效。钢材加热至100 ℃～200 ℃，保持2 h左右，其屈服强度、抗拉强度及硬度会进一步提高，而塑性及韧性继续降低，这种现象称为人工时效。由于时效过程中内应力消减，故弹性模量可基本恢复到冷加工前的数值。钢材的时效是普遍而客观存在的一种现象，有些未经冷加工的钢材，长期存放后也会出现时效现象，冷加工只是加速了时效发展。一般冷加工和时效同时采用。进行冷拉时，通过试验来确定冷拉控制参数和时效方式。通常，强度较低的钢筋宜采用自然时效，强度较高的钢筋则应采用人工时效。

因时效而导致钢材性能改变的程度称为时效敏感性。时效敏感性大的钢材，经时效后，其冲击韧性、塑性会降低，所以，对于承受振动、冲击荷载作用的重要钢结构，应选用时效敏感性低的钢材。

钢材经冷加工及时效处理后，其应力－应变关系变化的规律，可明显地在应力－应变图上反映出来，如图 6.10 所示。

在图 6.10 中，$OABCD$ 为未经冷拉和时效处理的试件的应力－应变曲线。当试件冷拉至超过屈服强度的任意一点 K 时，卸去荷载，此时由于试件已产生塑性变形，则曲线沿 KO' 下降，KO' 大致与 AO 平行。如立即再拉伸，则应力－应变曲线将成为 $O'KD_1$（虚线）曲线，屈服强度由 B 点提高到 K 点。但如在 K 点卸荷后进行时效处理，然后进行拉伸，则应力－应变曲线将成为 $O'K_1C_1D_1$ 曲线。这表明冷拉时效后，屈服强度、抗拉强度提高了，但塑性、韧性却相应降低了。

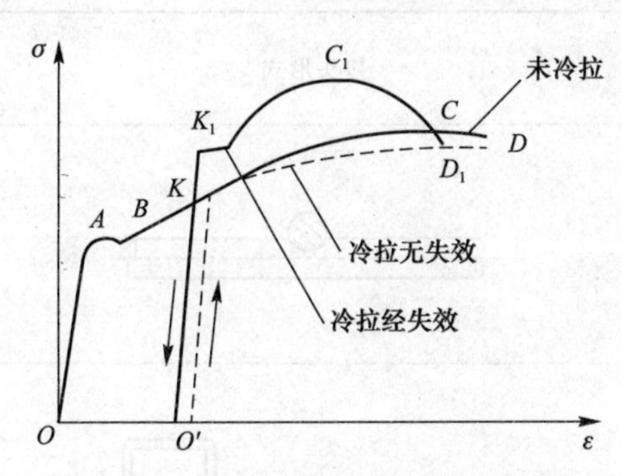

图 6.10　钢筋经冷拉及时效强化示意

3. 钢材的热处理

热处理是将钢材在一定介质中加热、保温和冷却，以改变材料整体或表面组织，从而获得所需性能的工艺。热处理可大幅度地改善金属材料的工艺性能和使用性能，绝大多数机械零件必须经过热处理才能正常使用。热处理形式有退火、正火、淬火、回火等。

微课：钢材的热处理

（1）退火。退火是将钢材加热到一定温度，保温后缓慢冷却（随炉冷却）的一种热处理工艺，有低温退火和完全退火之分。退火的目的是细化晶粒，改善组织，减少加工中产生的缺陷、减轻晶格畸变，消除内应力，防止变形、开裂。退火可降低钢的硬度，提高塑性和韧性，消除加工处理中形成的缺陷和内应力。

（2）正火。正火是退火的一种特例。正火在空气中冷却，两者仅冷却速度不同。与退火相比，正火后钢材的硬度、强度较高，而塑性减小。

（3）淬火。淬火是将钢材加热到基本组织转变温度（一般为 900 ℃）以上，保温使组织完全转变，即放入水或油等冷却介质中快速冷却，使之转变为不稳定组织的一种热处理操作。淬火提高钢材的硬度和耐磨性，但降低了塑性和韧性，其目的是得到高强度、高硬度的组织。

（4）回火。回火是将钢材加热到基本组织转变温度（150 ℃～650 ℃内选定）以下，保温后在空气中冷却的一种热处理工艺。通常，回火和淬火是两道相连的热处理过程。其目的是促进不稳定组织转变为需要的组织，消除淬火产生的内应力，改善机械性能等。

淬火和高温回火的联合处理称为调质，可使钢材既有较高的强度，又有良好的塑性和韧性。

4. 可焊性

焊接是各种型钢、钢板、钢筋的重要连接方式。在钢结构工程中，钢筋混凝土的钢筋骨架、接头及埋件、连接件等，多数是采用焊接方式连接的。焊接的质量取决于焊接工艺、焊接材料及钢材的可焊性。

钢材是否适合用通常的方法与工艺进行焊接的性能，称为钢的可焊性。可焊性好的钢材，焊接后焊口处不易形成裂纹、气孔、夹渣等缺陷及硬脆倾向。焊接后的钢材的力学性能特别是强度应不低于原有钢材。

钢筋焊接的方式主要有电阻点焊、闪光对焊、电弧焊、电渣压力焊、气压焊等几种。钢筋焊接时，各种焊接方法的适用范围应符合表 6.1 的规定。

表 6.1　钢筋焊接方法的适用范围

焊接方法			接头形式	适用范围	
				钢筋牌号	钢筋直径/mm
电阻点焊			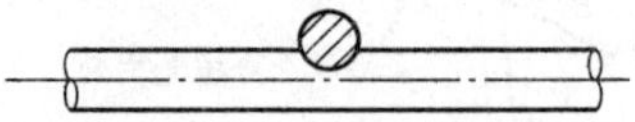	HPB300 HRB400 CRB550	8～16 6～16 6～16 4～12
闪光对焊			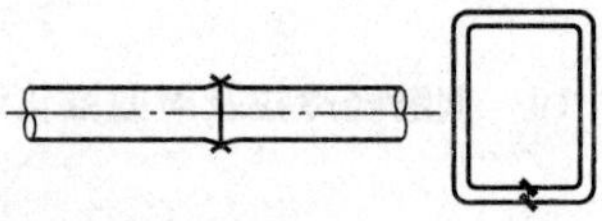	HPB300 HRB400 RRB400 CRB550	8～20 6～40 6～40 10～32 10～40
电弧焊	帮条焊	双面焊、单面焊	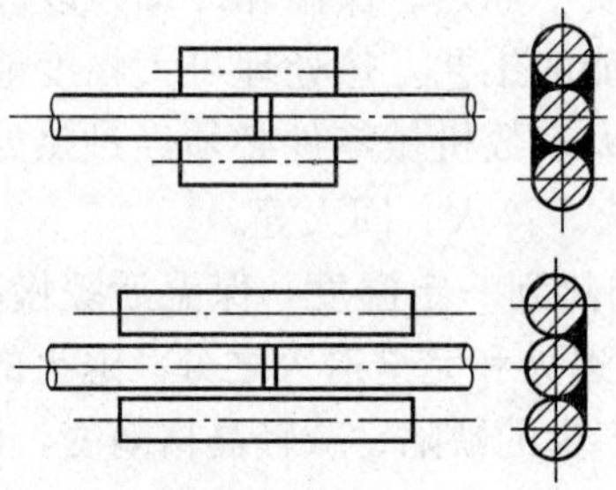	HPB300 HRB400 RRB400 CRB550	10～20 10～40 10～40 10～25
电弧焊	搭接焊	双面焊、单面焊	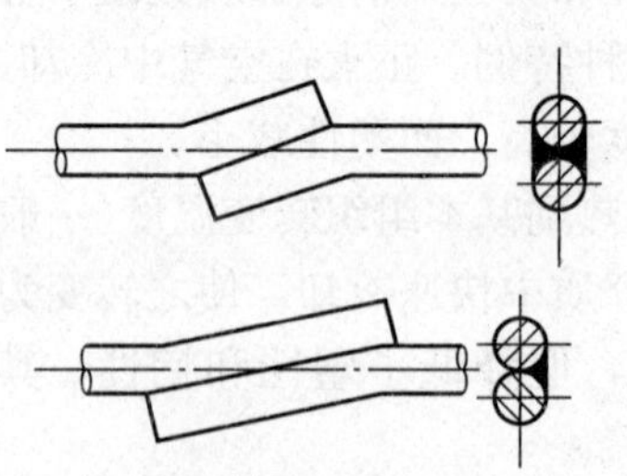	HPB300 HRB400 RRB400 CRB550	10～20 10～40 10～40 10～25
电弧焊	熔槽帮条焊		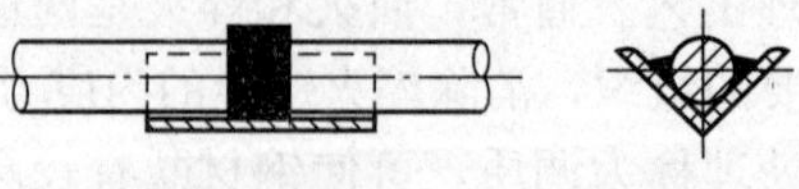	HPB300 HRB400 RRB400	20 20～40 20～40
电弧焊	坡口焊	平焊	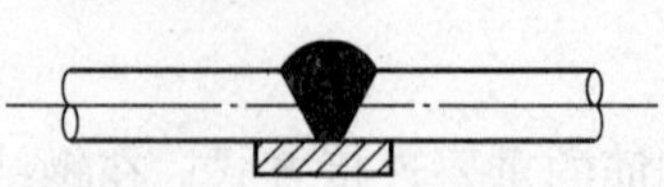	HPB300 HRB400 RRB400 CRB550	18～20 18～40 18～40 18～25

续表

<table>
<tr><th colspan="3" rowspan="2">焊接方法</th><th rowspan="2">接头形式</th><th colspan="2">适用范围</th></tr>
<tr><th>钢筋牌号</th><th>钢筋直径/mm</th></tr>
<tr><td rowspan="5">电弧焊</td><td rowspan="5">坡口焊</td><td>立焊</td><td></td><td>HPB300
HRB400
RRB400
CRB550</td><td>18～20
18～40
18～40
18～25</td></tr>
<tr><td>钢筋与钢板搭接焊</td><td></td><td>HPB300
HRB400
RRB400</td><td>8～20
8～40
8～25</td></tr>
<tr><td>窄间隙焊</td><td></td><td>HPB300
HRB400
RRB400</td><td>8～20
16～40
16～40</td></tr>
<tr><td>角焊</td><td></td><td>HPB300
HRB400
RRB400</td><td>8～20
6～25
6～25</td></tr>
<tr><td>穿孔塞焊</td><td></td><td>HPB300
HRB400
RRB400</td><td>20
20～25
20～25</td></tr>
<tr><td colspan="3">电渣压力焊</td><td></td><td>HPB300
HRB400
RRB400</td><td>14～20
14～32
14～32</td></tr>
<tr><td colspan="3">气压焊</td><td></td><td>HPB300
HRB400
RRB400</td><td>14～20
14～40
14～40</td></tr>
<tr><td colspan="3">预埋件钢筋埋弧压力焊</td><td></td><td>HPB300
HRB400
RRB400</td><td>8～20
6～25
6～25</td></tr>
<tr><td colspan="6">注：1. 电阻点焊时，适用范围的钢筋直径是指两根不同直径钢筋交叉叠接中较小钢筋的直径。
2. 当设计图纸规定对冷拔低碳钢丝焊接网进行电阻点焊时，可按设计规定实施。
3. 钢筋闪光对焊含封闭环式箍筋闪光对焊。</td></tr>
</table>

6.2.3 钢材性能的影响因素

微课：钢材的化学成分

钢是铁碳合金，由于原料、燃料、冶炼过程等原因使钢材中存在大量的其他元素，如硅、硫、磷、氧等。合金钢是为了改性而有意加入的一些元素，如锰、硅、钒、钛等。钢的化学成分对钢材性能有着直接的影响。各化学成分对钢材性质的影响见表 6.2。

表 6.2 化学成分对钢材性质的影响

化学元素	强度	韧性	塑性	其他性能
C	增加	降低		降低焊接性能，增加冷脆性和时效倾向
Si	增加	影响不大		可焊性、冷加工性有所降低，提高抗腐蚀性
Mn	增加	影响不大		消减硫引起的热脆性、提高耐磨性、降低焊接性
P	稍有增加	显著降低		增大冷脆性，显著降低焊接性，提高耐磨和耐蚀性
S	降低	降低		增大热脆性，降低焊接性、耐腐蚀性和机械性能
N	提高	降低		降低焊接性、使冷弯性能变坏、加剧冷脆性与时效敏感性
Ti	提高	改善	降低	提高焊接性和抗蚀性
V	提高	改善	—	减少冷脆性、降低焊接性

【小提示】由不锈钢的发明过程，养成多角度思考问题，会有意想不到的收获。

6.3 建筑常用钢材

建筑工程常用钢材的形式有钢结构用钢和钢筋混凝土结构用钢两类。前者主要采用型钢和钢板，后者主要是钢筋、钢丝和钢绞线。

6.3.1 建筑钢材主要钢种牌号

建筑钢材常用的钢种主要有碳素结构钢、低合金高强度结构钢、优质碳素结构钢等。

1. 碳素结构钢

微课：建筑钢材常用钢种(1)

碳素结构钢是碳素钢中的一类，可加工成各种型钢、钢筋和钢丝，适用一般结构和工程。国家标准《碳素结构钢》(GB/T 700—2006)具体规定了碳素结构钢的牌号表示方法、技术要求、试验方法、检验规则等。

(1)牌号表示方法。钢的牌号由代表屈服强度的字母、屈服强度数值、质量等级符号、脱氧程度符号 4 部分按顺序组成，见表 6.3。根据《碳素结构钢》(GB/T 700—2006)规定，碳素结构钢分为 Q195、Q215、Q235、Q275。

表 6.3 碳素结构钢的牌号

字母	屈服强度/MPa	质量等级	符号
Q	195	A/B/C/D	F/Z/TZ
	215		
	235		
	275		

Q——钢材屈服强度代号；

195、215、235、275——屈服强度数值；

A、B、C、D——质量等级代号，按硫、磷杂质含量由多到少。

F/Z/TZ时钢材的脱氧程度。

F——沸腾钢代号；

Z——镇静钢代号；

TZ——特殊镇静钢代号。

在牌号组成表示方法中，“Z”与“TZ”符号可予以省略。

例如Q235AF，它表示屈服强度为235 MPa的A级沸腾钢。

(2)技术要求。碳素结构钢的技术要求包括化学成分、力学性能、冶炼方法、交货状态及表面质量5个方面。碳素结构钢的化学成分、力学性能、冷弯性能试验指标应分别符合表6.4～表6.6的规定。

表 6.4 碳素结构钢的化学成分(GB/T 700－2006)

牌号	统一数字代号①	等级	厚度(或直径)/mm	脱氧方法	化学成分(质量分数)/%，不大于				
					C	Si	Mn	P	S
Q195	U11952	—	—	F、Z	0.12	0.30	0.50	0.035	0.040
Q215	U12152	A	—	F、Z	0.15	0.35	1.20	0.045	0.050
	U12155	B							0.045
Q235	U12352	A	—	Z	0.22	0.35	1.40	0.045	0.050
	U12355	B			0.20②				0.045
	U12358	C		Z	0.17			0.040	0.040
	U12359	D		TZ				0.035	0.035
Q275	U12752	A	—	F、Z	0.24	0.35	1.50	0.045	0.050
	U12755	B	≤40	Z	0.21			0.045	0.045
			>40		0.22				
	U12758	C	—	Z	0.20			0.040	0.040
	U12759	D		TZ				0.035	0.035

注：①表中为镇静钢、特殊镇静钢牌号的统一数字，沸腾钢牌号的统一数字代号如下：

Q195F——U11950；

Q215AF——U12150，Q215BF——U12153；

Q235AF——U12350，Q235BF——U12353；

Q275AF——U12750。

②经需方同意，Q235B的碳含量可不大于0.22%。

表 6.5　碳素结构钢的力学性能(GB/T 700—2006)

牌号	等级	屈服强度①R_{eH}/(N·mm^{-2})，不小于						抗拉强度②R_m/(N·mm^{-2})	断后伸长率A/%，不小于					冲击试验(V形缺口)	
		厚度(或直径)/mm							厚度(或直径)/mm					温度/℃	冲击吸收功(纵向)/J，不小于
		≤16	>16~40	>40~60	>60~100	>100~150	>150~200		≤40	>40~60	>60~100	>100~150	>150~200		
Q195		195	185	—	—	—	—	315~430	33	—	—	—	—	—	—
Q215	A	215	205	195	185	175	165	335~450	31	30	29	27	26	—	—
	B													+20	27
Q235	A	235	225	215	215	195	185	370~500	26	25	24	22	21	—	—
	B													+20	27③
	C													0	
	D													−20	
Q275	A	275	265	255	245	225	215	410~540	22	21	20	18	17	—	—
	B													+20	27
	C													0	
	D													−20	

注：①Q195 的屈服强度值仅供参考，不做交货条件。

②厚度大于 100 mm 的钢材，抗拉强度下限允许降低 20 N/mm，宽带钢(包括剪切钢板)抗拉强度上限不做交货条件。

③厚度小于 25 mm 的 Q235B 级钢材，如供方能保证冲击吸收功值合格，经需方同意，可不做检验。

表 6.6　碳素结构钢的冷弯性能试验指标(GB/T 700—2006)

牌号	试样方向	冷弯试验 180° $B=2a$①	
		钢材厚度(或直径)②/mm	
		≤60	>60~100
		弯心直径 d	
Q195	纵	0	—
	横	0.5a	
Q215	纵	0.5a	1.5a
	横	a	2a
Q235	纵	a	2a
	横	1.5a	2.5a
Q275	纵	1.5a	2.5a
	横	2a	3a

注：①B 为试样宽度，a 为试样厚度(或直径)。

②钢材厚度(或直径)大于 100 mm 时，弯曲试验由双方协商确定。

(3)各种牌号钢材的性能和用途。钢材随牌号增加，含碳量增加，强度和硬度增加，塑性、韧性和可加工性能逐步降低；同一牌号内质量等级越高，钢的质量越好，如 Q235C、D 级优于 A、B 级，可作为重要焊接结构使用。

建筑工程中应用最广泛的是 Q235 钢，其含碳量为 0.14%~0.22%，属于低碳钢，具有较高的强度，良好的塑性、韧性以及可焊性，综合性能好，能满足一般钢结构和钢筋混凝土用钢要求，且成本较低。在钢结构中，主要使用 Q235 钢轧制成的各种型钢。

Q195、Q215钢强度低、塑性和韧性较好，易于冷加工，常用作钢钉、铆钉、螺栓及铁丝等。Q215钢经冷加工后可代替Q235钢使用。Q275钢强度较高，但塑性、韧性、可焊性较差，不易焊接和冷加工，可用于轧制带肋钢筋、做螺栓配件等，但更多用于机械零件和工具等。

2. 低合金高强度结构钢

微课：建筑钢材常用钢种(2)

低合金高强度结构钢，是在碳素结构钢(W_c=0.16%～0.2%)的基础上加入少量合金元素而制成的，具有良好的焊接性能、塑性、韧性和加工工艺性，较好的耐蚀性，较高的强度和较低的冷脆临界转换温度。它的牌号表示方法与碳素结构钢基本相同，适用制造建筑、桥梁、船舶、铁道、高压容器锅炉等大型钢结构及大型军事工程等方面的结构件。

(1)牌号表示方法。根据国家标准《低合金高强度结构钢》(GB/T 1591—2018)的规定，低合金高强度结构钢的牌号由代表屈服点的字母Q、屈服点数值、交货状态代号、质量等级符号4部分按顺序组成。低合金高强度结构钢牌号见表6.7。

表6.7 低合金高强度结构钢牌号(GB/T 1591—2018)

代表屈服点的字母	屈服点数值/MPa	交货状态代号	质量等级(硫、磷含量)
Q	355 390 420 460 500 550 620 690	AR/WAR(热轧) N(正火) +N(正火轧制) M(热机械轧制)	B C D E F

Q——钢材屈服强度代号；

355、390、420、460、500、550、620、690——屈服强度数值；

B、C、D、D、E、F——质量等级代号，按杂质含量由多到少。

例如，Q355ND。

Q——钢材屈服强度代号；

355——屈服强度数值；

N——交货状态为正火；

D——质量等级代号。

(2)技术要求。低合金高强度结构钢的化学成分和力学性能应满足国家标准《低合金高强度结构钢》(GB/T 1591—2018)的规定。

(3)性能和用途。低合金高强度结构钢的综合性能较为理想，尤其在大跨度、承受动荷载和冲击荷载的结构中更适用，而且与使用碳素结构钢相比，可节约钢材20%～30%，但成本并不很高。鸟巢用钢是"Q460"低合金高强度结构钢，如图6.11所示。

【小提示】鸟巢用钢是科研人员经历了漫长的科技攻关，经过无数次的研发与探索，又经过多次反复试制，从无到有直至刷新国标，终于自主创新具有知识产权的国产Q460钢材，撑起了“国家体育场”的钢骨脊梁，提升了民族自信心。

图 6.11　鸟巢场馆

3. 优质碳素结构钢

《优质碳素结构钢》(GB/T 699—2015)的牌号用两位数字表示，共有 28 个牌号，它表示钢中平均含碳量的万分数。如 45 号钢，表示钢中平均含碳量为 0.45%。数字后若有“Mn”，则表示属较高锰含量的钢，否则为普通锰含量钢。如 35 Mn 表示平均含碳量 0.35%，含锰量为 0.7%～1.0%。

6.3.2　钢结构用钢

钢结构构件一般直接采用各种型钢制作，构件之间可直接或附连接钢板进行连接，连接方式有铆接、螺栓连接或焊接。

微课：钢结构用钢材

1. 热轧型钢

常用的热轧型钢有角钢、槽钢、工字钢、L 型钢和 H 型钢等。角钢分等边角钢和不等边角钢两种。等边角钢的规格用边宽×边宽×厚度的毫米数表示，如 100×100×10 为边宽 100 mm、厚度 10 mm 的等边角钢。不等边角钢的规格用长边宽×短边宽×厚度的毫米数表示，如 100×80×8 为长边宽 100 mm、短边宽 80 mm、厚度 8 mm 的不等边角钢。我国目前生产的最大等边角钢的边宽为 200 mm，最大不等边角钢的两个边宽为 200 mm×125 mm。角钢的长度一般为 3～19 m(规格小者短，大者长)。角钢如图 6.12 所示。

L 型钢的外形类似不等边角钢，其主要区别是两边的厚度不等。规格表示方法为“腹板高×面板宽×腹板厚×面板厚(单位为毫米)”，如 L250×90×9×13。其通常长度为 6～12 m，共有 11 种规格。

普通工字钢，其规格用腰高度(单位为厘米)来表示，也可以“腰高度×腿宽度×腰宽度(单位为毫米)”表示，如 I30，表示腰高为 300 mm 的工字钢，20 号和 32 号以上的普通工字钢，同一号数中又分 a、b 和 a、b、c 类型。其腹板厚度和翼缘宽度均分别递增 2 mm；其中，a 类腹板最薄，翼缘最窄，b 类较厚较宽，c 类最厚、最宽。工字钢翼缘的内表面均有倾斜度，翼缘外薄而内厚。我国生产的最大普通工字钢为 63 号。工字钢的通常长度为 5～19 m。工字钢由于宽度方向的惯性相应回转半径比高度方向的回转半径小得多，因而在应用上有一定的局限性，一般宜用于单向受弯构件。工字钢如图 6.13 所示。

热轧普通槽钢以腰高度的厘米数编号，也可以“腰高度×腿宽度×腰厚度(单位为毫米)”表示。规格从 5 号～40 号有 30 种，14 号和 25 号以上的普通槽钢同一号数中，根据腹板厚度和翼缘宽度不同，也有 a、b、c 的分类，其腹板厚度和翼缘宽度均分别递增 2 mm。槽钢翼缘内表面的斜度较工字钢为小，紧固螺栓比较容易。我国生产的最大槽钢为 40 号，长度为 5～19 m(规格小者短，大者长)。槽钢主要用作承受横向弯曲的梁而后承受轴向力的杠杆。

热轧型钢分为宽翼缘 H 型钢(代号为 HK)、窄翼缘 H 型钢(HZ)和 H 型钢桩(HU)三类。规格以公称高度(单位为毫米)表示，其后标注 a、b、c，表示该公称高度下的相应规格，也可采用“腹板高×翼缘宽×腹板厚×翼缘厚(单位为毫米)”来表示，热轧 H 型钢的通常长度为 6～35 m。H 型钢翼缘内表面没有斜度，与外表面平行。H 型钢的翼缘较宽且等厚，截面形状合理，使钢材能高效地发挥作用，其内、外表面平行，便于和其他的钢材交接。HK 型钢适用轴心受压构件和压弯构件，HZ 型钢适用压弯构件和梁构件。

图 6.12　角钢

图 6.13　工字钢

2. 冷弯薄壁型钢

建筑工程中使用的冷弯型钢常用厚度为 2～6 mm 薄钢板或钢带(一般采用碳素结构钢或低合金结构钢)经冷轧(弯)或模压而成，故也称冷弯净壁型钢。其表示方法与热轧型钢相同，如图 6.14 所示。冷弯型钢属于高效经济截面，由于壁薄、刚度好，能高效地发挥材料的作用，节约钢材，主要用于轻型钢结构。

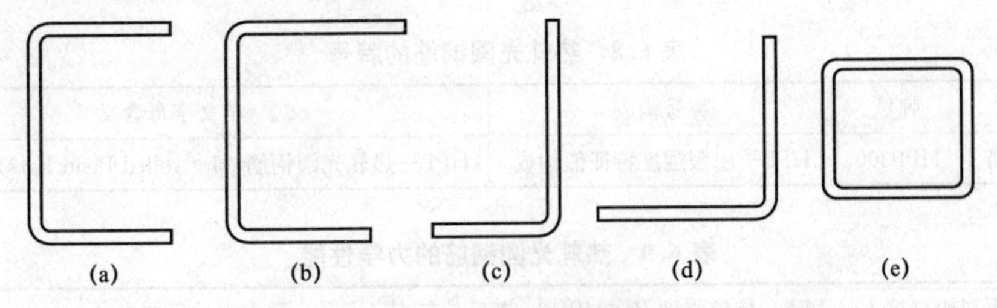

图 6.14　冷弯薄壁型钢

(a)等边槽钢；(b)不等边槽钢；(c)不等边角钢；(d)等边角钢；(e)方形空心型钢

3. 钢板和压型钢板

建筑钢结构使用的钢板，按轧制方式可分为热轧钢板和冷轧钢板两类，其种类视厚度的不同，有薄板、厚板、特厚板和扁钢(带钢)之分。热轧钢板按厚度划分为厚板(厚度大于 4 mm)和薄板(厚度为 0.35～4 mm)两种；冷轧钢板只有薄板(厚度为 0.2～4 mm)一种。建筑用钢板主要是碳素结构钢，一些重型结构、大跨度桥梁、高压容器等也采用低合金钢板。

一般厚板可用于焊接结构；薄板可用作屋面或墙面等围护结构，以及涂层钢板的原材料。

钢板还可以用来弯曲为型钢，薄钢板经冷压或冷轧成波形、双曲形、V形等形状，称为压型钢板。彩色钢板(又称为有机涂层薄钢板)、镀锌薄钢板、防腐薄钢板等都可用来制作压型钢板。压型钢板具有单位质量轻、强度高、抗震性能好、施工快、外形美观等特点，主要用于围护结构、楼板、屋面等，还可将其与保温材料等制成复合墙板，用途非常广泛。钢板如图 6.15 所示。

图 6.15 钢板

6.3.3 钢筋混凝土用钢

1. 热轧钢筋

(1)热轧光圆钢筋。根据《钢筋混凝土用钢 第 1 部分：热轧光圆钢筋》(GB/T 1499.1—2017)的规定，热轧光圆钢筋是经热轧成型，横截面通常为圆形，表面光滑的成品钢筋。热轧光圆钢筋如图 6.16 所示。热轧光圆钢筋公称直径范围为 6～22 mm，推荐钢筋直径为 6 mm、8 mm、10 mm、12 mm、16 mm、20 mm。热轧光圆钢筋屈服强度特征值为 300 MPa。热轧光圆钢筋的牌号见表 6.8，热轧光圆钢筋的力学性能应符合表 6.9。

图 6.16 热轧光圆钢筋

微课：钢筋混凝土用热轧钢筋

表 6.8 热轧光圆钢筋的牌号

产品名称	牌号	牌号构成	英文字母含义
热轧光圆钢筋	HPB300	HPB+屈服强度特征值构成	HPB—热轧光圆钢筋(Hot rolled Plain Bars)的英文缩写

表 6.9 热轧光圆钢筋的力学性能

牌号	下屈服强度 R_{eL}/MPa	抗拉强度 R_m/MPa	断后伸长率 A/%	最大力总延伸率 A_{gt}/%	冷弯试验 180°
	不小于				
HPB300	300	420	25	10.0	$d=a$
注：d 为弯心直径；a 为钢筋公称直径。					

(2)热轧带肋钢筋。根据《钢筋混凝土用钢 第 2 部分：热轧带肋钢筋》(GB/T 1499.2—2018)的规定，热轧带肋钢筋是热轧状态交货，横截面通常为圆形，且表面带肋的混凝土结构用钢材，俗称螺纹钢，如图 6.17 所示。钢筋的公称直径为 6～50 mm，分为普通热轧带

肋钢筋和细晶粒热轧带肋钢筋两种，并增加了带 E 的钢筋牌号。按屈服强度特征值分为 400 MPa、500 MPa、600 MPa 三个等级。

图 6.17　热轧带肋钢筋

(3)细晶粒热轧带肋圆钢筋。根据《钢筋混凝土用钢 第 2 部分：热轧带肋钢筋》(GB/T 1499.2—2018)的规定，通过控冷控轧的方法，使钢筋组织晶粒细化、强度提高。该工艺既能提高强度又能降低脆性转变温度，钢中微合金元素通过析出质点在冶炼凝固过程到焊接加热冷却过程中影响晶粒成核和晶界迁移来影响晶粒尺寸。细晶强化的特点是在提高强度的同时，还能提高韧性或保持韧性和塑性基本不下降，按屈服强度特征值分为 400 MPa 和 500 MPa 两个等级。

热轧带肋钢筋的牌号见表 6.10，热轧带肋钢筋的力学性能特征值见表 6.11。

表 6.10　热轧带肋钢筋的牌号

产品名称	牌号	牌号构成	英文字母含义
普通热轧带肋钢筋	HRB400	HRB＋规定的屈服强度特征值构成	HRB—热轧带肋钢筋(Hot rolled Ribbed Bars)的英文缩写。E 是地震的英文首字母(Earthquake)
	HRB500		
	HRB600		
	HRB400E	HRB＋规定的屈服强度特征值＋E 构成	
	HRB500E		
细晶粒热轧带肋钢筋	HRBF400	由 HRBF＋规定的屈服强度特征值构成	HRBF—在热轧带肋钢筋的英文缩写后加“细”的英文(Fine)首位字母。E 是地震的英文首字母(Earthquake)
	HRBF500		
	HRBF400E	由 HRBF＋规定的屈服强度特征值＋E 构成	
	HRBF500E		

热轧光圆钢筋 HPB300 级：强度较低，但塑性及焊接性能很好，便于各种冷加工，用作普通钢筋混凝土构件的受力筋及构造筋；

HRB400 和 HRB500 钢筋：强度较高，塑性和焊接性能也较好，广泛用作大、中型钢筋混凝土结构的受力钢筋；

HRB400E 和 HRB500E 钢筋：采用微合金化处理加入了钒，这类钢筋强度高、韧性好，具有较高的抗弯度、时效性能，较高的低温疲劳性能，其抗震性能好。

表 6.11　热轧带肋钢筋的力学性能特征值

牌号	下屈服强度 R_{eL}/MPa	抗拉强度 R_m/MPa	断后伸长率 A/%	最大力总延伸率 A_{gt}/%	$R^{\circ}_{m}/R^{\circ}_{eL}$	R°_{m}/R_{eL}
	不小于					不大于
HRB400 HRBF400	400	540	16	7.5	—	—
HRB400E HRBF400E			—	9.0	1.25	1.30

续表

牌号	下屈服强度 R_{eL}/MPa	抗拉强度 R_m/MPa	断后伸长率 A/%	最大力总延伸率 A_{gt}/%	$R^{\circ}_m/R^{\circ}_{eL}$	R°_m/R_{eL}
	不小于					不大于
HRB500 HRBF500	500	630	15	7.5	—	—
HRB500E HRBF500E			—	9.0	1.25	1.30
HRB600	600	730	14	7.5	—	—
注：R°_m为钢筋实测抗拉强度；R°_{eL}为钢筋实测下屈服强度。						

2. 冷轧带肋钢筋

(1)冷轧带肋钢筋的定义。国家标准《冷轧带肋钢筋》(GB/T 13788—2017)规定，热轧圆盘条经冷轧后，在其表面带有沿长度方向均匀分布横肋的钢筋，称为冷轧带肋钢筋，如图 6.18 所示。

图 6.18　冷轧带肋钢筋

微课：钢筋混凝土用冷轧钢筋

(2)冷轧带肋钢筋的牌号。冷轧带肋钢筋按延性高低分为冷轧带肋钢筋(CRB)和高延性冷轧带肋钢筋(CRB+抗拉强度特征值+H)两种。牌号由抗拉强度最小值表示，C、R、B、H 分别为冷轧(Cold rolled)、带肋(Ribbed)、钢筋(Bars)、高延性(High elongation)4 个词的英文首位字母，数值为抗拉强度的最小值。

根据《冷轧带肋钢筋》(GB/T 13788—2017)规定，冷轧带肋钢筋分为 CRB550、CRB650、CRB800、CRB600H、CRB680H、CRB800H 6 个牌号。其中 CRB550、CRB600H、CRB680H 3 个牌号的直径为 4～12 mm；CRB650、CRB800、CRB800H 3 个牌号的直径一般为 4～6 mm。

(3)冷轧带肋钢筋的应用。CRB550、CRB600H 为普通钢筋混凝土用钢筋；CRB650、CRB800、CRB800H 为预应力混凝土用钢筋；CRB680H 既可为普通钢筋混凝土用钢筋，也可为预应力混凝土用钢筋。

一般用于现浇楼板、屋面板的主筋和分布筋，剪力墙中的水平和竖向分布筋，梁柱中的箍筋，圈梁、构造柱的配筋。

(4)热轧钢筋与冷轧带肋钢筋的区别。热轧钢筋要求机械强度较高，具有一定的塑性、韧性、冷弯性和可焊性。热轧钢筋的强度较高，塑性及焊接性也较好，广泛用作大、中型钢筋混凝土结构的受力钢筋。冷轧带肋钢筋是用普通线材经冷轧挤压成为带有肋的钢筋，直径一般为 4～12 mm，主要用于各种现浇板，强度比 HPB300 级钢筋高得多。

3. 预应力混凝土用钢

(1)热处理钢筋。《钢筋混凝土用余热处理钢筋》(GB 13014—2013)规定：

微课：钢筋混凝土用钢丝、钢绞线

1)定义：钢筋混凝土用余热处理钢筋是热轧后利用热处理原理进行表面控制冷却，并利用心部余热自身完成回火处理所得的成品钢筋。其基圆上形成环状的淬火自回火组织。

2)分类：钢筋混凝土用余热处理钢筋按屈服强度特征值分为 400 级、500 级；按用途分为可焊和非可焊。

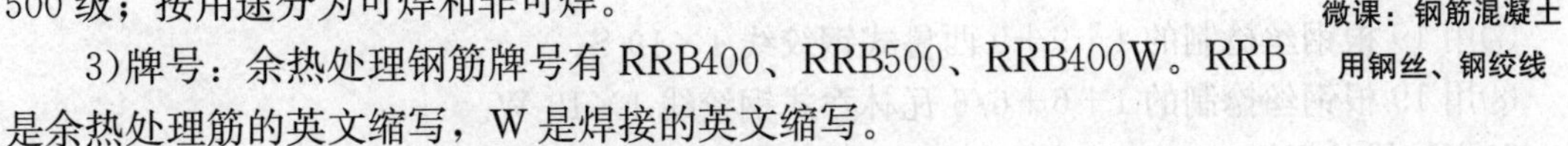

3)牌号：余热处理钢筋牌号有 RRB400、RRB500、RRB400W。RRB 是余热处理筋的英文缩写，W 是焊接的英文缩写。

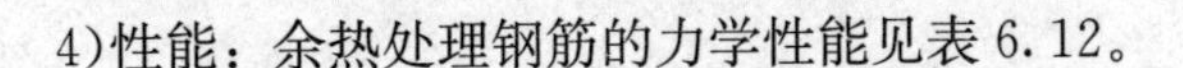

4)性能：余热处理钢筋的力学性能见表 6.12。

表 6.12　余热处理钢筋的力学性能

牌号	R_{eL}/MPa	R_m/MPa	A/%	A_{gt}/%
	不小于			
RRB400	400	540	14	5.0
RRB500	500	630	13	
RRB400W	430	570	16	7.5
注：时效后检验结果。				

5)用途：主要用于预应力混凝土梁、预应力混凝土轨枕和其他预应力混凝土结构。

(2)钢丝。根据《预应力混凝土用钢丝》(GB/T 5223－2014)的规定，预应力混凝土用钢丝按加工状态分为冷拉钢丝(WCD)和低松弛钢丝(WLR)2 种。预应力钢丝如图 6.19 所示。冷拉钢丝盘条是通过拔丝等减直径工艺经冷加工而形成的产品，以盘卷供货的钢丝。公称直径 4～12 mm。钢丝按外形分为光圆钢丝(P)、螺旋肋钢丝(H)、刻痕钢丝(I)3 种。

预应力混凝土用钢丝标记内容：预应力钢丝；公称直径；抗拉强度等级；加工状态代号；外形代号；标准编号。示例：

1)直径为 4.00 mm，抗拉强度为 1 670 MPa 冷拉光圆钢丝，记为
预应力钢丝 4.00－1670－WCD－P－GB/T 5223－2014。

2)直径为 7.00 mm，抗拉强度为 1 570 MPa 低松弛的螺旋肋钢丝，记为
预应力钢丝 7.00－1570－WLR－H－GB/T 5223－2014。

(3)钢绞线。根据《预应力混凝土用钢绞线》(GB/T 5224—2014)的规定，钢绞线按原材料和制作方法的不同，分为标准型钢绞线、刻痕钢绞线和模拔型钢绞线 3 种；按钢绞线的捻制方式不同，分为 1×2、1×3、1×7、1×19。1×7 型钢绞线如图 6.20 所示。

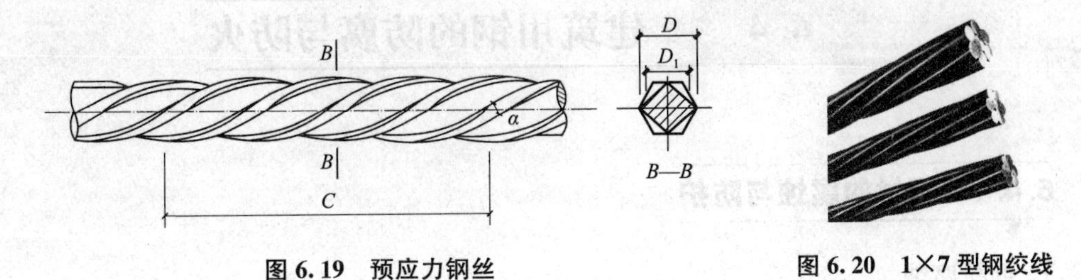

图 6.19　预应力钢丝

图 6.20　1×7 型钢绞线

1)钢绞线按结构分为以下 8 类，结构代号为

①用 2 根钢丝捻制的钢绞线 1×2；

②用 3 根钢丝捻制的钢绞线 1×3；
③用 3 根刻痕钢丝捻制的钢绞线 1×3 I；
④用 7 根钢丝捻制的标准型钢绞线 1×7；
⑤用 6 根刻痕钢丝和 1 根光圆钢丝捻制的钢绞线 1×7 I；
⑥用 7 根钢丝捻制的模拔的钢绞线 1×7 C；
⑦用 19 根钢丝捻制的 1+9+9 西鲁式钢绞线 1×19 S；
⑧用 19 根钢丝捻制的 1+6+6/6 瓦林吞式钢绞线 1×19 W。

2)钢绞线的标记。

标记内容：预应力钢绞线；结构代号；公称直径；强度级别；标准编号。示例：

直径为 15.20 mm，抗拉强度为 1 860 MPa 的 7 根钢丝捻制的标准型钢绞线，记为

预应力钢绞线 1×7－15.20－1860－GB/T 5224－2014。

6.3.4 钢材的选用原则

1. 荷载性质

对经常承受动力或振动荷载的结构，易产生应力集中，引起疲劳破坏，须选用材质高的钢材。

2. 使用温度

经常处于低温状态的结构，钢材容易发生冷脆断裂，特别是焊接结构的冷脆倾向更加显著，应该要求钢材具有良好的塑性和低温冲击韧性。

3. 连接方式

当焊接结构的温度变化和受力性质改变时，易导致焊缝附近的母体金属出现冷、热裂纹，促使结构早期破坏。因此，焊接结构对钢材化学成分和机械性能要求应较严。

4. 钢材厚度

钢材力学性能一般随厚度增大而降低，钢材经多次轧制后，钢的内部结晶组织更为紧密，强度更高，质量更好。故一般结构用的钢材厚度不宜超过 40 mm。

5. 结构的重要性

选择钢材要考虑结构使用的重要性，如大跨度结构、重要的建筑物结构，须相应选用质量更好的钢材。

6.4 建筑用钢的防腐与防火

6.4.1 钢材的腐蚀与防护

1. 钢材腐蚀

钢材在使用中，经常与环境中的介质接触，由于环境介质的作用，其中的铁与介质产生化学作用或电化学作用而逐步被破坏，导致钢材腐蚀，也可称为锈蚀。钢材的腐蚀，轻

者使钢材性能下降，重者导致结构破坏，造成工程损失。尤其是钢结构，在使用期间应引起重视。

微课：钢材的防腐与防火

钢材受腐蚀的原因很多，主要影响因素有环境湿度、侵蚀介质性质及数量、钢材材质及表面状况等。钢材腐蚀根据其与环境介质的作用，分为化学腐蚀和电化学腐蚀两类。

(1)化学腐蚀。化学腐蚀，也称干腐蚀，属纯化学腐蚀，是指钢材在常温和高温时发生的氧化或硫化作用。钢铁的氧化是由于它因与氧化性介质接触产生化学反应而形成的。氧化性气体有空气、氧、水蒸气、二氧化碳、二氧化硫和氯等，反应后生成疏松氧化物。其反应速度随温度、湿度提高而加速。干湿交替环境下，腐蚀更为厉害，在干燥环境下，腐蚀速度缓慢，例如：

由 O_2 产生：$Fe+O_2 \rightarrow FeO$，Fe_2O_3，Fe_3O_4。

由 CO_2 产生：$Fe+CO_2 \rightarrow FeO$，$Fe_3O_4+CO_2$。

由 H_2O 产生：$Fe+H_2O \rightarrow FeO$，$Fe_3O_4+H_2$。

(2)电化学腐蚀。电化学腐蚀，也称湿腐蚀，是由于电化学现象在钢材表面产生局部电池作用的腐蚀。例如，在水溶液中的腐蚀和在大气、土壤中的腐蚀等。

钢材在潮湿的空气中，由于吸附作用，在其表面覆盖一层极薄的水膜，由于表面成分或者受力变形等的不均匀，使邻近的局部产生电极电位的差别，形成了许多微电池。在阳极区，铁被氧化成 Fe^{2+} 离子进入水膜。因为水中溶有来自空气中的氧，在阴极区，氧被还原为 OH^- 离子，两者结合成不溶于水的 $Fe(OH)_2$。并进一步氧化成疏松易剥落的红棕色铁锈 $Fe(OH)_3$。在工业大气的条件下，钢材较容易锈蚀。

钢材在大气中的腐蚀，实际上是化学腐蚀和电化学腐蚀同时作用所致，但以电化学腐蚀为主。

2. 腐蚀防护

钢材的腐蚀既有材质的原因，也有使用环境和接触介质等原因，因此，防腐蚀的方法也有所侧重。目前，所采用的防腐蚀方法如下：

(1)保护层法。在钢材表面施加保护层，使钢与周围介质隔离，从而防止锈蚀。保护层可分为金属保护层和非金属保护层两类。

金属保护层是用耐腐蚀性能好的金属，以电镀或喷镀的方法覆盖在钢材的表面，提高钢材的耐腐蚀能力，如镀锌、镀铬、镀铜和镀镍等。

非金属保护层是在钢材表面用非金属材料作为保护膜，与环境介质隔离，以避免或减缓腐蚀，如喷涂涂料、搪瓷和塑料等。钢结构防止腐蚀用得最多的方法是表面油漆。常用底漆有红丹防锈底漆、环氧富锌漆和铁红环氧底漆等。底漆要求有比较好的附着力和防锈蚀能力。常用面漆有灰铅漆、醇酸磁漆和酚醛磁漆等。面漆是为了防止底漆老化，且有较好的外观色彩，因此，面漆要求有比较好的耐候性、耐湿性和耐热性，且化学稳定性要好，光敏感性要弱，不易粉化和龟裂。

涂刷保护层之前，应先将钢材表面的铁锈清除干净，目前一般的除锈方法有钢丝刷除锈、酸洗除锈及喷砂除锈。

(2)合金化。在钢材中加入能提高抗腐蚀能力的合金元素，如铬、镍、锡、钛和铜等，制成耐候钢，能有效地提高钢材的抗腐蚀能力。

(3)电化学保护。对于一些不易或不能覆盖保护层的地方，可采用电化学保护法。即在钢铁结构上接一块比钢铁更为活泼的金属(如锌、镁)作为阳极来保护。

对于钢筋混凝土中钢筋的防锈，可采取保证混凝土的密实度及足够的混凝土保护层厚度、限制氯盐外加剂的掺量等措施，也可掺入防锈剂。

6.4.2 钢材的防火

钢材属于不燃性材料，但这并不表明钢材能够抵抗火灾。在高温时，钢材的性能会发生很大的变化。温度在 200 ℃以内，可以认为钢材的性能基本不变；超过 300 ℃以后，钢材的屈服强度和抗拉强度开始急剧下降，应变急剧增大；到达 600 ℃时，钢材开始失去承载能力。耐火试验和火灾案例表明：以失去支持能力为标准，无保护层时钢屋架和钢柱的耐火极限只有 0.25 h，而裸露钢梁的耐火极限仅为 0.15 h。所以，没有防火保护层的钢结构是不耐火的。对于钢结构，尤其是可能经历高温环境的钢结构，应做必要的防火处理。

钢结构防火的基本原理是采用绝热或吸热材料，阻隔火焰和热量，或涂层吸热后部分物质分解出水蒸气或其他不燃气体，降低火焰温度和延缓燃烧，推迟钢结构的升温速度。

常用的防火方法以包覆法为主，主要有以下 3 个方面：

(1)在钢材表面涂覆防火涂料。防火涂料按受热时的变化分为膨胀型(薄型)和非膨胀型(厚型)两种。

膨胀型防火涂料的涂层厚度一般为 4～7 mm，附着力较强，可同时起装饰作用。由于涂料内含膨胀组分，遇火后会膨胀增厚 5～10 倍，形成多孔结构，从而起到良好的隔热防火作用，构件的耐火极限可达 0.5～1.5 h。

非膨胀型防火涂料的涂层厚度一般为 8～50 mm，呈粒状面，强度较低，喷涂后需再用装饰面层保护，耐火极限可达 0.5～3.0 h。为了保证防火涂料牢固包裹钢构件，可在涂层内埋设钢丝网，并使钢丝网与构件表面的净距离保持在 6 mm 左右。

防火涂料一般采用分层喷涂工艺制作涂层，局部修补时，可采用手工涂抹或刮涂。

(2)用不燃性板材、混凝土等包裹钢构件。常用的不燃性板材有石膏板、岩棉板、珍珠岩板、矿棉板等，可通过胶粘剂或钢钉、钢箍等固定在钢构件上。

(3)采用钢管混凝土和型钢混凝土等钢一混凝土混合结构。

6.5 建筑钢材的取样及验收

6.5.1 建筑钢材的取样

建筑钢材取样的注意事项

包括以下内容：

(1)钢筋应按批进行检查与验收，每批质量不应大于 60 t，每批钢材应由同一个牌号、同一炉罐号、同一规格、同一交货状态的钢筋组成。

(2)钢筋应有出厂证明或试验报告单。验收时应抽样做拉伸试验和冷弯试验。

(3)钢筋拉伸及冷弯使用的试样不允许进行车削加工。

(4)验收取样时，自每批钢筋中任取 2 根截取拉伸试样，任取 2 根截取冷弯试样。在拉伸试验的试件中，若有 1 根试件的屈服强度、抗拉强度和伸长率 3 个指标中有一个达不到标准中的规定值，或冷弯试验中有 1 根试件不符合标准要求，则在同一批钢筋中再抽取双倍数量(4 根)的试件进行该不合格项目的复验，复验结果中只要有一个指标不合格，则该批钢筋即不合格品。

(5)钢筋在使用中若有脆断、焊接性能不良或力学性能显著不正常时，还应进行化学成分分析或其他专项试验。

(6)试验温度：试验应在 10 ℃～35 ℃的温度下进行，如温度超出这一范围，应在试验记录和报告中注明。

(7)夹持方法：应使用楔形夹头、螺纹夹头、套环夹头等合适的夹具夹持试样。

6.5.2 建筑钢材的验收

所有使用的钢材必须通过拉伸性能检测和钢筋弯曲(冷弯)性能试验检测两种检测，具体指标及方法见 6.2 节。

模块小结

钢材是建筑工程中最重要的材料之一。

钢材具有强度高，塑性及韧性好，可焊可铆，易于加工，便于装配等特点，广泛应用于工业各领域。

建筑钢材的技术性能主要包括力学性能和工艺性能。力学性能有抗拉冲击韧性、疲劳强度和硬度等；工艺性能有钢材冷弯、冷加工及时效处理和钢材的焊接。低碳钢的拉伸破坏过程分为弹性、屈服、强化和颈缩 4 个阶段。延伸率和冷弯性是衡量钢材塑性的指标，钢材通过冷加工时效处理，可提高钢材的强度，但塑性和韧性下降。

建筑用钢材可分为钢结构用钢、钢筋混凝土用钢。钢结构用钢材包括碳素结构钢、低合金高强度结构钢和各种类型的型钢等；钢筋混凝土用钢材包括热轧钢筋、冷轧带肋钢筋、预应力混凝土用热处理钢筋、预应力混凝土用钢丝和钢绞线等。在工程实践中，应根据荷载性质、结构重要性、使用环境等因素合理选用钢材的防锈和防火措施。

工程案例

1912 年，有“永不沉没”美誉的泰坦尼克号与冰山相撞，船体破裂，造成世人皆知的海难。船沉没时发生断裂，船体一分为二(图 6.21)。所用钢材的质量问题一直被认为是船体断裂的原因之一，研究人员对打捞到的船体上的钢材残片进行了材料学的分析。

首先是成分分析。以现在的材料安全标准看，钢中含有相当多的氧、磷，尤其是硫。Mn 和 S 的比例达到 6.8∶1，这个比例现在看来是非常低的。所用钢材的碳含量是现代钢材的 2.3 倍，所以它的强度与现代钢材接近；而同时 P 含量是现代钢材的 3.5 倍，而 S 含量更是现代钢材的 5.3 倍，大量的氧、磷和硫可以提高材料韧脆转变温度，冷脆性非常明显，可能导致材料低温下的脆性断裂。

其次是组织结构分析。观察到晶粒拉长，研究者发现了同样狭长的 MnS 化合物。说明晶粒在材料热轧过程中被拉长。

冲击试验表明泰坦尼克号上钢材的韧脆转变温度高达 32 ℃，而船沉没时海水温度在−2 ℃，显然材料当时发生了脆性转变。断面观察到突出的 MnS 化合物，MnS 可能会加速裂纹的扩展和材料的失效。泰坦尼克号上所用钢材是当时最好的材料，现在看来是不能用于造船。当时炼钢只重视强度，而不考虑塑性、冲击韧性等其他性能，当遇到冰山时，出现了断裂的结局。

图 6.21　泰坦尼克号沉没(图片来自电影《泰坦尼克号》)

知识拓展

钢结构建筑在装配式建筑中的发展趋势

钢结构在居住类房屋建筑中的发展应用，需要具有较高的技术水平，与传统钢筋混凝土的建筑相比，钢结构装配式建筑的工程造价相对较高，但因其在相同条件下占地面积较小，得房率高，施工速度快，受环境因素影响较小等多重优点而逐渐被接受。特别是国内的一些大中型城市，因人口密度大、土地稀缺等因素，多采用高层钢结构建筑，这也是我国工业化发展的必然趋势。

钢结构建筑是现阶段装配式建筑中的常见类型，是由钢构件进行拼接和安装的一种施工手段，包括钢结构体系、围护体系，以及设备内装系统等多个部分。钢结构装配式有以下 4 方面的优势，一是质量可控：工厂标准化生产，尺寸精确到毫米，现场装配化施工，隐蔽工程少，质量透明；二是工期可控：现场用工量减少，工期可缩短；三是施工受天气和气候影响小；四是成本可控：工程量计算精确，工程变更少、签证少，成本易于控制。

钢结构装配式建筑首先采用冷弯型钢材，在结构体系的设置上有效提升了建筑物的水平荷载力，增强了它的抗震性；其次，钢结构装配式建筑自重较轻，具有一定的强度和刚度，而且可以在外界作用力下控制变形程度，满足抗风方面的要求。钢结构装配式建筑在材料的选型上采用的是抗腐蚀性强的标准形式，包括冷轧镀锌板等，可以有效提高装配式建筑的耐久性，延长它的使用寿命。另外，钢结构装配式建筑还可以采用一些保温隔热材料，从基础功能上进行优化，同时也可以实现良好的隔声效果。

钢结构建筑绿色、低碳、环保，并且能够满足强度、刚度、稳定性的要求。整个建筑体系符合国家大力提倡的绿色、环保理念，建设速度快，能够实现工业化发展。目前，基于钢结构装配式建筑体系具有一套完整的施工技术体系，节点优势越来越突出，将具有广阔的发展前景。

拓展训练

一、填空题

1. 低碳钢的受拉破坏过程，可分为______、______、______和______4个阶段。

2. 建筑工程中常用的钢种有______和______两类。

3. 钢材______为有益元素，______为有害元素，其中含有害元素______较多，呈热脆性，含有害元素______较多，呈冷脆性。

4. 钢材的硬度常用______法测定，其符号为______。

5. 碳素结构钢牌号的含义：Q表示______；Q后面的数字表示______；数字后的A、B、C、D表示______；牌号末尾的F表示______。

二、选择题

1. 在钢的分类中，沸腾钢、镇静钢、特殊镇静钢质量的高低排序正确的是(　　)。

A. 镇静钢>特殊镇静钢>沸腾钢　　B. 镇静钢>沸腾钢>特殊镇静钢

C. 特殊镇静钢>镇静钢>沸腾钢　　D. 沸腾钢>镇静钢>特殊镇静钢

2. 钢结构设计时，以(　　)作为设计计算取值的依据。

A. 屈服强度　　B. 抗拉强度　　C. 抗压强度　　D. 弹性极限

3. 随着含碳量的提高，钢材的强度随之提高，其塑性和韧性(　　)。

A. 降低　　B. 提高　　C. 不变　　D. 不一定

4. 钢材拉断后的伸长率表示钢材的(　　)指标。

A. 拉伸　　B. 塑性　　C. 强度　　D. 冷弯性能

5. 钢材的主要技术指标——屈服强度、抗拉强度、伸长率是通过(　　)试验来确定的。

A. 拉伸　　B. 冲击韧性　　C. 冷弯　　D. 硬度

6. 使钢材产生热脆性的有害元素是(　　)。

A. 锰(Mn)　　B. 硫(S)　　C. 硅(Si)　　D. 碳(C)

7. 建筑结构钢合理的屈强比一般为(　　)。

A. 0.50～0.65　　B. 0.60～0.75　　C. 0.70～0.85　　D. 0.80～0.95

8. HRB335与HRBF335的区别在于(　　)。

A. 前者是普通热轧带肋钢筋，后者是热轧光圆钢筋

B. 前者是细晶粒热轧带肋钢筋，后者是普通热轧带肋钢筋

C. 前者是热轧光圆钢筋，后者是热轧带肋钢筋

D. 前者是普通热轧带肋钢筋，后者是细晶粒热轧带肋钢筋

9. 热轧钢筋的级别越高，则其(　　)。

A. 屈服强度、抗拉强度越高，塑性越好

B. 屈服强度、抗拉强度越高，塑性越差

C. 屈服强度、抗拉强度越低，塑性越好

D. 屈服强度、抗拉强度越低，塑性越差

10. 下列有关钢材的叙述中，正确的是(　　)。

A. 钢与生铁的区别是钢的含碳量应小于2.0%

B. 钢材的耐火性好

C. 低碳钢是含碳量小于0.60%的碳素钢

D. 沸腾钢的可焊性和冲击韧性较镇静钢好

11. 下列(　　)属于钢材的工艺技能。

A. 抗拉强度与硬度　　B. 冷弯性能与焊接性能

C. 冷弯性能与冲击韧性　　D. 冲击韧性与抗拉性能

12. 钢筋混凝土结构中，为了防止钢筋锈蚀，下列叙述中错误的是(　　)。

A. 确保足够的保护层厚度

B. 严格控制钢筋的质量

C. 增加氯盐的含量

D. 掺入亚硝酸盐

13. 普通碳素结构钢按(　　)分为A、B、C、D四个质量等级。

A. 硫、磷杂质的含量由多到少

B. 硫、磷杂质的含量由少到多

C. 碳的含量由多到少

D. 硅、锰的含量由多到少

三、名词解释

1. 屈强比　2. 时效　3. 断后伸长率　4. 沸腾钢　5. Q390ARE

四、简答题

1. 钢中化学成分对钢材的性能有什么影响？

2. 低碳钢受拉时的应力一应变图中，分为哪几个阶段？各阶段有何特点及表示指标如何？

3. 什么是屈强比？其在工程中的实际意义是什么？

4. 什么是钢材的冷弯性能？其表示指标是什么？冷弯试验的目的是什么？

5. 什么是钢材的冷加工强化和时效处理？钢材冷加工强化的时效处理后，其性能有何变化？工程中采取此措施有何实际意义？

6. 碳素结构钢的牌号如何表示？为什么Q235钢广泛用于工程中？

7. 钢材的锈蚀原因及防治措施有哪些？

8. 今有一批直径为16 mm的HPB300级光圆钢筋，抽样截取一根试件进行抗拉试验，这根试件的力学性能如下：屈服荷载为51.5 kN；极限荷载为78.8 kN；原标矩长度为160 mm，拉断后的标距尺寸如图6.22所示。试估算此批钢筋是否合格。

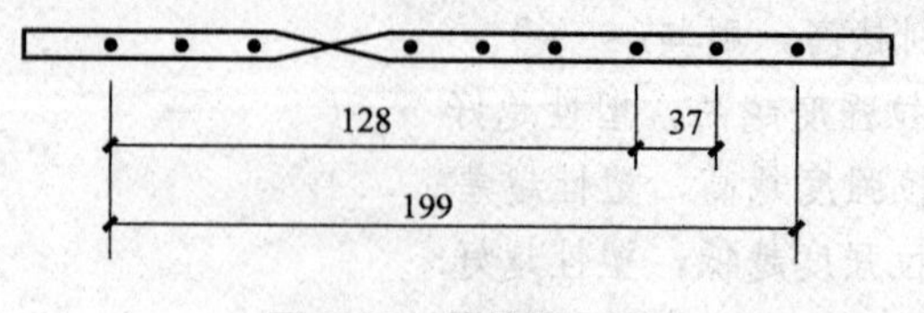

图6.22　简答题9图

五、“直通职考”模拟题

1. 大型屋架、大跨度桥梁等大负荷预应力混凝土结构中，应优先选用(　　)。

A. 冷轧带肋钢筋　　B. 预应力混凝土钢绞线

C. 冷拉热轧钢筋　　D. 冷拔低碳钢丝

2. 钢材 CDW550 主要用于(　　)。

A. 地铁钢轨　　B. 预应力钢筋　　C. 吊车梁主筋　　D. 构造钢筋

3. HRB400E 钢筋应满足最大力下总伸长率不小于(　　)。

A. 6%　　B. 7%　　C. 8%　　D. 9%

4. 常用较高要求抗震结构的纵向受力普通钢筋品种是(　　)。

A. HRB500　　B. HRBF500　　C. HRB500E　　D. HRB600

模块7　墙体材料

学习目标

通过对本模块的学习，了解墙用砌块和墙用板材的主要特点和应用，掌握墙用砌块和墙用板材的主要性能与技术要求，了解墙体板材的分类，熟悉加气混凝土的主要性质及检测过程，掌握墙体材料典型的检测项目。

学习要求

知识点	能力要求	相关知识
砌墙砖	1. 了解砌墙砖的品种； 2. 掌握砌墙砖的主要技术性质； 3. 掌握砌墙砖的应用	砌墙砖的主要技术指标、特性、应用以及相关的国家标准
墙用砌块	1. 了解墙用砌块的品种； 2. 掌握墙用砌块的主要技术性质； 3. 掌握墙用砌块的应用	墙用砌块的主要技术指标、特性、应用以及相关的国家标准
墙用板材	1. 了解墙用板材的品种； 2. 掌握墙用板材的主要技术性质； 3. 掌握墙用板材的应用	墙用板材的主要技术指标、特性、应用以及相关的国家标准

学习参考标准

《烧结普通砖》(GB/T 5101—2017)；
《烧结多孔砖和多孔砌块》(GB 13544—2011)；
《烧结空心砖和空心砌块》(GB/T 13545—2014)；
《蒸压灰砂实心砖和实心砌块》(GB/T 11945—2019)；
《炉渣砖》(JC/T 525—2007)；
《蒸压粉煤灰砖》(JC/T 239—2014)；
《蒸压加气混凝土砌块》(GB/T 11968—2020)；
《砌墙砖试验方法》(GB/T 2542—2012)；
《粉煤灰混凝土小型空心砌块》(JC/T 862—2008)。

模块导读

墙体在建筑中起着承重、围护、隔断、防水、保温、隔声等作用。目前，用于墙体的材料品种有很多，总体可归为3类：砖、砌块、板材。我国传统的砌筑材料有砖和石材，砖和石材的大量开采需要耗用大量的农用土地和矿山资源，影响农业生产和生态环境，而且砖、石自重大，体积小，生产效率低，影响建筑业的发展速度。改革开放以后，随着我国基本建设的迅速发展，传统材料无论在数量上还是在品种、性能上都无法满足日益增长的基本建设需要。因此，因地制宜地利用地方性资源和工业废料生产轻质、高强度、多功能、大尺寸的新型砌体材料，是土木工程可持续发展的一项重要内容。同时，为了满足保护耕地、降低能耗的要求，我国提出了一系列限制、禁止使用黏土砖与支持鼓励新型墙体材料发展的政策，加快了墙体改革的过程，使各种新型墙砌材料不断涌现，逐步取代传统的黏土制品。

【小提示】通过墙体材料发展历史的学习，增强环保意识。

7.1 砌墙砖

砌墙砖是指以黏土、工业废料或其他地方资源为主要原材料，按不同工艺制成的，在建筑上用来砌筑承重和非承重墙体的砖。

砌墙砖按生产工艺分为烧结砖和非烧结砖两类。

7.1.1 烧结砖

1. 烧结普通砖

烧结普通砖是指以黏土、页岩、煤矸石或粉煤灰等为主要原料，经成型、焙烧而成的实心或孔洞率不大于15%的砖。烧结普通砖为矩形体，标准尺寸是240 mm×115 mm×53 mm。根据所用原料不同，可分为烧结黏土砖(符号为N)、烧结页岩砖(Y)、烧结煤矸石砖(M)和烧结粉煤灰砖(F)等。

微课：烧结砖(1)

烧结普通砖的生产工艺过程：原料→配料调制→制坯→干燥→焙烧→成品。

生产烧结黏土砖主要采用砂质黏土，其矿物组成是高岭石，该土和成浆体后，具有良好的可塑性，可塑制成各种制品。焙烧时可发生收缩、烧结与烧熔。焙烧初期，该土中自由水蒸发，坯体变干；当温度达450 ℃～850 ℃时，黏土中有机杂质燃尽，矿物中结晶水脱出并逐渐分解，坯体成为强度很低的多孔体；加热至1 000 ℃左右时，矿物分解并出现熔融态的新矿物，它将包裹未熔颗粒并填充颗粒间空隙，将颗粒粘结，坯体孔隙率降低，体积收缩，强度随之增大，坯体的这一状态称为烧结，经烧结后的制品具有良好的强度和耐水性，故烧结黏土砖的烧结温度控制为950 ℃～1 050 ℃，即烧至烧结状态即可。若继续加温，坯体将软化变形，甚至熔融。

【小提示】南京古城墙每一块砖都烧制上制砖人和窑匠的姓名，才保证了古城墙砖的质量，责任到人是保证质量的前提和保障。

焙烧是制砖的关键过程，焙烧时火候要适当、均匀，以免出现欠火砖或过火砖。欠火砖色浅、断面包心(黑心或白心)、敲击声哑、孔隙率大、强度低、耐久性差。因此，欠火砖为不合格品。过火砖色较深、敲击声脆、较密实、强度高、耐久性好，但容易出现变形砖(酥砖或螺纹砖)，变形砖也为不合格品。

在烧砖时，若使窑内氧气充足，使之在氧化气氛中焙烧，则土中的铁元素被氧化成高价的铁，烧得红砖。若在焙烧的最后阶段使窑内缺氧，则窑内燃烧气氛呈还原气氛，砖中的高价氧化铁(三氧化二铁)被还原为青灰色的低价氧化铁(氧化铁)，即烧得青砖。青砖比红砖结实、耐久，但价格较红砖高。

当采用页岩、煤矸石、粉煤灰为原料烧砖时，因其含有可燃成分，焙烧时可在砖内燃烧，不但节省燃料，还使坯体烧结均匀，提高了砖的质量。采用可燃性工业废料作为内燃料烧制成的砖，称为内燃砖。

(1)烧结普通砖的技术要求。根据国家标准《烧结普通砖》(GB/T 5101—2017)的规定，烧结普通砖的技术要求包括尺寸偏差、外观质量、强度等级、抗风化性、泛霜和石灰爆裂等。

1)尺寸偏差。烧结普通砖为矩形块体材料，其标准尺寸为240 mm×115 mm×53 mm。在砌筑时加上砌筑灰缝宽度10 mm，则1 m^3 砖砌体需用512块砖。每块砖的240 mm×115 mm的面称为大面，240 mm×53 mm的面称为条面，115 mm×53 mm的面称为顶面。具体如图7.1所示。

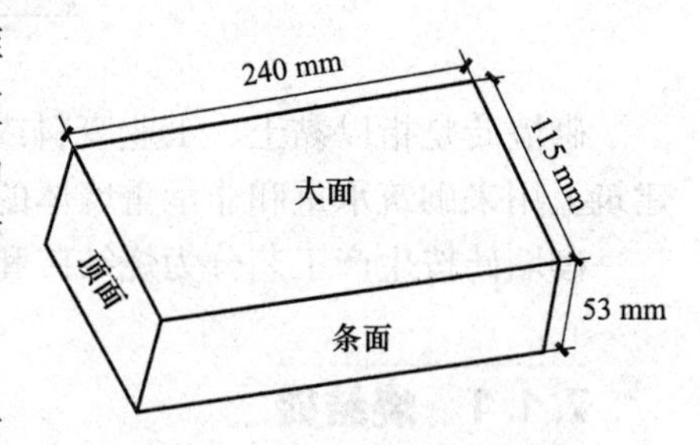

图7.1　砖的尺寸及平面名称

为保证砌筑质量，要求烧结普通砖的尺寸偏差必须符合国家标准《烧结普通砖》(GB/T 5101—2017)的规定，见表7.1。

表7.1　烧结普通砖尺寸允许偏差　　mm

公称尺寸	指标	
	样本平均偏差	样本极差
240	±2.0	6.0
115	±1.5	5.0
53	±1.5	4.0

2)外观质量。烧结普通砖的外观质量包括两条面高度差、弯曲、杂质凸出高度、缺棱掉角、裂纹、完整面等项内容，各项内容均应符合表7.2的规定。

表7.2　烧结普通砖的外观质量　　mm

项目		指标
两条面高度差	≤	2
弯曲	≤	2
杂质凸出高度	≤	2
缺棱掉角的三个破坏尺寸	不得同时大于	5
裂纹长度	≤	

续表

项目		指标
(1)大面上宽度方向及其延伸至条面的长度		30
(2)大面上长度方向及其延伸至顶面的长度或条顶面上水平裂纹的长度		50
完整面*	不得少于	一条面和一顶面
注：为砌筑挂浆面施加的凹凸纹、槽、压花等不算作缺陷。 * 凡有下列缺陷之一者，不得称为完整面： (1)缺损在条面或顶面上造成的破坏面尺寸同时大于 10 mm×10 mm； (2)条面或顶面上裂纹宽度大于 1 mm，其长度超过 30 mm； (3)压陷、粘底、焦花在条面或顶面上的凹陷或凸出超过 2 mm，区域尺寸同时大于 10 mm×10 mm。		

3)强度等级。烧结普通砖按抗压强度分为 MU30、MU25、MU20、MU15、MU10 五个强度等级。测定强度时，抽取 10 块砖试样，加荷速度为(5±0.5)kN/s。试验后计算出 10 块砖的抗压强度平均值，并分别按式(7.1)、式(7.2)计算标准差和强度标准值。

$$s=\sqrt{\frac{1}{9}\sum_{i=1}^{10}(f_i-\bar{f})^2} \tag{7.1}$$

$$f_k=\bar{f}-1.83\,s \tag{7.2}$$

式中　s——10 块砖试样的抗压强度标准差(MPa)；

$\bar{f}$——10 块砖试样的抗压强度平均值(MPa)；

f_i——单块砖试样的抗压强度测定值(MPa)；

f_k——抗压强度标准值(MPa)。

具体强度应符合表 7.3 的规定。

表 7.3　烧结普通砖的强度等级　MPa

强度等级	抗压强度平均值 $\bar{f}\geqslant$	强度标准值 $f_k\geqslant$
MU30	30.0	22.0
MU25	25.0	18.0
MU20	20.0	14.0
MU15	15.0	10.0
MU10	10.0	6.5

4)泛霜。泛霜是指黏土原料中含有硫、镁等可溶性盐类时，随着砖内水分蒸发而在砖表面产生的盐析现象，一般为白色粉末，常在砖表面形成絮团状斑点。轻微泛霜就对清水砖墙建筑外观产生较大影响，中等程度泛霜的砖用于建筑中潮湿部位时，7～8 年后因盐析结晶膨胀将使砖砌体表面产生粉化剥落，在干燥环境使用约经 10 年以后也将开始剥落，严重泛霜对建筑结构的破坏性则更大。要求不允许出现严重泛霜。

5)石灰爆裂。如果烧结砖原料土中夹杂有石灰石成分，在烧砖时可能被烧成生石灰，砖吸水后生石灰消化产生体积膨胀，导致砖发生胀裂破坏，这种现象称为石灰爆裂。石灰爆裂严重影响烧结砖的质量，并降低砌体强度。国家标准《烧结普通砖》(GB/T 5101—2017)规定：破坏尺寸大于 2 mm 且小于或等于 15 mm 的爆裂区域，每组砖样不得多于 15

处，其中大于 10 mm 的不得多于 7 处；不准许出现最大破坏尺寸大于 15 mm 的爆裂区域；试验后抗压强度损失不得大于 5 MPa。

6)抗风化性能。抗风化性能是在干湿变化、温度变化、冻融变化等物理因素作用下，材料不破坏并长期保持原有性质的能力，抗风化性能是烧结普通砖的重要耐久性能之一，对砖的抗风化性要求应根据各地区风化程度的不同而定。烧结普通砖的抗风化性通常以其抗冻性、吸水率及饱和系数等指标判别。国家标准《烧结普通砖》(GB/T 5101—2017)指出：风化指数大于或等于 12 700 时为严重风化区；风化指数小于 12 700 时为非严重风化区，部分属于严重风化区的砖必须进行冻融试验，某些地区的砖的抗风化性能符合规定时可不做冻融试验，见表 7.4。

表 7.4　抗风化性能

<table>
<tr><th rowspan="3">砖种类</th><th colspan="4">严重风化区</th><th colspan="4">非严重风化区</th></tr>
<tr><th colspan="2">5 h 沸煮吸水率/%，≤</th><th colspan="2">饱和系数，≤</th><th colspan="2">5 h 沸煮吸水率/%，≤</th><th colspan="2">饱和系数，≤</th></tr>
<tr><th>平均值</th><th>单块最大值</th><th>平均值</th><th>单块最大值</th><th>平均值</th><th>单块最大值</th><th>平均值</th><th>单块最大值</th></tr>
<tr><td rowspan="2">黏土砖、建筑渣土砖</td><td rowspan="2">18</td><td rowspan="2">20</td><td rowspan="3">0.85</td><td rowspan="3">0.87</td><td>19</td><td>20</td><td rowspan="3">0.88</td><td rowspan="3">0.90</td></tr>
<tr><td rowspan="2">23</td><td rowspan="2">25</td></tr>
<tr><td>粉煤灰砖</td><td>21</td><td>23</td></tr>
<tr><td>页岩砖</td><td rowspan="2">16</td><td rowspan="2">18</td><td rowspan="2">0.74</td><td rowspan="2">0.77</td><td rowspan="2">18</td><td rowspan="2">20</td><td rowspan="2">0.78</td><td rowspan="2">0.80</td></tr>
<tr><td>煤矸石砖</td></tr>
</table>

(2)烧结普通砖的性质与应用。烧结普通砖具有较高的强度，又因多孔结构而具有良好的绝热性、透气性和稳定性，还具有较好的耐久性及隔热、保温等性能，加上原料广泛，工艺简单，是应用历史最长、应用范围最为广泛的砌体材料之一。其广泛用于砌筑建筑物的墙体、柱、拱、烟囱、窑身、沟道及基础等。

由于烧结黏土砖主要以毁田取土烧制，加上其自重大、施工效率低及抗震性能差等缺点，已不能适应建筑发展的需要。住建部已做出禁止使用烧结普通黏土砖的相关规定。

【小提示】由烧结黏土砖退出市场，树立生态环保意识。

2. 烧结多孔砖和烧结空心砖

烧结普通砖存在自重大、体积小、生产能耗高、施工效率低等缺点，使用烧结多孔砖和烧结空心砖代替烧结普通砖，可使建筑物自重减轻 30%左右，节约黏土 20%～30%，节省燃料 10%～20%。墙体施工工效提高 40%，并能改善砖的隔热隔声性能。所以，推广使用多孔砖和空心砖是加快我国墙体材料改革，促进墙体材料工业技术进步的重要措施之一。

微课：烧结砖(2)

烧结多孔砖和烧结空心砖的生产工艺与烧结普通砖相同，但由于坯体有孔洞，增加了成型的难度，对原料的可塑性要求更高。

【小提示】在烧结普通砖、烧结多孔砖和空心砖的不同应用中，学会扬长避短、找寻人生的闪光点。

(1)烧结多孔砖。烧结多孔砖是以黏土、页岩或煤矸石为主要原料烧制的主要用于结构承重的多孔砖。其主要技术要求如下：

1)规格要求。烧结多孔砖的外形为直角六面体，其长度、宽度、高度尺寸应为290 mm、240 mm、190 mm、180 mm、140 mm、115 mm、90 mm。烧结多孔砖的尺寸允许偏差应符合表7.5的规定。

表7.5　烧结多孔砖的尺寸允许偏差　mm

尺寸	样本平均偏差	样本极差≤
>400	±3.0	10.0
300～400	±2.5	9.0
200～300	±2.5	8.0
100～200	±2.0	7.0
<100	±1.5	6.0

2)强度等级。根据砖样的抗压强度将烧结多孔砖分为MU30、MU25、MU20、MU15、MU10五个强度等级，各产品等级的强度应符合国家标准的规定(表7.6)。

表7.6　烧结多孔砖的强度等级　MPa

强度等级	抗压强度平均值$\bar{f}$≥	强度标准值f_k≥
MU30	30.0	22.0
MU25	25.0	18.0
MU20	20.0	14.0
MU15	15.0	10.0
MU10	10.0	6.5

3)其他技术要求。除上述技术要求外，烧结多孔砖的技术要求还包括冻融、泛霜、石灰爆裂和抗风化性能等。各质量等级的烧结多孔砖的泛霜、石灰爆裂性能要求与烧结普通砖相同。

产品的外观质量、物理性能均应符合标准规定。

4)应用。烧结多孔砖强度较高，主要用于多层建筑物的承重墙体和高层框架建筑的填充墙和分隔墙。

(2)烧结空心砖。烧结空心砖是以黏土、页岩或粉煤灰为主要原料烧制成的主要用于非承重部位的空心砖，烧结空心砖自重较轻，强度较低，多用作非承重墙，如多层建筑内隔墙或框架结构的填充墙等。其主要技术要求如下：

1)规格要求。空心砖的外形为直角六面体。混水墙用空心砖，应在大面和条面上设有均匀分布的粉刷槽或类似结构，深度不小于2 mm。

空心砖的长度、宽度、高度尺寸应符合下列要求：

长度规格尺寸(mm)：390、290、240、190、180(175)、140；

宽度规格尺寸(mm)：190、180(175)、140、115；

高度规格尺寸(mm)：180(175)、140、115、90。

其他规格尺寸由供需双方协商确定。空心砖形状如图7.2所示。

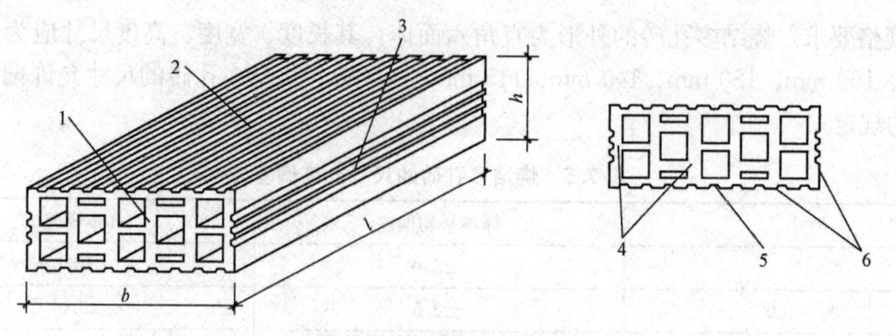

图 7.2　烧结空心砖外形

1—顶面；2—大面；3—条面；4—肋；5—壁；6—外壁

l—长度；b—宽度；h—高度

2)强度等级。根据砖样的抗压强度将烧结空心砖分为 MU10.0、MU7.5、MU5.0、MU3.5 四个强度等级，各产品等级的强度应符合国家标准的规定(表 7.7)。

表 7.7　烧结空心砖强度等级(GB/T 13545—2014)

强度等级	抗压强度/MPa		
	抗压强度平均值 $\bar{f}\geqslant$	变异系数 $\delta\leqslant 0.21$	变异系数 $\delta>0.21$
		强度标准值 $f_k\geqslant$	单块最小抗压强度值 $f_{min}\geqslant$
MU10.0	10.0	7.0	8.0
MU7.5	7.5	5.0	5.8
MU5.0	5.0	3.5	4.0
MU3.5	3.5	2.5	2.8

3)密度等级。按砖的表观密度不同，空心砖可分成 800、900、1 000 和 1 100 四个密度等级。

4)其他技术要求。除上述技术要求外，烧结空心砖的技术要求还包括冻融、泛霜、石灰爆裂、吸水率等。产品的外观质量、物理性能均应符合标准规定。各质量等级的烧结空心砖的泛霜、石灰爆裂性能要求与烧结普通砖相同。

7.1.2　非烧结砖(蒸压砖)

蒸压砖属硅酸盐制品，是以石灰和含硅材料(砂子、粉煤灰、煤矸石、炉渣和页岩等)加水拌和、成型、蒸养或蒸压而制成的。目前使用的主要有粉煤灰砖、灰砂砖和炉渣砖(图 7.3)。

其规格尺寸与烧结普通砖相同。

图 7.3　非烧结砖

微课：非烧结砖

1. 蒸压粉煤灰砖

蒸压粉煤灰砖是以粉煤灰和石灰为主要原料，加水混合拌成坯料，经陈化、轮碾、加压成型，再经常压或高压蒸汽养护而制成的一种墙体材料。

蒸压粉煤灰砖根据抗压强度和抗折强度分为 MU10、MU15、MU20、MU25、MU30 五个强度等级。

蒸压粉煤灰砖出窑后，应存放一段时间后再用，以减少相对伸缩量。用于易受冻融作用的建筑部位时要进行抗冻性检验，并采取适当措施，以提高建筑耐久性；用于砌筑建筑物时，应适当增设圈梁及伸缩缝或采取其他措施，以避免或减少收缩裂缝的产生；不得使用于长期受高于 200 ℃温度作用、急冷急热以及酸性介质侵蚀的建筑部位。

2. 蒸压灰砂实心砖

蒸压灰砂实心砖是用石灰和天然砂为主要原料，经混合搅拌、陈化、轮碾、加压成型、蒸压养护而制得的墙体材料。

蒸压灰砂实心砖按抗压强度和抗折强度，分为 MU10、MU15、MU20、MU25、MU30 五个强度等级。

蒸压灰砂实心砖表面光滑、平整，使用时注意提高砖与砂浆之间的粘结力；其耐水性良好，但抗流水冲刷的能力较弱，可长期在潮湿、不受冲刷的环境使用；一等品以上的砖可用于基础及其他建筑部位，合格品只可用于防潮层以上的建筑部位；另外，不得使用于长期受高于 200 ℃温度作用、急冷急热和酸性介质侵蚀的建筑部位。

7.2 墙用砌块

砌块是用于砌筑的、形体大于砌墙砖的人造块材，一般为直角六面体，按产品主规格的尺寸可分为大型砌块(高度大于 980 mm)、中型砌块(高度为 380～980 mm)和小型砌块(高度大于 115 mm，小于 380 mm)。砌块高度一般不大于长度或宽度的 6 倍，长度不超过高度的 3 倍。根据需要，也可生产各种异形砌块。

砌块是一种新型墙体材料，可以充分利用地方资源和工业废料，并可节省土地资源和改善环境。其具有生产上工艺简单，原料来源广，适应性强，制作及使用方便灵活，还可改善墙体功能等特点，因此发展较快。

砌块的分类方法很多，若按用途可分为承重砌块和非承重砌块；按有无孔洞可分为实心砌块(无孔洞或空心率小于 25%)和空心砌块(空心率＞25%)；按材质又可分为硅酸盐砌块、轻集料混凝土砌块、混凝土砌块等。

7.2.1 蒸压加气混凝土砌块(代号 AAC-B)

微课：墙用砌块(1)

蒸压加气混凝土砌块是以硅质材料和钙质材料为主要原材料，掺加发气剂及其他调节材料，通过配料浇注、发气静停、切割、蒸压养护等工艺制成的多孔轻质硅酸盐建筑制品。

1. 主要技术性质

(1)规格尺寸。常用规格尺寸见表 7.8。

表 7.8　规格尺寸(GB/T 11968—2020)　　mm

长度 L	宽度 B	高度 H
600	100　120　125 150　180　200 240　250　300	200　240　250　300
注：如需要其他规格，可由供需双方协商解决。		

(2)尺寸偏差和外观质量。砌块按尺寸偏差分为Ⅰ型和Ⅱ型。Ⅰ型适用薄灰缝砌筑，Ⅱ型适用厚灰缝砌筑。尺寸允许偏差应符合表 7.9 的规定。外观质量应符合表 7.10 的规定。

表 7.9　尺寸允许偏差(GB/T 11968—2020)　　mm

项目	Ⅰ型	Ⅱ型
长度 L	±3	±4
宽度 B	±1	±2
高度 H	±1	±2

表 7.10　外观质量(GB/T 11968—2020)

项目			Ⅰ型	Ⅱ型
缺棱掉角	最小尺寸/mm	≤	10	30
	最大尺寸/mm	≤	20	70
	三个方向尺寸之和不大于 120 mm 的掉角个数/个	≤	0	2
裂纹长度	裂纹长度/mm	≤	0	70
	任意面不大于 70 mm 裂纹条数/条	≤	0	1
	每块裂纹总数/条	≤	0	2
损坏深度/mm		≤	0	10
表面疏松、分层、表面油污			无	无
平面弯曲/mm		≤	1	2
直角度/mm		≤	1	2

(3)砌块的等级。砌块按抗压强度分为 A1.0、A2.0、A2.5、A3.5、A5.0 五个强度等级。立方体抗压强度测定标准：采用 100 mm×100 mm×100 mm 立方体试件，在含水率为 25%～45%时测定。各个等级的立方体抗压强度和干密度应符合表 7.11 的规定。

砌块按干密度分为 B03、B04、B05、B06、B07 五个级别。

表 7.11　抗压强度和干密度要求

强度级别	抗压强度/MPa		干密度级别	平均干密度/(kg·m^{-3})
	平均值	最小值		
A1.5	≥1.5	≥1.2	B03	≤350
A2.0	≥2.0	≥1.7	B04	≤450
A2.5	≥2.5	≥2.1	B04	≤450
			B05	≤550
A3.5	≥3.5	≥3.0	B04	≤450
			B05	≤550
			B06	≤650
A5.0	≥5.0	≥4.2	B05	≤550
			B06	≤650
			B07	≤750

2. 应用

蒸压加气混凝土砌块质量轻，具有保温、隔热、隔声性能好，抗震性强(自重小)、热导率低、传热速度慢、耐火性好、易于加工、施工方便等特点，是应用较多的轻质墙体材料之一。它适用低层建筑的承重墙、多层建筑的间隔墙和高层框架结构的填充墙，作为保温隔热材料也可用于复合墙板和屋面结构。在无可靠的防护措施时，该类砌块不得用于处于水中、高湿度、有碱化学物质侵蚀等环境，也不得用于建筑物的基础和温度长期高于80 ℃的建筑部位(图 7.4)。

图 7.4　蒸压加气混凝土砌块

7.2.2　蒸养粉煤灰砌块

蒸养粉煤灰砌块(又称粉煤灰硅酸盐砌块)是以粉煤灰、石灰、石膏和集料，经加水搅拌、振动成型、蒸汽养护而制成的墙体材料(图 7.5)。

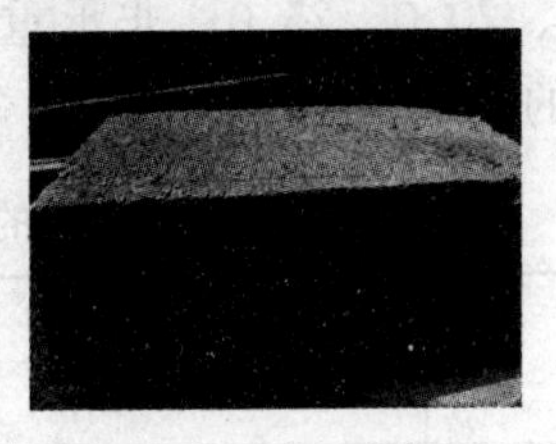

图 7.5　蒸养粉煤灰砌块

1. 主要技术性质

微课：墙用砌块(2)

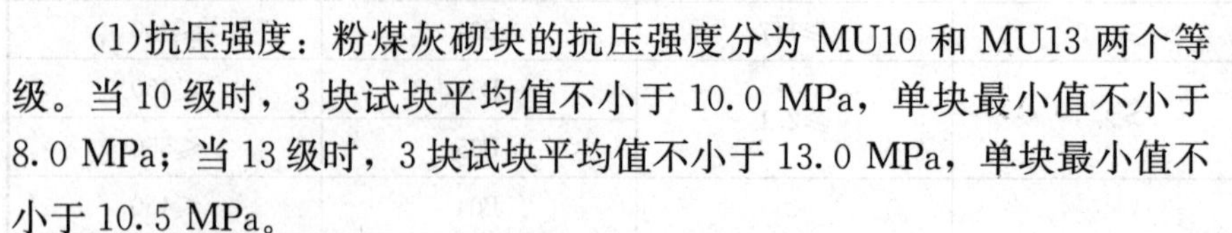

粉煤灰砌块的主规格尺寸为 880 mm×380 mm×240 mm、880 mm×430 mm×240 mm。根据外观质量和尺寸偏差可分为一等品和合格品两种。

(1)抗压强度：粉煤灰砌块的抗压强度分为 MU10 和 MU13 两个等级。当 10 级时，3 块试块平均值不小于 10.0 MPa，单块最小值不小于 8.0 MPa；当 13 级时，3 块试块平均值不小于 13.0 MPa，单块最小值不小于 10.5 MPa。

(2)人工碳化后强度：当 10 级时，不小于 6 MPa；当 13 级时，不小于 7.5 MPa。

(3)抗冻性能：冻融循环结束后，外观无明显疏松、剥落或裂缝，强度损失不大于 20%。

(4)密度：不超过设计密度的 10%。

(5)干缩值：一等品不大于 0.75 mm/m；合格品不大于 0.90 mm/m。

粉煤灰小型空心砌块是以水泥、粉煤灰、各种轻重集料为主要材料，也可加入外加剂，经配料、搅拌、成型、养护制成的墙体材料。

根据《粉煤灰混凝土小型空心砌块》(JC/T 862—2008)的标准要求：按照孔的排数，粉煤灰小型空心砌块可分为单排孔、双排孔、多排孔 3 类；按砌块密度等级分为 600、700、800、900、1000、1200 和 1400 七个等级；按砌块抗压强度分为 MU3.5、MU5、MU7.5、MU10、MU15 和 MU20 六个等级；干燥收缩率应不大于 0.060%；碳化系数应不小于 0.80；软化系数应不小于 0.80。其施工应用与普通混凝土小型空心砌块类似。

2. 应用

粉煤灰砌块和粉煤灰小型空心砌块主要用于一般工业与民用建筑的墙体和基础，但不适用长期受高温和经常受潮湿的承重墙，也不宜用于有酸性介质侵蚀、易受较大振动的建筑部位。

7.2.3 混凝土小型空心砌块

1. 尺寸规格

混凝土小型空心砌块的尺寸规格：主规格为 390 mm×190 mm×190 mm，一般为单排孔，也有双排孔，其空心率为 25%～50%。其他规格尺寸可由供需双方协商。

2. 强度等级

混凝土小型空心砌块按使用时砌筑墙体的结构和受力情况，分为承重结构用砌块(简称承重砌块，代号 L)和非承重结构用砌块(简称非承重砌块，代号 N)。承重空心砌块抗压强度分为 7.5、10.0、15.0、20.0、25.0；非承重空心砌块抗压强度分为 5.0、7.5、10.0。抗压强度应符合表 7.12 的规定。

表 7.12 砌块的强度等级 MPa

强度等级	抗压强度	
	平均值，≥	单块最小值，≥
MU5.0	5.0	4.0

续表

强度等级	抗压强度	
	平均值，≥	单块最小值，≥
MU7.5	7.5	6.0
MU10.0	10.0	8.0
MU15.0	15.0	12.0
MU20.0	20.0	16.0
MU25.0	25.0	20.0

3. 应用

该类小型砌块适用地震设计烈度为 8 度和 8 度以下地区的一般民用与工业建筑物的墙体。出厂时的相对含水率必要满足标准要求；施工现场堆放时，必须采取防雨措施；砌筑前不允许浇水预湿(图 7.6)。

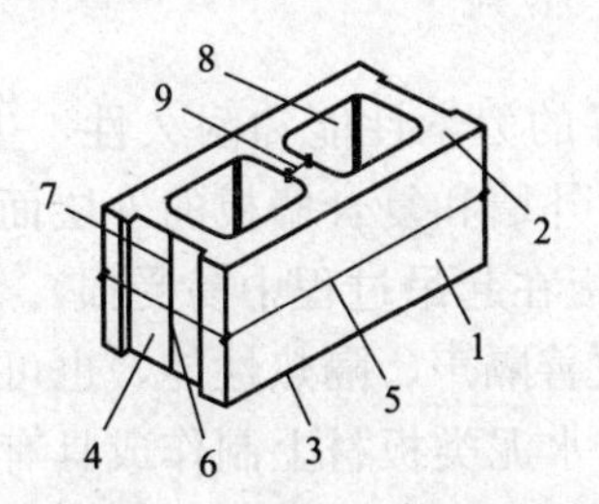

图 7.6　小型空心砌块示意

1—条面；2—坐浆面(肋厚较小的面)；3—铺浆面(肋厚较大的面)；
4—顶面；5—长度；6—宽度；7—高度；8—壁；9—肋

7.2.4　轻集料混凝土小型空心砌块(代号 LHB)

轻集料混凝土小型空心砌块是以陶粒、膨胀珍珠岩、浮石、火山渣、炉渣、自燃煤矸石等各种轻粗、细集料和水泥按一定比例配制，经搅拌、成型、养护而成的空心率大于或等于 25%、表观密度小于 1 400 kg/m^3 的轻质混凝土小砌块。

该砌块的主规格为 390 mm × 190 mm × 190 mm，强度等级为 MU2.5、MU3.5、MU5.0、MU7.5、MU10.0，其各项性能指标应符合国家标准的要求。

轻集料混凝土小型空心砌块是一种轻质、高强度能取代普通黏土砖的具有发展前景的一种墙体材料，不仅可用于承重墙，还可用于既承重又保温或专门保温的墙体，更适合高层建筑的填充墙和内隔墙(图 7.7)。

图 7.7　轻集料混凝土小型空心砌块

7.3 墙用板材

墙用板材是一类新型墙体材料。它改变了墙体施工的传统工艺，采用粘结、组合等方法进行施工，极大地加快了墙体施工的速度。墙板除轻质外，还具有保温、隔热、隔声、使用面积大、施工方便快捷等特点，为高层、大跨度建筑及建筑工业实现现代化提供了物质基础，具有很广阔的发展前景。

墙用板材分为内墙用板材和外墙用板材。内墙用板材大多为各类石膏板、石棉水泥板、加气混凝土板等，这些板材具有质量轻、保温效果好、隔声、防火、装饰效果好等优点。外墙用板材大多采用加气混凝土板、各类复合板材、玻璃钢板等。

7.3.1 水泥类墙用板材

水泥类的墙用板材具有较好的力学性能和耐久性，生产技术成熟，产品质量可靠，可用于承重墙、外墙和复合墙板的外层面。其主要缺点是表观密度大，抗拉强度低(大板在起吊过程中易受损)。生产中可制作预应力空心板材以减轻自重和改善隔声、隔热性能，也可制作成以纤维等增强材料的薄型板材，还可在水泥类板材上制作成具有装饰效果的表面层(如花纹线条装饰、露集料装饰、着色装饰等)。

微课：墙用板材

1. 轻集料混凝土配筋板

轻集料混凝土配筋板可用于非承重外墙板、内墙板、楼板、屋面板和阳台板等。

2. 玻璃纤维增强低碱度水泥轻质板(GRC板)

GRC板是以低碱水泥为胶结料、抗碱玻璃纤维或其网格布为增强材料，膨胀珍珠岩为集料(也可用炉渣、粉煤灰等)，并配以发泡剂和防水剂等，经配料、搅拌、浇注、振动成型、脱水、养护而成。其可用于工业和民用建筑的内隔墙及复合墙体的外墙面。

3. 纤维增强低碱度水泥建筑平板

纤维增强低碱度水泥建筑平板是以低碱水泥、耐碱玻璃纤维为主要原料，加水混合成浆，经制浆、抄取、制坯、压制、蒸养而成的薄型平板。其中，掺入石棉纤维的称为TK板，不掺入石棉纤维的称为NTK板。其质量轻、强度高、防潮、防火、不易变形，可加工性(锯、钻、钉及表面装饰等)好，适用各类建筑物的复合外墙和内隔墙，特别是高层建筑有防火、防潮要求的隔墙。

4. 水泥木丝板

水泥木丝板是以木材下脚料经机械刨切成均匀木丝，加入水泥、水玻璃等经成型、冷压、养护、干燥而成的薄型建筑平板。它具有自重轻、强度高、防火、防水、防蛀、保温、隔声等性能，可进行锯、钻、钉、装饰等加工，主要用于建筑物的内外墙板、吊顶、壁橱板等。

5. 水泥刨花板

水泥刨花板是以水泥和木板加工的下脚料——刨花为主要原料，加入适量水和化学助剂，经搅拌、成型、加压、养护而成。其性能和用途同水泥木丝板。

7.3.2 石膏类墙用板材

石膏制品有许多优点，石膏类板材在轻质墙体材料中占有很大比例，主要有纸面石膏板、纤维石膏板、石膏空心板和石膏刨花板等。

1. 纸面石膏板

长度：1 800 mm、2 100 mm、2 400 mm、2 700 mm、3 000 mm、3 300 mm、3 600 mm。

宽度：900 mm 和 1 200 mm。

厚度：普通纸面石膏板为 9 mm、12 mm、15 mm 和 18 mm。

耐水纸面石膏板为 9 mm、12 mm 和 15 mm。

耐火纸面石膏板为 9 mm、12 mm、15 mm、18 mm、21 mm 和 25 mm。

纸面石膏板的表观密度为 800～950 kg/m^3，导热系数约为 0.20 W/(m·K)，隔声系数为 35～50 dB，抗折荷载为 400～800 N，表面平整、尺寸稳定，具有自重轻、隔热、隔声、防火、抗震，可调节室内湿度，加工性好，施工简便等优点，但其用纸量较大、成本较高。

普通纸面石膏板可作为室内隔墙板、复合外墙板的内壁板、吊顶等。耐水型板可用于相对湿度较大(≥75%)的环境，如厕所、盥洗室等。耐火纸面石膏板主要用于对防火要求较高的房屋建筑(图 7.8)。

2. 纤维石膏板

该板材是以纤维增强石膏为基底无面纸石膏板材，常用无机纤维或有机纤维为增强材料，与建筑石膏、缓凝剂等经打浆、铺装、脱水、成型、烘干等加工工序制成。其可节省护面纸板，具有质轻、高强度、耐火、隔声、韧性高的性能，可加工性好。其尺寸规格和用途与纸面石膏板相同(图 7.9)。

图 7.8 纸面石膏板

图 7.9 纤维石膏板

3. 石膏空心板

该板材外形与生产方式类似水泥混凝土空心板。它是以熟石膏为胶凝材料，适量加入各种轻质集料(如膨胀珍珠岩、膨胀岩石等)和改性材料(如矿渣、粉煤灰、石灰、外加剂等)，经搅拌、振动成型、抽心模、干燥而成。其长度为 2 500～3 000 mm，宽度为 500～600 mm，厚度为 60～90 mm。该板材生产时不用纸和胶，安装墙体时不用龙骨，设备简单，较易投产。

石膏空心板的表观密度为 600～900 kg/m^3，抗折强度为 2～3 MPa，热导率约为 0.22 W/(m·K)，隔声指数大于 30 dB。其具有质量轻、比强度高、隔热、隔声、防火、可加工性好等优点，且安装方便。其适用各类建筑的非承重内隔墙，但若用于相对湿度大于 75%的环境中，则板材表面应做防水等相应处理。

7.3.3 复合类墙用板材

以单一材料制成的板材，常因材料本身的局限性而使其应用受到限制。如质量较轻、隔热、隔声效果较好的石膏板、加气混凝土板、稻草板等因其耐水性差或强度较低所限，通常只能用于非承重的内隔墙。而水泥混凝土类板材虽有足够的强度和耐久性，但其自重大，隔声保温性能较差。为克服上述缺点，常用不同材料组合成多功能的复合墙体以满足需要。

常用的复合墙板主要由承受(或传递)外力的结构层(多为普遍混凝土或金属板)和保温层(矿棉、泡沫塑料、加气混凝土等)及面层(各类具有可装饰性的轻质薄板)组成，其优点是承重材料和轻质保温材料的功能都得到合理利用，实现物尽其用，开拓材料来源(图 7.10)。

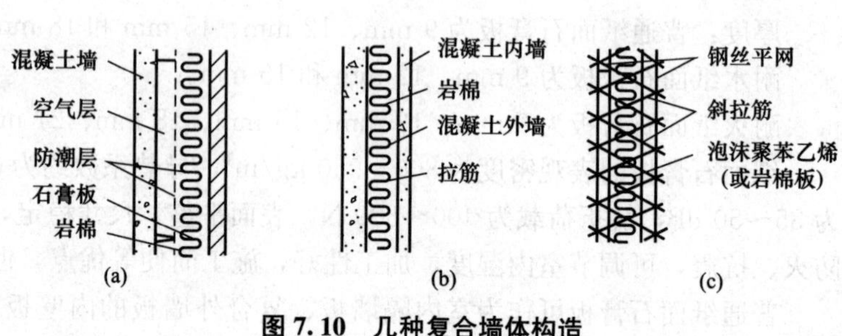

图 7.10 几种复合墙体构造

(a)拼装复合墙；(b)混凝土夹心板；(c)泰柏板

1. 混凝土夹心板

混凝土夹心板以 20～30 mm 厚的钢筋混凝土做内外表面层，中间填以矿渣毡或岩棉毡、泡沫混凝土等保温材料，夹层厚度视热工计算而定。内外两层面板以钢筋件连接。其常用于内外墙。

2. 泰柏板

泰柏板是以钢丝焊接成的三维钢丝网骨架与高热阻自熄性聚苯乙烯泡沫塑料组成的心材板，两面喷(抹)涂水泥砂浆而成。

泰柏板的标准尺寸为 1 220 mm×2 440 mm，标准厚度为 100 mm。由于所用钢丝网骨架构造及夹心层材料、厚度的差别等，该类板材有多种名称，如 GY 板(夹心为岩棉毡)、三维板、3D 板、钢丝网节能板等，但它们的性能和基本结构均相似。

该类板材轻质高强、隔热隔声、防火防潮、防震、耐久性好、易加工、施工方便。其适用自承重外墙、内隔墙、屋面板、3 m 跨内的楼板等。

模块小结

本模块主要讲述了各类墙砖、砌块的规格、性能及应用。常用的砌块有普通混凝土小型砌块、加气混凝土砌块和粉煤灰砌块等。其中，加气混凝土砌块以其质量轻、保温隔热性能好、施工方便等优点，广泛用于各类非承重隔墙。墙用板材有石膏类板材、水泥类板材和复合墙板。随着建筑业的发展，复合类板材应用越来越广泛，它以轻质高强、耐久性好、施工效率高，集保温、隔热、吸声、防水、装饰于一体等诸多优点而发展前景广阔。

工程案例

蒸压加气混凝土砌块的砌筑施工工艺

墙体材料的用量占整个房屋建筑总质量的50%左右。长期以来，房屋建筑的墙体砌筑一直是沿袭使用普通烧结砖，既破坏了农田又耗用了大量的能源。发展混凝土空心砌块不仅取代普通烧结砖，更重要的是保护环境，节约资源、能源，满足建筑结构体系的发展(包括抗震以及多功能的需要)。当前，新型墙体材料正朝着大型化、轻质化、节能化、利废化、复合化、装饰化以及集约化等方向发展。

蒸压加气混凝土砌块的砌筑施工工艺如下：

(1)施工前必须根据施工图和砌块尺寸、垂直灰缝的宽度、水平灰缝的厚度等计算砌块的皮数和排数，以保证砌体的尺寸。砌筑前，应将楼地面标高找平，然后按施工图放出墙体的边线，并立好皮数杆，检查与混凝土结构连接部位的拉结钢筋，要保证其间距、长度符合设计要求。

(2)砌筑砌体宜用混合砂浆砌筑，砂浆强度等级不宜低于M7.5，砌块应提前浇水湿润，其含水量一般不超过20%。砌筑时，灰缝应横平竖直，砂浆饱满，以保证砌块之间有很好的粘结力。砌体的上下皮砌块应错缝砌筑，当搭接长度小于砌块的1/3时，水平灰缝中应设置加强钢筋，临时间断处应砌成阶梯形斜槎，不允许留直槎。

(3)施工中要保证垂直灰缝宽度不得大于20 mm，水平灰缝厚度不得大于15 mm，均不得小于10 mm。后砌筑的非承重墙在与混凝土结构连接处及墙转角和纵横墙的交界处，应沿墙高1 m左右用钢筋拉结，每边伸入墙体不得小于700 mm。填充墙砌至梁板底时，必须待次日，等砌筑砂浆沉实后，再将其与梁板塞紧、顶死后，用砂浆将缝隙填实。

知识拓展

新型墙材的发展

新型墙体材料主要是用混凝土、水泥或粉煤灰、煤矸石等工业废料和生活垃圾生产的非黏土砖、建筑砌块及建筑板材。实际上，新型墙材已经出现了几十年，由于这些材料在我国没有普遍使用，仍然被称作新型墙体材料。

1. 国内的几种主要产品

墙体材料的生产和应用有很强的地域性，但其共同特点是走节能、节土、低污染、轻质、高强度、配套化、易于施工、劳动强度低的发展道路。因此，国内开发新的建筑材料，完全可以根据上述特点，来决定我们是不是可以生产这种产品。目前主要产品有灰砂砖、灰砂型加气混凝土砌块和板材、混凝土砌块、石膏砌块、复合轻质板材、烧结制品等。这些产品的生产特点是规模大、自动化程度高、产品质量好，各自形成本地区的主要墙体材料。但是中国地域辽阔，东西部发展不平衡，从整体上来看，还是比较落后。其现状可归纳为生产规模小，产品质量不稳定，自动化程度低，劳动强度高。

2. 国内新型墙材的发展趋势

(1)产品结构趋向合理。以黏土为原料的产品大幅度减少，并向空心化和装饰化方向发展；石膏制品以纸面石膏板为主，增长迅速；建筑砌块持续增长，并向系列化方向发展，产品以混凝土砌块为主且向空心化方向发展，装饰砌块和多功能、易施工的砌块也将得到发展；质量轻、强度高、保温性能好的功能性复合墙板将迅速发展。

(2)生产技术向高层次发展。生产设备向大型化、生产向规模化、生产过程向自动化发展；劳动生产率大幅度提高；生产节能、建筑节能与更新资源的开发利用并举；充分利用废弃物生产建筑材料，使粉煤灰、煤矸石等工业废渣、建筑垃圾和生活垃圾等废弃物得到有效利用。

(3)开发各种新的制砖技术，如垃圾砖生产技术、蒸压粉煤灰砖生产技术、烧结粉煤灰砖生产技术、泡沫砖生产技术等。建筑砌块向多品种、大规模、自动化方向发展。加气混凝土在原料发泡过程中采用振动切割装置技术。切割、浇注和模具的大型化是加气混凝土的发展方向。

拓展训练

一、填空题

1. 墙体材料主要有______、______、______3类。

2. 砌墙砖按有无空洞和孔隙率大小分为______、______和______3种；按生产工艺不同分为______和______。

3. 与烧结多孔砖相比，烧结空心砖的空洞尺寸较______，主要适用______墙。

4. 烧结普通砖的标准尺寸是______mm×______mm×______mm。理论上，1 m^3 砖砌体大约需要______块砖。

二、选择题

1. 烧结普通砖的强度等级是按(　　)来评定的。

A. 抗压强度及抗折强度　　B. 大面及条面抗压强度

C. 抗压强度平均值及单块最小值　　D. 抗压强度平均值及标准值

2. 欠火砖的特点是(　　)。

A. 色浅、敲击声脆、强度低

B. 色浅、敲击声哑、强度低

C. 色深、敲击声脆、强度低

D. 色深、敲击声哑、强度低

3. 人工鉴别过火砖与欠火砖的常用方法是(　　)。

A. 根据砖的强度

B. 根据砖颜色的深浅及打击声音

C. 根据砖的外形尺寸

D. 根据砖的表面状况

三、简答题

1. 烧结普通砖、烧结多孔砖和烧结空心砖各自的强度等级、质量等级是如何划分的？各自的规格尺寸是多少？主要适用范围是什么？

2. 烧结普通砖和烧结空心砖有何区别？推广使用多孔砖、空心砖有什么意义？

3. 常用板材产品有哪些？它们的主要用途有哪些？

四、计算题

有一批烧结普通砖，抽样10块做抗压强度试验，结果列于表7.13。试确定该砖的强度等级。

表7.13　某样本的抗压强度

砖编号	1	2	3	4	5	6	7	8	9	10
破坏荷载/kN	254	270	218	183	238	259	225	280	220	250

五、"直通职考"模拟考题

1. MU10蒸压灰砂砖可用于的建筑部位是(　　)。

A. 基础范围以上　　B. 有酸性介质侵蚀

C. 冷热交替　　D. 防潮层以上

2. 烧结多孔砖的孔洞率不应小于(　　)。

A. 20%　　B. 25%　　C. 30%　　D. 40%

模块8　防水材料

学习目标

通过本模块的学习，理解防水材料的分类，掌握沥青的分类、主要技术性质、应用与掺配，了解沥青、防水卷材、防水涂料等防水材料的基本知识。重点掌握沥青的分类、主要技术性质、应用，以及制成的各种防水卷材、建筑涂料和密封材料。

学习要求

知识点	能力要求	相关知识
沥青	1. 了解沥青的分类； 2. 掌握石油沥青的技术标准及选用； 3. 了解煤沥青的特点和应用； 4. 了解改性沥青的分类和应用	沥青的分类；石油沥青的主要技术指标及国家标准；煤沥青与石油沥青的主要区别；改性沥青的主要分类
防水卷材	1. 了解沥青防水卷材的品种、用途及验收标准； 2. 了解高聚物改性沥青防水卷材的品种、用途及验收标准； 3. 了解合成高分子类防水卷材的品种、应用及验收标准	石油沥青纸胎防水卷材；弹性体改性沥青防水卷材、塑性体改性沥青防水卷材；橡胶类合成高分子类防水卷材
防水涂料	1. 了解沥青类防水涂料的品种及选用标准； 2. 了解高聚物改性沥青防水涂料的品种及选用标准； 3. 了解合成高分子类防水涂料的品种及选用标准	冷底子油、沥青胶；再生胶改性沥青防水涂料、高聚物改性沥青防水涂料、聚氨酯防水涂料、丙烯酸酯防水涂料

学习参考标准

《产品质量监督抽查实施规范　建筑防水卷材》(CCGF 405.1—2015)；
《建筑石油沥青》(GB/T 494—2010)；
《沥青取样法》(GB/T 11147—2010)；
《沥青软化点测定法　环球法》(GB/T 4507—2014)；
《沥青延度测定法》(GB/T 4508—2010)；
《沥青针入度测定法》(GB/T 4509—2010)；

《弹性体改性沥青防水卷材》(GB 18242—2008)；

《塑性体改性沥青防水卷材》(GB 18243—2008)；

《聚氯乙烯(PVC)防水卷材》(GB 12952—2011)；

《高分子防水材料》(GB 18173)；

《聚合物乳液建筑防水涂料》(JC/T 864—2008)；

《建筑防水涂料试验方法》(GB/T 16777—2008)；

《建筑防水卷材试验方法》(GB/T 328—2007)；

《屋面工程技术规范》(GB 50345—2012)；

《地下防水工程质量验收规范》(GB 50208—2011)。

模块导读

防水材料是指在建筑物中能防止雨水、地下水和其他水分渗透的材料。防水层做法按其构造做法可分为构件自身防水和防水层防水两大类。防水材料层的做法又分为刚性材料防水和柔性材料防水。刚性材料防水采用防水砂浆、抗渗混凝土或预应力混凝土等；柔性材料防水采用铺设防水卷材、涂抹防水涂料。

多数建筑物采用柔性材料防水做法。国内外使用沥青为防水材料已有很久的历史，直到现在，沥青基防水材料依然是应用最广泛的防水材料。近年来，随着建筑业的发展，防水材料发生了巨大变化，特别是各种高分子材料的出现，传统的沥青基防水材料已逐渐向新型的高聚物改性沥青防水材料和合成高分子防水材料方向发展，防水层的构造也由多层向单层发展，施工方法由热熔法向冷贴法发展。

8.1 沥青

沥青是一种有机胶凝材料，是复杂的高分子碳氢化合物及其非金属(氧、氮、硫等)衍生物的混合物，在常温下呈固体、半固体或黏稠液体，能溶于二硫化碳、氯仿、苯等多种有机溶剂，颜色为黑色或褐色(图 8.1)。沥青具有良好的粘结性能，能与砖、石、混凝土、砂浆、木材、金属等材料粘结在一起。在建筑工程中，沥青主要作为防潮、防水、防腐材料用于屋面或地下防水工程、防腐工程以及铺筑道路等。

图 8.1　天然沥青

沥青按产源可分为地沥青和焦油沥青两大类。其中，地沥青包括天然沥青和石油沥青，焦油沥青包括煤沥青、泥炭沥青、木沥青和页岩沥青。

天然沥青是指存在于自然界中的沥青矿(如沥青湖或含有沥青的砂岩等)，经提炼加工后得到的沥青产品。其性质与石油沥青相同。

石油沥青是石油原油经分馏提出各种石油产品后的残留物再经加工制得的产品。

煤沥青是煤焦油经分馏提出油品后的残留物，再经加工制得的产品。

页岩沥青是油页岩炼油工业的副产品。页岩沥青的性质介于石油沥青与煤沥青之间。

工程中常用的是石油沥青和煤沥青。石油沥青的防水性能好于煤沥青，但是煤沥青的防腐和粘结性能较石油沥青好。

【小提示】通过沥青的发现和生产，结合我国石油工业的发展、新中国工业化的进程和经济各方面进步，激发民族自豪感和爱国情怀。

8.1.1 石油沥青

石油沥青是石油经蒸馏提炼出各种轻质油品(汽油、煤油等)及润滑油以后的残留物，经过再加工得到的褐色或黑褐色的黏稠状液体或固体状物质，略有松香味，能溶于多种有机溶剂，如三氯甲烷、四氯化碳等。

1. 石油沥青的分类

石油沥青按原油的成分分为石蜡基沥青、沥青基沥青和混合基沥青，按石油加工方法分为残留沥青、蒸馏沥青、氧化沥青、裂解沥青与调和沥青，按用途划分为道路石油沥青、建筑石油沥青和防水防潮石油沥青。

2. 石油沥青的组分

石油沥青(图 8.2)的成分非常复杂，在研究沥青的组成时，将其中化学成分相近、物理性质相似而具有特征的部分划分为若干组，即组分。各组分的含量多少会直接影响沥青的性能，一般分为油分、树脂、地沥青质，此外，还有一定的石蜡固体。各组分的主要特征及作用见表 8.1。

图 8.2　常温下的石油沥青

表 8.1　石油沥青的组分及其主要特征

组分	状态	颜色	密度	含量/%	作用
油分	黏性液体	淡黄色至黄褐色	<1	40～60	使沥青具有流动性

续表

组分	状态	颜色	密度	含量/%	作用
树脂	黏稠固体	红褐色全黑褐色	≥1	15～30	使沥青具有良好的黏性和塑性
地沥青质	粉末颗粒	深褐色至黑褐色	>1	10～30	能提高沥青的黏性和耐热性 含量提高，塑性降低

油分和树脂可以互溶，树脂可以浸润地沥青质。以地沥青质为核心，周围吸附部分树脂和油分，构成胶团，无数胶团均匀地分布在油分中形成胶体结构(溶胶结构、溶胶—胶结构、凝胶结构)。

石油沥青中各组分不稳定，会因环境中的阳光、空气、水等因素作用而使树脂减少，地沥青质增多，这一过程称为“老化”。这时，沥青层的塑性降低、脆性增加、变硬，出现脆裂，失去防水、防腐蚀效果。

3. 石油沥青的技术性质

(1)黏滞性。黏滞性是指沥青材料在外力作用下抵抗发生黏性变形的能力。半固体和固体沥青的黏滞性用针入度表示，液体沥青的黏性用黏滞度表示。黏滞度和针入度是划分沥青牌号的主要指标。

微课：石油沥青的黏滞性

黏滞度是液体沥青在一定温度下经规定直径的孔，漏下所需的秒数。其测定示意如图 8.3 所示。黏滞度常用符号 C_t^d 表示，其中，d 为孔径(mm)，t 为试验时沥青的温度(℃)。黏滞度大时，表示沥青的黏性大。

针入度是指在温度为 25 ℃的条件下，以 100 g 的标准针，经 5 s 沉入沥青中的深度，每 0.1 mm 为 1 度。其测定示意如图 8.4 所示。针入度越大，流动性越大，黏性越小。针入度为 5～200 度。

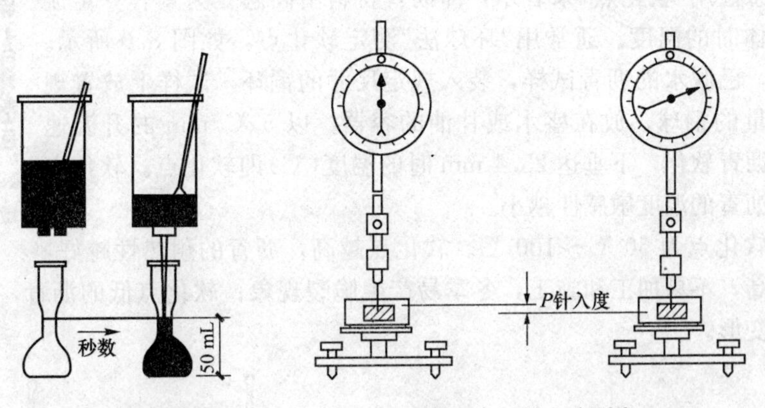

图 8.3 黏滞度测定　　图 8.4 针入度测定

(2)塑性。塑性是指沥青在外力作用下变形的能力。用延伸度表示，简称延度。塑性表示沥青开裂后的自愈能力及受机械力作用后的变形而不破坏的能力。

微课：石油沥青的塑性

石油沥青的塑性大小与组分有关。石油沥青中树脂含量较多，且其他组分含量适当时，则塑性较大。影响沥青塑性的因素有温度和沥青膜层厚度。温度升高，塑性增大，膜层越厚，塑性越高。反之，膜层越薄，塑性越差。当膜层厚度薄至 1 μm 时，塑性消失，即接近弹性。在常温下，塑性较好的沥青在产生裂缝时，也可能由于特有的黏塑性，而自行愈合。故塑性还反映了沥青开裂后的自愈能力。沥青之所以能用来制造性能良好的柔性防水材料，很大程度上取决于沥青的塑性。沥青的塑性对冲击振动有一定的吸收能力，能减少摩擦时的噪声，故沥青也是一种优良的地面材料。

延度的测定方法是将标准延度“8”字试件，在定温度(25 ℃)和定拉伸速度(50 mm/min)下，将试件拉断时延伸的长度，用 cm 表示，称为延度。延度越大，塑性越好。其测定如图 8.5所示。

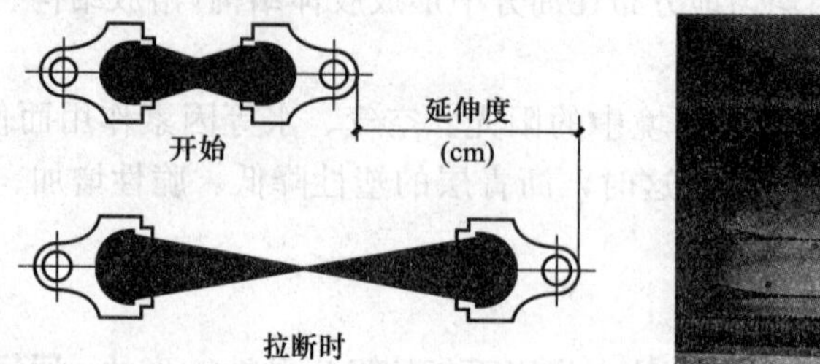

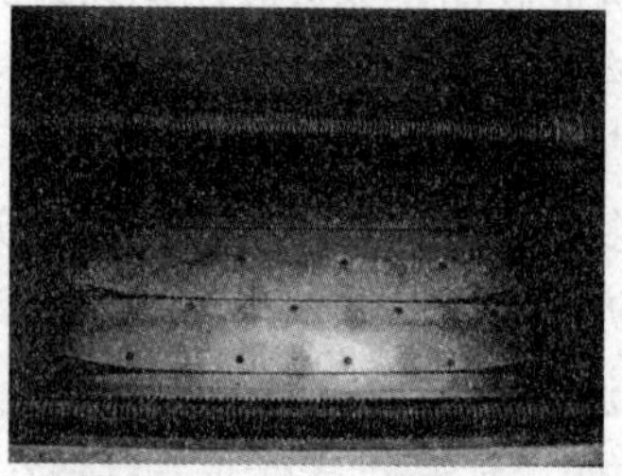

图 8.5 “8”字延度试验

(3)温度敏感性。温度敏感性是指沥青在高温下，黏滞性和塑性随温度而变化的快慢程度。变化程度越大，沥青的温度稳定性越差。

微课：石油沥青的温度敏感性

石油沥青中沥青质含量较多时，在一定程度上能够减少其温度敏感性(提高温度稳定性)，当沥青中含蜡量较多时，则会增大温度敏感性。

建筑工程上要求选用温度敏感性较小的沥青材料，因而在工程使用时往往加入滑石粉、石灰石粉或其他矿物填料来减小其温度敏感性。

温度敏感性用“软化点”来表示，即沥青材料由固态变为具有一定流动性的膏状体时的温度。通常用“环球法”测定软化点，如图 8.6 所示。将经过熬制，已脱水的沥青试样，装入规定尺寸的铜环，试样上放置规定尺寸和质量的钢球，放在盛水或甘油的容器，以 5 ℃/min 的升温速度，加热至沥青软化，下垂达 25.4 mm 时的温度(℃)即软化点。软化点越高，表明沥青的温度敏感性越小。

微课：石油沥青温度敏感性软化点检测

沥青的软化点为 50 ℃～100 ℃。软化点越高，沥青的耐热性越好，但软化点过高，不易加工和施工，冬季易产生脆裂现象；软化点低的沥青，夏季高温时易产生流淌而变形。

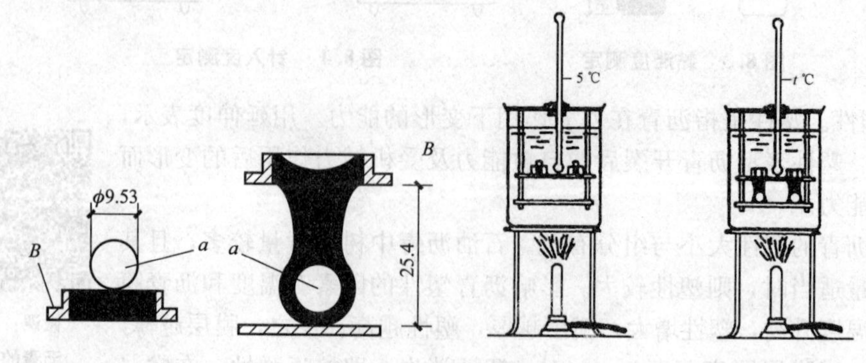

图 8.6 软化点测定

(4)大气稳定性。大气稳定性是指石油沥青在温度、阳光、空气等的长期作用下性能的稳定程度。大气稳定性好的沥青，沥青层的耐久性就好，耐用时间就长。沥青大气稳定性差，就会发生“老化”现象。图 8.7 所示为道路沥青发生老化后带来的病害。

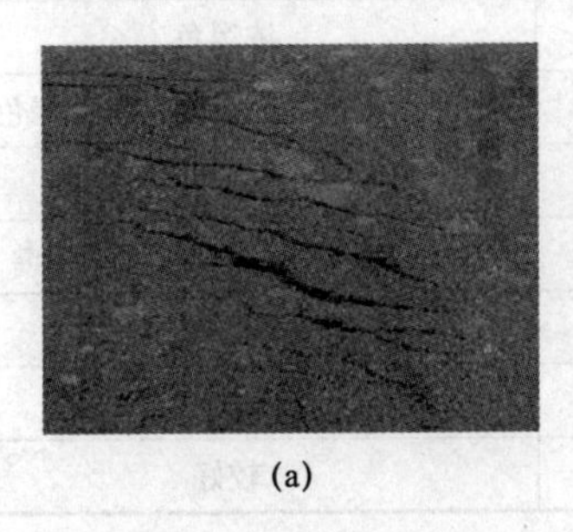
(a)

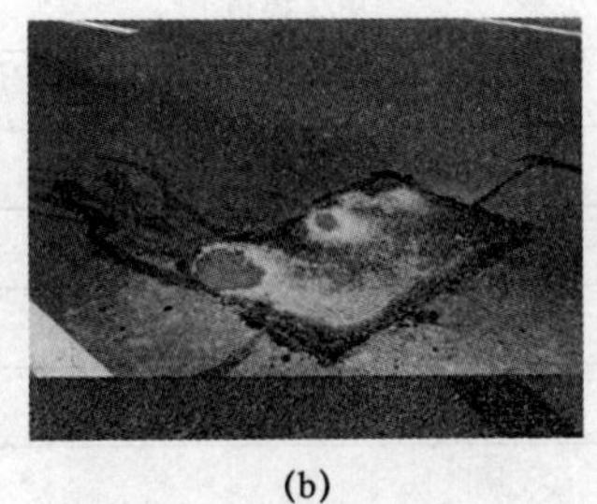
(b)

(c)

图 8.7　道路沥青老化现象

(a)裂缝；(b)坑洼；(c)车辙

微课：石油沥青的大气稳定性

石油沥青的大气稳定性用“蒸发损失率”或“针入度比”表示。蒸发损失率是将石油沥青试样加热到 160 ℃恒温 5 h 测得蒸发前后的质量损失率。

针入度比是指蒸发后的针入度与蒸发前的针入度的比值。石油沥青的蒸发损失率不超过 1%；建筑石油沥青的针入度比不小于 75%。

【小提示】结合石油沥青的温度敏感性和大气稳定性，探讨对待挫折和困难的态度，塑造健康、阳光的心态。

上述 4 大指标是评定沥青质量的主要指标。此外，沥青的闪点、燃点、溶解度等，对沥青的使用也有影响。

8.1.2　煤沥青

煤沥青(图 8.8)是炼焦或生产煤气的副产品。与石油沥青相比，煤沥青具有的特点见表 8.2。煤沥青中含有酚，有毒，但防腐性好，适用地下防水层或防腐蚀材料。

图 8.8　煤沥青

表 8.2　石油沥青与煤沥青的主要区别

性质	石油沥青	煤沥青
密度/(g·cm^{-3})	近于 1.0	1.25～1.28

续表

性质	石油沥青	煤沥青
锤击	韧性较好	韧性差，较脆
颜色	灰亮褐色	浓黑色
溶解	易溶于汽油、煤油，呈棕黑色	难溶于汽油、煤油，呈黄绿色
温度敏感性	较好	较差
燃烧	烟少无色，有松香味，无毒	烟多，黄色，臭味大，有毒
防水性	好	较差(含酚，能溶于水)
大气稳定性	较好	较差
抗腐蚀性	差	较好

8.1.3 改性沥青

改性沥青是指掺加橡胶、树脂、高分子聚合物(图 8.9)、磨细的橡胶粉(图 8.10)或其他填料与外加剂，或采取对沥青轻度氧化加工等措施，使沥青或沥青混合料的性能得到改善而制成的沥青混合料。

微课：改性沥青

改性沥青具有耐高温、抗低温、适应性强；韧性好、抗疲劳、增大路面承载能力；抗水、油和紫外线辐射，延缓老化；材料性能更稳定，使用寿命延长，降低养护费用等优点。

图 8.9　高分子聚合物

图 8.10　橡胶粉

1. 橡胶类改性沥青

掺入橡胶(丁苯橡胶、热塑性丁苯橡胶、氯丁橡胶及其乳液、天然橡胶、再生橡胶、废旧橡胶粉等)使沥青具有一定的橡胶特性，改变了沥青中分散介质的组成，促进沥青分子相互排斥，并改变了分散相的结构，形成弹性结构网，气密性、低温柔性、耐化学腐蚀性、耐光、耐臭氧、耐气候和耐燃烧性等得到大大改善和提高，可制作卷材、片材、密封材料或涂料。

2. 树脂类改性沥青

掺入树脂类材料(聚乙烯、聚丙烯、乙烯－醋酸乙烯共聚物、聚氯乙烯、低密度聚乙烯等)，改性机理与橡胶相同。用树脂类改性沥青使得气密性、低温柔性、耐化学腐蚀性、耐光、耐臭氧、耐气候变化和耐燃烧性得到大大改善。常用的树脂有聚乙烯树脂、聚丙烯树脂、酚醛树脂等。

3. 矿物填充类改性沥青

矿物填充类改性沥青是指为了提高沥青的粘结力和耐热性，降低沥青的温度敏感性，扩大沥青的使用温度范围，加入一定数量石物填充料(滑石粉、石灰粉、云母粉、硅藻土)的沥青。

由于沥青对矿物填充料的润湿和吸附作用，沥青分子可能呈单分子状排列在矿物颗粒(或纤维)表面，形成结合力牢固的沥青薄膜，因而又称为“结构沥青”。

4. 热塑性弹性体类改性沥青

热塑性弹性体类改性沥青是指加入丁二烯－苯乙烯－丁二烯嵌段共聚物(SBS)、异戊二烯－苯乙烯－异戊二烯嵌段共聚物(SIS)、苯乙烯－乙烯－丁二烯－苯乙烯共聚物(SEBS)等具有热塑性弹性体材料的沥青(SBS 改性沥青)。大量实践表明，SBS 改性沥青具有其他改性沥青无可比拟的优点，是目前最成功和用量最大的一种改性沥青，在国内外已得到普遍使用。

SBS 改性沥青主要用于制作片材、卷材、密封材料、防水涂料。

8.2 防水卷材

防水卷材是一种可卷曲的片状制品，如图 8.11 所示。其尺寸大，施工效率高，防水效果好，耐用年限长，产品具有良好的延伸性、耐高温性，以及较高的抗拉强度、抗撕裂能力。防水卷材按组成材料分为沥青防水卷材、高聚物改性沥青防水卷材、合成高分子防水卷材 3 大类。

微课：防水卷材

8.2.1 沥青防水卷材

沥青防水卷材(图 8.12)是在基胎(原纸或纤维织物等)上浸涂沥青后，在表面撒布粉状(称为“粉毡”)或片状(称为“片毡”)隔离材料制成的一种防水卷材。沥青防水卷材有石油沥青纸胎油毡、石油沥青玻璃纤维(或玻璃布)胎油毡、铝箔面油毡、改性沥青聚乙烯胎防水卷材、沥青复合胎防水卷材等品种。

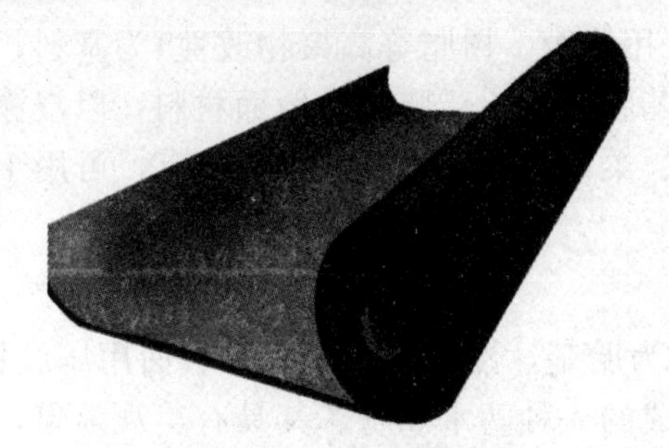

图 8.11 防水卷材

图 8.12 沥青防水卷材

1. 石油沥青纸胎防水卷材

纸胎油毡是采用低软化点石油沥青浸渍原纸，用高软化点沥青涂盖油纸的两面，再撒以隔离材料而制成的一种纸胎油毡。

《石油沥青纸胎油毡》(GB 326—2007)规定：油毡按卷重和物理性能分为Ⅰ型、Ⅱ型、Ⅲ型，油毡幅宽为1 000 mm，其他规格可由供需双方商定。每卷油毡的总面积为(20±0.3)m^2。按产品的名称、类型和标准号顺序标记。如Ⅲ型石油沥青纸胎油毡标记：油毡Ⅲ型(GB 326—2007)。Ⅰ、Ⅱ型油毡适用辅助防水、保护隔离层、临时性建筑防水、建筑防潮及包装等；Ⅲ型油毡适用防水等级为Ⅲ级屋面工程的多层防水。物理力学性能见表8.3。

表8.3 石油沥青纸胎油毡的物理性能(GB 326—2007)

项目			指标		
			Ⅰ型	Ⅱ型	Ⅲ型
卷重/($kg \cdot 卷^{-1}$)		≥	17.5	22.5	28.5
单位面积浸涂材料总量/($g \cdot m^{-2}$)		≥	600	750	1 000
不透水性	压力/MPa	≥	0.02	0.02	0.10
	保持时间/min	≥	20	30	30
吸水率/%		≤	3.0	2.0	1.0
耐热度/℃			85±2，2 h涂盖层无滑动、流淌和集中性气泡		
拉力/纵向/[$N \cdot (50\ mm)^{-1}$]		≥	240	270	340
柔度/℃			18±2，绕Φ20 mm棒或弯板无裂痕		

2. 石油沥青玻璃纤维油毡

玻璃纤维油毡是采用玻璃纤维薄毡为胎基，浸涂石油沥青，表面撒以矿物粉料或覆盖以聚乙烯薄膜等隔离材料制成的一种防水卷材。其指标应符合《石油沥青玻璃纤维胎防水卷材》(GB/T 14686—2008)的规定，柔性好(在0 ℃～10 ℃弯曲无裂纹)，耐化学微生物的腐蚀，寿命长。

玻璃布油毡是采用玻璃布为胎基，浸涂石油沥青，表面撒以矿物粉料或覆盖以聚乙烯薄膜等隔离材料制成的一种防水卷材。根据国家标准规定，规格宽为1.0 m，按力学性能分为Ⅰ、Ⅱ型。每卷油毡的总面积为10 m^2和20 m^2。玻璃布油毡具有拉力大及耐霉菌性好，适用要求强度高及耐霉菌性好的防水工程，柔韧性也比纸胎油毡好，易于在复杂部位粘贴和密封，主要用于铺设地下防水、防潮层、金属管道的防腐保护层。

3. 沥青复合胎柔性防水卷材

沥青复合胎柔性防水卷材是指以沥青(用橡胶、树脂等高聚物改性)为基料，以两种材料复合为胎体，细砂、矿物粒(片)料、聚酯膜、聚乙烯膜等为覆面材料，以浸涂、辊压工艺而制成的防水卷材。其具有抗拉强度高、柔韧性好、耐久性好等特点，可用于防水等级要求较高的工程。

4. 铝箔面油毡防水卷材

铝箔面油毡防水卷材是以玻璃纤维毡为胎基，浸涂氧化沥青，表面用压纹铝箱贴面，底面撒以细颗料矿物料或覆盖聚乙烯膜制成的一种防水卷材。其具有美观效果，能反射热量和紫外线，能降低屋面及室内温度，阻隔蒸汽的渗透，用于多屋防水的面层和隔汽层。

8.2.2 高聚物改性沥青防水卷材

高聚物改性沥青防水卷材是以合成高分子聚合物改性沥青为涂盖层，纤维织物或纤维毡为基胎，粉状、粒状、片状或薄膜材料为防粘隔离层制成的防水卷材，具有耐热、耐寒、耐腐蚀、抗老化、热塑性好、抗拉力大、延伸率高、抗撕裂性强等优点(图 8.13)。常用品种有弹性体改性沥青防水卷材、塑性体改性沥青防水卷材、改性沥青聚乙烯胎防水卷材、自粘橡胶沥青防水卷材等。高聚物改性沥青有 SBS、APP、PVC 等。

1. 弹性体改性沥青防水卷材

弹性体改性沥青防水卷材是以 SBS 热塑性弹性体做改性剂，以聚酯毡或玻纤毡为胎基，两面覆盖以聚乙烯膜(PE)、细砂(S)、石物粒料(M)制成的卷材，简称 SBS 卷材(图 8.14)。

图 8.13 SBS 改性沥青防水卷材

图 8.14 弹性体 SBS 改性沥青防水卷材

《弹性体改性沥青防水卷材》(GB 18242—2008)规定：按材料性能将卷材分为Ⅰ型和Ⅱ型，卷材公称宽度为 1 000 mm；其厚度按所用增强材料(胎基)和覆面隔离材料不同而有所区别，聚酯毡的厚度有 3 mm、4 mm、5 mm 三种。玻纤毡的厚度有 3 mm、4 mm 两种。玻纤增强聚酯毡的厚度有 5 mm 一种。材料性能见表 8.4。

表 8.4 弹性体改性沥青防水卷材材料性能(GB 18242—2008)

项目		指标				
		Ⅰ		Ⅱ		
		PY	G	PY	G	PYG
可溶物含量 /(g·m⁻²)≥	2 mm	2 100				—
	3 mm	2 900				—
	4 mm	3 500				
	试验现象	—	胎基不燃	—	胎基不燃	—
不透水性 30 min/MPa		0.3	0.2	0.3		
耐热性	℃	90		105		
	≤	2				
	试验现象	无流淌、滴落				
最大拉力时伸长率/%≥		30	—	40		—
低温柔性(无裂纹)/℃		−20		−25		

续表

项目		指标				
		Ⅰ		Ⅱ		
		PY	G	PY	G	PYG
热老化	拉力保持率/%≥	90				
	延伸保持率/%≥	80				
	低温柔性/℃	−15		−20		
	尺寸变化率/%≤	0.7	—	0.7	—	0.3
	质量损失/%≤	1.0				

SBS卷材属于高性能的防水材料，与沥青防水卷材相比，具有良好的耐高温、低温性能，当加热到90 ℃时，2 h后观察，卷材表面仍不起泡、不流淌；当温度降低到−70 ℃时，卷材仍有一定的柔韧性，其综合性能也优于沥青防水卷材。SBS卷材具有沥青防水的可靠性和橡胶的弹性，其延展性、黏附性、耐气候性、抗拉强度都较高。它耐穿刺、硌伤、撕裂和疲劳，出现裂缝能自我愈合，能在寒冷气候条件下热熔搭接，密封可靠。

SBS卷材广泛应用于各种类型建筑物的常规及特殊屋面防水，地下室工程防水、防潮及室内游泳池等的防水，各种水利设施及市政工程防水，尤其适用寒冷区工业与民用建筑屋面以及变形频繁部位的防水。

2. 塑性体(APP)改性沥青防水卷材

塑性体改性沥青防水卷材是以聚酯毡或玻纤毡为胎基，无规聚丙烯(APP)或聚烯烃类聚合物作为改性剂，两面覆盖隔离材料制成的防水卷材，简称APP卷材。卷材的品种、规格、外观要求同SBS卷材，其物理性能应符合表8.5的规定。

表8.5 塑性体(APP)改性沥青防水卷材物理力学性能(GB 18243—2008)

序号	项目		指标				
			Ⅰ型		Ⅱ型		
			PY	G	PY	G	PYG
1	可溶物含量/$(g \cdot m^{-2})$≥	3 mm	2 100				—
		4 mm	2 900				—
		5 mm	3 500				
		试验现象	—	胎基不燃	—	胎基不燃	—
2	耐热性	℃	110		130		
		≤，mm	2				
		试验现象	无流淌、滴落				
3	低温柔性/℃		−7		−15		
			无裂缝				
4	不透水性30，min /MPa		0.3	0.2	0.3		
5	拉力	最大峰拉力/$(N \cdot 50\ mm^{-1})$ ≥	500	350	800	500	900
		次高峰拉力/$(N \cdot 50\ mm^{-1})$ ≥	—	—	—	—	800
		试验现象	在拉伸过程中，试件中部无沥青涂盖层开裂或与胎基分离现象				

续表

序号	项目			指标				
				Ⅰ型		Ⅱ型		
				PY	G	PY	G	PYG
6	延伸率	最大峰时延伸率/%	≥	25	—	40	—	—
		第二峰时延伸率/%	≥	—		—		15
7	浸水后质量增加/%	PE、S	≤	1.0				
		M		2.0				
8	热老化	拉力保持率/%	≥	90				
		延伸率保持率/%	≥	80				
		低温柔度/℃		−2		−10		
				无裂缝				
		尺寸变化率/%	≤	0.7	—	0.7	—	0.3
		质量损失率/%	≤	1.0				
9	接缝剥离强度/(N·mm^{-1})		≥	1.0				
10	钉杆撕裂强度①/N		≥	—				300
11	矿物粒料黏附性②/g		≤	2.0				
12	卷材下表面沥青涂盖层厚度③/mm		≥	1.0				
13	人工气候加速老化	外观		无滑动、流淌、滴落				
		拉力保持率/%	≥	80				
		低温柔性/℃		−2		−10		
				无裂缝				

注：①仅适用单层机械固定施工方式的卷材。
②仅适用矿物粒料表面的卷材。
③仅适用热熔施工的卷材。

APP卷材具有良好的防水性能、耐高温性能和较好的柔韧性(耐−15 ℃不裂)，能形成高强度、耐撕裂、耐穿刺的防水层，耐紫外线照射，耐久寿命长。APP卷材采用热熔法粘接，可靠性强。

APP卷材广泛用于各种领域和类型的防水，尤其是工业与民用建筑的屋面及地下防水、地铁、隧道桥和高架桥上沥青混凝土桥面的防水，需用专用胶粘剂粘接。

3. 冷自粘橡胶改性沥青防水卷材

这种卷材是用SBS和SBR等弹性体及沥青材料为基料，并掺入增塑、增黏材料和填充材料，采用聚乙烯膜或铝箔为表面材料或无表面覆盖层，底表面或上下表面硅质隔离、防黏的材料制成的可自行粘接的防水材料，可节省胶粘剂。

《自粘聚合物改性沥青防水卷材》(GB 23441—2009)规定：每卷面积有10 m^2、15 m^2、20 m^2、30 m^{2}四种；厚度N类有1.2 mm、1.5 mm、2.0 mm三种，PY类有2.0 mm、3.0 mm、4.0 mm三种。产品按有无胎基增强分为无胎基(N类)、聚酯胎基(PY类)两类；N类按上表面材料分为聚乙烯膜(PE)、聚酯膜(PET)、无膜双面自粘(D)三类；PY类按上表面材料分为聚乙烯膜(PE)、细砂(S)、无膜双面自粘(D)三类。这种卷材具有良好的柔韧性、延展性，适应基层变形能力强，不需要胶粘剂。采用聚乙烯膜作为覆面材料时，适用非外露的屋面防水；采用铝箔作为覆面材料时，适用外露的防水工程，具有防水、热反射的效果，耐高温性好。

8.2.3 合成高分子类防水卷材

合成高分子类防水卷材是以合成树脂、合成橡胶或橡胶塑料共混体等为基料，加入适量的化学助剂和添加剂，经过混炼(塑炼)压延或挤出成型、定型、硫化等工序制成的防水卷材(片材)，属高档防水材料。《高分子防水材料 第1部分：片材》(GB 18173.1—2012)规定了其类别及主要性能，见表8.6、表8.7。

表8.6 片材的分类(GB 18173.1—2012)

分类		代号	主要原材料
均质片	硫化橡胶类	JL1	三元乙丙橡胶
		JL2	橡塑共混
		JL3	氯丁橡胶、氯磺化聚乙烯、氯化聚乙烯等
	非硫化橡胶类	JF1	三元乙丙橡胶
		JF2	橡塑共混
		JF3	氯化聚乙烯
	树脂类	JS1	聚氯乙烯等
		JS2	乙烯醋酸乙烯共聚物、聚乙烯等
		JS3	乙烯醋酸乙烯共聚物与改性沥青共混等
复合片	硫化橡胶类	FL	(三元乙丙、丁基、氯丁橡胶、氯磺化聚乙烯等)/织物
	非硫化橡胶类	FF	(氯化聚乙烯、三元乙丙、丁基、氯丁橡胶、氯磺化聚乙烯等)/织物
	树脂类	FS1	聚氯乙烯/织物
		FS2	(聚乙烯、乙烯醋酸乙烯共聚物等)/织物
自粘片	硫化橡胶类	ZJL1	三元乙丙/自粘料
		ZJL2	橡塑共混/自粘料
		ZJL3	(氯丁橡胶、氯磺化聚乙烯、氯化聚乙烯等)自粘料
		ZFL	(三元乙丙、丁基、氯丁橡胶、氯磺化聚乙烯等)/织物/自粘料
	非硫化橡胶类	ZJF1	三元乙丙/自粘料
		ZJF2	橡塑共混/自粘料
		ZJF3	氯化聚乙烯/自粘料
		ZFF	(氯化聚乙烯、三元乙丙、丁基、氯丁橡胶、氯磺化聚乙烯)/织物/自粘料
	树脂类	ZJS1	聚氯乙烯/自粘料
		ZJS2	(乙烯醋酸乙烯共聚物、聚乙烯等)自粘料
		ZJS3	乙烯醋酸乙烯共聚物与改性沥青共混等/自粘料
		ZFS1	聚氯乙烯/织物/自粘料
		ZFS2	(聚乙烯、乙烯醋酸乙烯共聚物等)/织物/自粘料
异形片	树脂类(防排水保护板)	YS	高密度聚乙烯，改性聚丙烯，高抗冲聚苯乙烯等

续表

分类		代号	主要原材料
点(条)粘片	树脂类	DS1/TS1	聚氯乙烯/织物
		DS2/TS2	(乙烯醋酸乙烯共聚物、聚乙烯等)织物
		DS3/TS3	乙烯醋酸乙烯共聚物与改性沥青共混物等/织物

表 8.7 片材的主要性能(GB 18173.1—2012)

品种			主要指标						
			断裂拉伸强度/MPa(均质片)/(N·cm⁻¹)(复合片)		扯(胶)断伸长率/%		撕裂强度/(kN·m⁻¹)(均质片)/N(复合片)≥	不透水性 30 min 无渗漏/MPa	低温弯折/℃,≤
			常温≥	60 ℃≥	常温≥	−20 ℃≥			
均质片	硫化橡胶类	JL1	7.5	2.3	450	200	25	0.3	−40
		JL2	6.0	2.1	400	200	24	0.3	−30
		JL3	6.0	1.8	300	170	23	0.2	−30
	非硫化橡胶类	JF1	4.0	0.8	400	200	18	0.3	−30
		JF2	3.0	0.4	200	100	10	0.2	−20
		JF3	5.0	1.0	200	100	10	0.2	−20
	树脂类	JS1	10	4	200	—	40	0.3	−20
		JS2	16	6	550	350	60	0.3	−35
		JS3	14	5	500	300	60	0.3	−35
复合片	硫化橡胶类	FL	80	30	300	150	40	0.3	−35
	非硫化橡胶类	FF	60	20	250	50	20	0.3	−20
	树脂类	FS1	100	40	150	—	20	0.3	−30
		FS2	60	30	400	300	50	0.3	−20

合成高分子类防水卷材根据其组成及工艺分为硫化型合成橡胶卷材、硫化型橡塑共混卷材、非硫化型橡塑共混卷材及合成树脂类卷材。

橡胶类有三元乙丙橡胶卷材、丁基橡胶卷材、氯化聚乙烯卷材(图 8.15)、氯磺化聚乙烯卷材、氯丁橡胶卷材、再生橡胶卷材;树脂类有聚氯乙烯卷材、聚乙烯卷材、乙烯共聚物卷材;橡塑共混类有氯化聚乙烯橡胶共混卷材(图 8.16)、聚丙烯—乙烯共聚物卷材。

图 8.15 氯化聚乙烯防水卷材

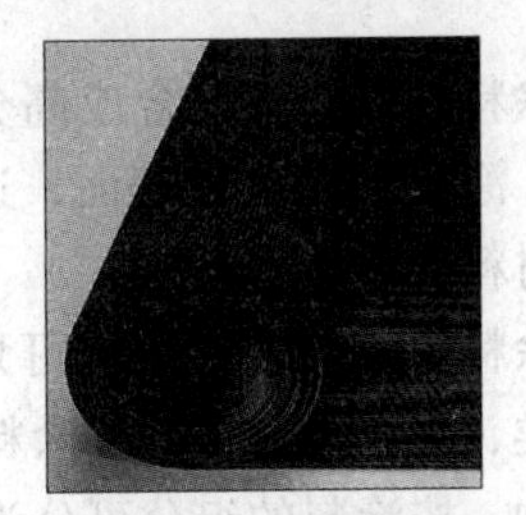

图 8.16 氯化聚乙烯橡胶共混防水卷材

1. 三元乙丙橡胶防水卷材(EPDM)

三元乙丙橡胶防水卷材是以三元乙丙橡胶或三元乙丙橡胶掺入适量丁基橡胶为基料，加入各种添加剂而制成的高弹性防水卷材，有硫化型(JL)和非硫化型(F)两类。厚度规格有1.0 mm、1.2 mm、1.5 mm、1.8 mm、2.0 mm，宽度有1 000 mm和1 200 mm，长度为20 m。

三元乙丙橡胶防水卷材的耐老化性能好、使用寿命长(30～50年)、耐紫外线、耐氧化、弹性好、质轻、适应变性能力强，拉伸性能、抗裂性优异，耐高温、低温性能好，能在严寒或酷热环境中使用，工程实践应用多，技术成熟，是一种重点发展的高档防水卷材。三元乙丙橡胶防水卷材在工业及民用建筑的屋面工程中，适用外露防水层的单层或多层防水，如易受振动、易变形的建筑防水工程，有刚性保护层或倒置式的屋面、地下室、桥梁及隧道的防水。

2. 聚氯乙烯防水卷材(PVC)

PVC卷材是以聚氯乙烯树脂为主要基料支撑的防水卷材，按产品的组成分为均质卷材(代号H)、带纤维背衬卷材(代号L)、织物内增强卷材(代号P)、玻璃纤维内增强卷材(代号G)、玻璃纤维内增强带纤维背衬卷材(代号GL)。其具体性能要求应符合《聚氯乙烯(PVC)防水卷材》(GB 12952—2011)的规定。

PVC卷材的拉伸强度高，伸长率大，对基层的伸缩和开裂变形适应性强；卷材幅面宽，焊接性好；具有良好的水蒸气扩散性，冷凝物容易排出；耐穿透、耐蚀、耐老化；低温柔性和耐热性好。PVC卷材可用于各种屋面防水、地下防水及旧屋面维修工程。

3. 氯化聚乙烯橡胶共混防水卷材

氯化聚乙烯橡胶共混防水卷材以氯化聚乙烯树脂和丁苯橡胶的混合体为基料，加入各种添加剂加工而成，简称共混卷材，属硫化型高档防水卷材。

卷材的厚度有1.0 mm、1.2 mm、1.5 mm、1.8 mm、2.0 mm，幅宽有1 000 mm、1 200 mm，长度为20 m，其物理性能应符合《高分子防水材料 第1部分：片材》(GB 18173.1—2012)的规定。这种卷材具有高伸长率、高强度，耐臭氧性能和耐低温性能好，耐老化性、耐水和耐蚀性强。其性能优于单一的橡胶类或树脂类卷材，对结构基层的变形适应能力强，适用屋面的外露和非外露防水工程，地下室防水工程，水池、土木建筑的防水工程等。

8.3 防水涂料

防水涂料是以沥青、合成高分子等为主体，在常温下呈无定形流态或半固态，涂布在构筑物表面，通过溶剂挥发或反应固化后能形成坚韧防水膜的材料的总称。

微课：防水涂料

防水涂料按主要成膜物质可划分为沥青类、高聚物改性沥青类、合成高分子类、水泥类四种，按涂料的液态类型，可分为溶剂型、水乳型、反应型三种，按涂料的组分可分为单组分和双组分两种。

8.3.1 沥青防水涂料

1. 冷底子油

冷底子油是在建筑石油沥青中加入汽油、煤油、轻柴油，或者在软化点为 50 ℃～70 ℃的煤沥青中加入苯，融合而配制成的沥青溶液。它的黏度小，能渗入混凝土、砂浆、木材等材料的毛细孔隙，待溶剂挥发后，便与基面牢固结合，使基面具有一定的憎水性，为粘结同类防水材料创造了有利条件。若在这种冷底子油层上面铺热沥青胶粘贴卷材，可使防水层与基层粘贴牢固。因其多在常温下用于防水工程的底层，故名冷底子油。该油应涂刷于干燥的基面上，通常要求水泥砂浆找平层的含水率不大于 10%。

冷底子油常随配随用，通常使用 30%～40%的石油沥青和 60%～70%的溶剂(汽油或煤油)，首先将沥青加热至 108 ℃～200 ℃，脱水后冷却至 130 ℃～140 ℃，并加入溶剂量 10%的煤油，待温度降至约 70 ℃时，再加入余下的溶剂搅拌均匀即可。储存时，应使用密闭容器，以防溶剂挥发(图 8.17)。

2. 沥青胶

沥青胶又称玛琋脂，由沥青材料加填充料均匀混合制成。

填料有粉状的(如滑石粉、石灰石粉、白云石粉等)、纤维状的(如木纤维等)或者两者的混合物。填料的作用是提高其耐热性，增加韧性，降低低温下的脆性，也减少沥青的消耗量。加入量通常为 10%～30%，由试验确定(图 8.18)。

图 8.17　冷底子油施工

图 8.18　沥青玛琋脂碎石混合料施工

沥青胶标号以耐热性表示，分为 S－60、S－65、S－70、S－75、S－80、S－85 共 6 个标号。对沥青胶质量要求有耐热性、柔韧性、粘结力等，见表 8.8。

表 8.8　石油沥青胶的质量要求

指标名称标号	S－60	S－65	S－70	S－75	S－80	S－85
耐热性	用 2 mm 厚的沥青玛琋脂粘合两张沥青油纸，放于不低于下列温度(℃)，在 1∶1 坡度上停放 5 h 的沥青玛琋脂不应流淌，油纸不应滑动					
	60	65	70	75	80	85
柔韧性	涂在沥青油纸上的 2 mm 厚的沥青玛琋脂层，在(18±20)℃时，围绕下列直径(mm)的圆棒，用 2 s 的时间以均衡速度弯成半周，沥青玛琋脂不应有裂纹					
	10	15	15	20	25	30
粘结力	用手将两张用沥青胶粘贴在一起的油纸慢慢地撕开，从油纸和沥青玛琋脂粘贴面的任何一面撕开的部分，其沥青胶之间的撕裂面积应不大于粘贴面积的 1/2					

3. 水乳型沥青防水涂料

水乳型沥青防水涂料即水性沥青防水涂料，是以乳化沥青为基料的防水涂料。它是借助乳化剂的作用，在机械强力搅拌下，将熔化的沥青微粒(<10 μm)均匀地分散于溶剂，使其形成稳定的悬浮体。沥青基本未改性或改性作用不大(图 8.19)。

图 8.19 水乳型沥青防水涂料

制作乳化沥青的乳化剂是表面活性剂，种类有很多，可分为离子型(阳离子型、阴离子型及两性离子型)和非离子型两类。目前，使用较多的是阴离子型和非离子型，前者有肥皂、洗衣粉、松香皂、十二烷基硫酸钠等，后者有石灰乳、乳化剂 OP(辛基酚聚氧乙烯醚)、平平加 O(脂肪醇聚氧乙烯醚)等。

水乳型沥青防水涂料分为两大类：厚质防水涂料和薄质防水涂料，可以统称为水性沥青防水涂料。厚质防水涂料常温时为膏体或黏稠液体，不具有自流平的性能，一次施工厚度可以在 3 mm 以上。薄质防水涂料常温时为液体，具有自流平的性能，一次施工不能达到很大的厚度(其厚度在 1 mm 以下)，需要施工多层才能满足涂膜防水的厚度要求。

一般来说，薄质防水涂料是以有机乳化剂配制的，加以各种高分子聚合物改性材料的沥青乳液。不加改性材料的薄质防水涂料在防水材料界已经基本上不使用了。目前，国内市场上用量最大的薄质防水涂料是氯丁胶乳化沥青防水涂料，还有丁苯胶乳化沥青薄质涂料、丁腈胶乳化沥青薄质防水涂料、SBS 改性乳化沥青薄质防水涂料、再生胶乳化沥青薄质防水涂料等。

建筑上使用的水乳型沥青防水涂料是一种棕黑色的水包油型(O/W)乳状液体，主要为防水用，温度在 0 ℃以上可以流动。水乳型沥青防水涂料与其他类型的涂料相比，其主要特点是可以在潮湿的基础上使用，而且有相当大的粘结力。水乳型沥青防水涂料最主要的优点就是可以冷施工，不需要加热，避免因用热沥青施工可能造成的烫伤、中毒事故等，有利于消防和安全，可以减轻施工人员的劳动强度，提高工作效率，加快施工进度。而且，这一类材料价格低，施工机具容易清洗，因此在沥青基涂料中占有 60%以上的市场。水乳型沥青防水涂料的另一个优点是与一般的橡胶乳液、树脂乳液具有良好的相溶性，而且混溶以后的性能比较稳定，能显著地改善水乳型沥青防水涂料的耐高温性能和低温柔性，因此乳化的改性沥青技术近年来发展很快。

但是，水乳型沥青防水涂料的稳定性总是不如溶剂型涂料和热熔型涂料。水乳型沥青防水涂料的储存时间一般不超过半年，储存时间过长容易分层变质，变质以后的水乳型沥青防水涂料不能再用。一般不能在 0 ℃以下储存和运输，也不能在 0 ℃以下施工和使用。水乳型沥青防水涂料中添加抗冻剂后虽然可以在低温下储存和运输，但这样会使水乳型沥青防水涂料的价格提高。

8.3.2 高聚物改性沥青防水涂料

高聚物改性沥青防水涂料是以高聚物改性沥青为基料制成的水乳型或溶剂型防水涂料，有再生胶改性沥青防水涂料、水乳型氯丁橡胶沥青防水涂料、SBS 橡胶改性沥青防水涂料等。高聚物改性沥青防水涂料适用民用工业建筑的屋面工程、厕所和浴室厨房的防水，地下室水池的防水、防潮工程，旧油毡屋面的维修（图8.20）。

图8.20 高聚物改性沥青防水涂料施工

1. 再生胶改性沥青防水涂料

再生胶改性沥青防水涂料分为JG—1型和JG—2型两类冷胶料。JG—1型是溶剂型再生胶改性沥青防水胶粘剂，以渣油(200号或60号道路石油沥青)与废开司粉(废轮胎里层带线部分磨成的细粉)加热熬制，加入高标号汽油而制成。JG—2型是水乳型的双组分的防水冷胶料，用于反应固化型，A液为乳化橡胶，B液为阴离子型乳化沥青，分别包装，现用现配，具有良好的防水、抗渗性能，温度稳定性好。

2. 氯丁橡胶改性沥青防水涂料

溶剂型氯丁橡胶改性沥青防水涂料是将氯丁橡胶和石油沥青溶于芳烃溶剂(苯或二甲苯)中形成的一种混合胶体溶液，具有较好的耐高温、低温性能，粘结性好，干燥成膜速度快。

水乳型氯丁橡胶改性沥青防水涂料是以阳离子氯丁胶乳和阴离子沥青乳液混合而成的。涂膜层强度高，耐候性好，抗裂性好。以水代替溶剂，成本低、无毒。

8.3.3 合成高分子类防水涂料

合成高分子类防水涂料是以合成橡胶或合成树脂为主要成膜物质，加入其他辅料配制而成的单组分成多组分防水涂料，主要有聚氨酯(单、多组分)、硅橡胶、水乳型、丙烯酸酯、聚氯乙烯，水乳型三元乙丙橡胶防水涂料等。

1. 聚氨酯防水涂料

聚氨酯防水涂料是一种化学反应型涂料，多以双组分形式混合使用，借助组分间发生反应而直接由液态变为固态，几乎不含溶剂，故体积收缩小，易形成较厚的防水涂膜，且涂膜的弹性、抗拉强度、延伸性高，耐候性好，对基层变形的适应性强(图8.21)。但其成本较高，且具有一定的毒性和可燃性，其主要性能应符合《聚氨酯防水涂料》(GB/T 19250—2013)的规定，见表8.9。

图8.21 聚氨酯防水涂料

表8.9 双组分聚氨酯涂膜防水涂料的技术性能(GB/T 19250—2013)

项目			技术指标		
			Ⅰ	Ⅱ	Ⅲ
固体含量/%	≥	单组分	85.0		
		多组分	92.0		
表干时间/h	≤		12		
实干时间/h	≤		24		

续表

项目		技术指标		
		Ⅰ	Ⅱ	Ⅲ
流平性		20 min时，无明显齿痕		
拉伸强度/MPa≥		2.00	6.00	12.0
断裂伸长率/%	≥	500	450	250
撕裂强度/(N·mm^{-1})	≥	15	30	40
低温弯折性		−35 ℃，无裂纹		
不透水性		0.3 MPa，120 min，不透水		
加热伸缩性/%		−4.0～+1.0		
粘结强度/MPa	≥	1.0		
吸水率/%	≤	5.0		
定伸时老化	加热老化	无裂纹及变形		
	人工气候老化			

2. 丙烯酸酯防水涂料

丙烯酸酯防水涂料是以纯丙烯酸共聚物、改性丙烯酸或纯丙烯酸乳液为主要成分，加入适量填料、助剂及颜料等配制而成的，属于合成树脂类单组分防水涂料。这类防水涂料最大的优点是耐候性、耐热性、耐紫外线性、延伸性好，能适应基层的变形(图8.22)。

图8.22　丙烯酸酯防水涂料

其在工程中主要用于屋面、墙体的防水、防潮；黑色防水屋面的保护层；厕所和浴室的防水。

以上各类防水涂料的保管、运输应注意几个方面：包装容器密封严实，表面标明名称、厂名、日期等字样；储存、运输、保管的环境温度不得低于0 ℃；严禁日晒、碰撞、渗漏；应放在干燥、通风的室内；远离火源。

【小提示】通过防水卷材和防水涂料新材料的发展，培养创新意识。

8.4　防水材料的选用及验收

8.4.1　石油沥青的选用

1. 石油沥青的技术标准

石油沥青的技术标准有《建筑石油沥青》(GB/T 494—2010)、《道路石油沥青》(NB/SH/T 0522—2010)。石油沥青牌号主要以针入度指标范围及相应的软化点和延伸度来划分，建筑石油沥青按针入度不同分为10号、30号和40号3个牌号，见表8.10。

表8.10　建筑石油沥青技术标准

项目	质量指标		
	10号	30号	40号
针入度(25 ℃，100 g，5 s)/(0.1 mm)	10～25	26～35	36～50
延度(25 ℃，5 cm/min)/cm	≥1.5	≥2.5	≥3.5
软化点(环球法)/ ℃	≥95	≥75	≥60
溶解度(三氯乙烯)/%	≥99.0		
蒸发后质量变化(163 ℃，5 h)%	≤1		
蒸发后25 ℃针入度比/%	≥65		
闪电(开口)/ ℃	≥260		

2. 石油沥青的选用原则

根据工程特点、使用部位和环境条件的要求，对照石油沥青的技术性质指标，在满足使用要求的前提下，尽量选用较大牌号的品种，以保证在正常使用条件下具有较长的使用年限。

建筑石油沥青具有良好的防水性、粘接性、耐热性及温度稳定性，但其黏度大，延伸变形性能较差，主要用于屋面和各种防水工程，并用来制造防水卷材，配制沥青胶和沥青涂料。

选用时，根据工程条件及环境特点，确定沥青的主要技术要求。一般情况下，屋面沥青防水层要求具有较好的粘接性、温度敏感性和大气稳定性，因此，要求沥青的软化点应在当地历年来达到的最高气温20 ℃以上，以保证夏季高温不流淌；同时要求具有耐低温能力，以保证冬季低温不脆裂。用于地下防潮，防水工程的沥青要求黏性大、塑性和韧性好，但对其软化点要求不高，以保证沥青层与基层粘接牢固，并能适应结构的变形，抵抗尖锐物的刺入，保持防水层完整，不被破坏。

当单独使用一种牌号沥青不能满足工程的耐热性要求时，可用两种或三种沥青进行掺配。两种沥青掺配量用下式计算：

较软沥青的掺量(%)＝(较硬沥青的软化点－要求沥青的软化点)/
(较硬沥青的软化点－较软沥青的软化点)×100%

较硬沥青的掺量(%)＝100%－较软沥青的掺量

按确定的配比进行试配，因为掺配后的沥青破坏了原来沥青的胶体结构，所以得到的掺配沥青的软化点总是比计算软化点低。一般来说，若以调高软化点为目的的沥青掺配，如两种沥青计算值各占50%，则在实配时高软化点的沥青多加10%。如用三种沥青进行掺配，可先计算其中两种的掺量，然后与第三种沥青进行掺配。

8.4.2　沥青胶的选用

沥青胶的标号应根据屋面的历年最高温度及屋面坡度进行选择，见表8.11。沥青与填充料应混合均匀，不得有粉团、草根、树叶、砂土等杂质。施工方法有冷用和热用两种，热用比冷用的防水效果好，冷用施工方便，不会烫伤，但耗费溶剂。其用于沥青或改性沥青类卷材的粘接、沥青防水涂层和沥青砂浆层的底层。

表 8.11　石油沥青胶的标号选择

屋面坡度/(°)	历年极端室外温度/ ℃	沥青胶标号	屋面坡度/(°)	历年极端室外温度/ ℃	沥青胶标号
1～3	低于 38	S—60	3～15	41～45	S—75
	38～41	S—65			
	41～45	S—70	15～25	低于 38	S—75
3～15	低于 38	S—65		38～41	S—80
	38～41	S—70		41～45	S—85

8.4.3　防水涂料的选用

防水涂料的包装容器必须密封严实，容器表面应有标明涂料名称、生产厂名、生产日期和产品有效期的明显标志，如图 8.23 所示。

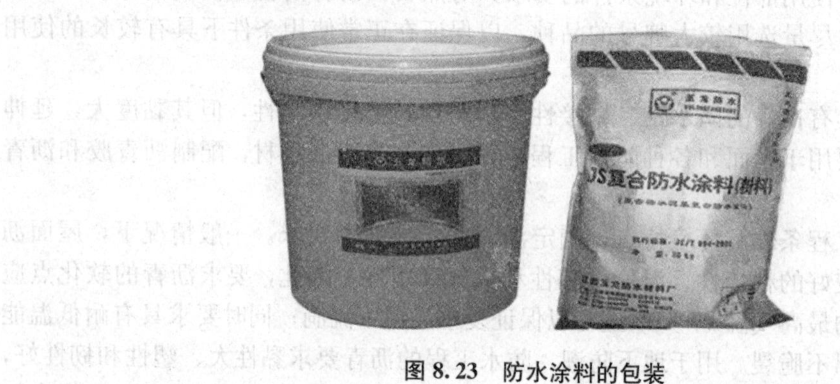

图 8.23　防水涂料的包装

储运及保管的环境温度不得低于 0 ℃；严防日晒、碰撞、渗漏；应存放在干燥、通风、远离火源的室内，料库内应配备专门用于扑灭有机溶剂燃烧的消防措施；运输时，运输工具、车轮应有接地措施，防止静电起火。常用防水涂料的性能及用途见表 8.12。

表 8.12　常用防水涂料的性能及用途

常用防水涂料	性能	用途
石油乳化沥青防水涂料	成本低，施工方便，耐候性好，但伸长率低	适用手工业及民用建筑的复杂屋面防水，也可用于屋顶钢筋板面和油毡屋面防水
再生橡胶改性沥青防水涂料	有一定的柔韧性和耐水性，常温下冷施工，安全可靠	适用工业及民用建筑的保温屋面，地下室、洞体、冷库地面等的防水
硅橡胶防水涂料	防水性、成膜性弹性、粘结性好，安全、无毒	地下工程、储水池、厕所和浴室、屋面的防水
PVC 防水涂料	具有弹、塑性，能适应基层的一般开裂或变形	可用于屋面及地下工程、蓄水池、水沟、天沟的防腐和防水

续表

常用防水涂料	性能	用途
三元乙丙橡胶防水涂料	具有高强度、高弹性、高伸长率，施工方便	可用于宾馆、办公楼、厂房、仓库、宿舍的建筑屋面和地面防水
氯磺化聚乙烯防水涂料	涂层附着力高，耐腐蚀，耐老化	可用于地下工程、海洋工程、石油化工、建筑屋面及地面的防水
聚丙烯酸酯防水涂料	粘结性强，防水性好，伸长率高，耐老化，能适应基层的开裂变形，冷施工	广泛应用于中、高级建筑工程的各种工程，平面、立面均可施工
聚氨酯防水涂料	强度高，耐老化性能优异，伸长率大，粘结力强	用于建筑屋面的隔热防水工程，地下室、厕所和浴室的防水，也可用于彩色装饰性防水
粉状黏性防水涂料	属于刚性防水，涂层寿命长，经久耐用，不存在老化问题	适用建筑屋面、厨房、厕所和浴室、坑道、隧道地下工程防水

8.4.4 屋面防水材料的选择

屋面防水工程应根据建筑物的类别、重要程度、使用工程要求确定防水等级，并按相应等级进行防水设防，对防水有特殊要求的建筑屋面，应进行专项防水设计。屋面防水等级和设防要求应按照《屋面工程技术规范》(GB 50345—2012)的规定(表 8.13)，屋面防水材料厚度选择参见表 8.14。屋面工程设计应遵照“保证功能、构造合理、防排结合、优选用材、美观耐用”的五项原则。屋面工程施工应遵照“按图施工、材料检验、工序检查、过程控制、质量验收”的五项原则进行。

表 8.13 屋面防水等级及设防要求(GB 50345—2012)

项目	屋面防水等级	
	Ⅰ	Ⅱ
建筑物类别	重要建筑和高层建筑	一般建筑
设防要求	二道防水设防	一道防水设防
防水做法	卷材防水层和卷材防水层、卷材防水层和涂膜防水层、复合防水层	卷材防水层、涂膜防水层、复合防水层

注：在Ⅰ级层面防水做法中，防水层仅做单层卷材时，应符合有关单层防水卷材屋面技术的有关规定。

表 8.14 屋面防水材料厚度要求(GB 50345—2012) mm

材料类型厚度/mm			屋面防水等级	
			Ⅰ	Ⅱ
卷材防水层	合成高分子防水卷材		1.2	1.5
	高聚物改性沥青防水卷材	聚酯胎、玻纤胎、聚乙烯胎	3.0	4.0
		自粘聚酯胎	2.0	3.0
		自粘无胎	1.5	2.0

续表

材料类型厚度/mm		屋面防水等级	
		Ⅰ	Ⅱ
涂膜防水层	合成高分子防水涂膜	1.5	2.0
	聚合物水泥防水涂膜	1.5	2.0
	高聚物改性沥青防水涂膜	2.0	3.0
复合防水层	合成高分子防水卷材+合成高分子防水涂膜	1.2+1.5	1.0+1.0
	自粘聚合物改性沥青防水卷材(无胎)+合成高分子防水涂膜	1.5+1.5	1.2+1.0
	高聚物改性沥青防水卷材+高聚物改性沥青防水涂膜	3.0+2.0	3.0+1.2
	聚乙烯丙纶卷材+聚合物水泥防水胶结材料	(0.7+1.3)×2	0.7+1.3

防水的做法可以是多种防水材料组合，将几种防水材料进行互补和优化组合可取长补短达到理想的防水效果。多道设防既可采用不同种防水卷材进行多叠层设防，又可采用卷材、涂膜、刚性材料进行复合设防。当采用不同种类防水材料进行复合设防时，应将耐老化、耐穿刺的防水材料放在最上面。面层为柔性防水材料时，一般还应用刚性材料做保护层。例如人民大会堂屋面防水翻修工程，其复合设防方案为：第一道(底层)为补偿收缩细石混凝土刚性防水层；第二道(中间层)为 2 mm 厚的聚氨酯涂膜防水层；第三道(面层)为氯化聚乙烯橡胶共混防水卷材(或三元乙内橡胶防水卷材)防水层；再在面层上铺抹水泥砂浆刚性保护层。

屋面防水材料的选用除满足规范规定的要求外，还应考虑以下条件。

1. 气候条件

寒冷地区可优先考虑选用三元乙丙橡胶防水卷材、氯化聚乙烯橡胶共混防水卷材等合成高分子防水卷材或选用 SBS 改性沥青防水卷材、焦油沥青耐低温卷材，以及具有良好低温柔韧性的合成高分子防水涂料。炎热地区可选用 APP 改性沥青防水卷材、合成高分子防水卷材和具有良好耐热性的合成高分子防水涂料或掺入微膨胀剂的补偿收缩水泥砂浆、细石混凝土刚性防水材料做防水层。

2. 湿度条件

多雨、潮湿地区宜选用吸水率低、无接缝、整体性好的合成高分子涂膜防水材料做防水层，或采用以排水为主、防水为辅的瓦面结构形式做防水层，或采用补偿收缩细石混凝土刚性材料做防水层。如采用合成高分子防水卷材做防水层，卷材搭接边应切实粘结紧密，搭接缝应用合成高分子密封材料封严；如用高聚物改性沥青防水卷材做防水层，卷材搭接边宜采用热熔焊接，尽量避免因接缝不好产生渗漏。

3. 结构条件

对于钢筋混凝土结构屋面，可采用补偿收缩防水混凝土做防水层，或采用合成高分子防水卷材、高聚物改性沥青防水卷材、沥青防水卷材做防水层。

对于预制化、异形化、大跨度和频繁振动的屋面，容易产生变形裂缝，可选用高强度、高伸长率的三元乙丙橡胶防水卷材和氯化聚乙烯—橡胶共混防水卷材等合成高分子防水卷材，或具有良好伸长率的合成高分子防水涂料等做防水层。

屋面工程细部构造，如檐沟、变形缝、女儿墙、落水口、伸出屋面管道、阴阳角等部位，应重点设防，即使防水层由单道防水材料构成，细部构造部位也应进行多道设防。

4. 经济条件

根据工程防水等级要求，选择投资少、施工方便的防水材料，在满足耐水使用年限要求的前提下，尽可能经济选材。

【小提示】通过防水材料在工程中的选用原则，要养成思考问题多角度、多方案比较，选出解决问题的最佳方案。

8.4.5 地下工程的防水材料

地下工程防水等级分为四级，各级要求见《地下防水工程质量验收规范》(GB 50208—2011)的规定。根据各等级的设防要求选用相应的材料，所用防水材料为防水混凝土、防水砂浆、防水卷材、防水涂料、塑料防水板、各种止水带、止水条及防水嵌缝材料。

8.4.6 防水材料的验收

1. 石油沥青防水卷材的验收

验收内容：外观不允许有孔洞、硌伤，胎体不允许出现露胎或涂盖不匀；裂纹、折纹、皱折、裂口、缺边不许超标，每卷允许有一个接头，较短的一段应不小于 2.5 m，接头处应加长 150 mm。物理性能(纵向拉力、耐热度、柔度、不透水性)指标应符合技术要求。

2. 高聚物改性沥青防水卷材的验收

验收内容：成卷卷材应卷紧整齐，端面里进外出不得超过 10 mm；成卷卷材在规定温度下展开，在距卷心 1.0 m 长度外，不应有 10 mm 以上的裂纹和粘接；胎基应浸透，不应有未被浸透的条纹；卷材表面应平整，不允许有空洞、缺边、裂口，矿物粒(片)应均匀并且紧密黏附于卷材表面；每卷接头不多于一个，较短一段应不少于 2.5 m，接头应剪切整齐，加长 150 mm，以备粘接用。物理性能应检验拉力、最大拉力时的延伸率、耐热度，低温柔性、不透水性等指标。SBS 卷材和 APP 卷材的卷重、面积、厚度见表 8.15。

表 8.15　高聚物改性沥青防水卷材的卷重、面积、厚度

规格(公称厚度)/mm		3			4			5		
上表面材料		PE	S	M	PE	S	M	PE	S	M
下表面材料		PE	PE、S		PE	PE、S		PE	PE、S	
面积/(m^2·卷$^{-1}$)	公称面积	10、15			10、7.5			7.5		
	偏差	±0.10			±0.10			±0.10		
单位面积质量/(kg·m^{-2})≥		3.3	3.5	4.0	4.3	4.5	5.0	5.3	5.5	6.0
厚度/mm	平均值≥	3.0			4.0			5.0		
	最小单值	2.7			3.7			4.7		

3. 合成高分子防水卷材的验收

验收内容：外观不允许出现裂纹、气泡、机械损伤、折痕、穿孔、杂质及异常黏着的缺陷；允许在 20 m 长度内有一个接头，并加长 150 mm，以备搭接；接头处要求剪切平整，最短段不小于 2.5 m 等。物理力学性能应检验断裂拉伸强度、拉断伸长率、低温弯折、不透水性等指标。

仿真试验：弹性改性沥青防水卷材不透水检测试验

仿真试验：弹性改性沥青防水卷材拉伸试验

仿真试验：弹性改性沥青防水卷材耐热性检测

模块小结

防水材料是保证房屋建筑能够防止雨水、地下水与其他水分渗透的材料。它是建筑工程中不可缺少的重要建筑材料之一。

沥青不溶于水，可溶于多种有机溶剂，具有良好的黏性、塑性、防水性和防腐性，是建筑工程中常用的一种重要的防水、防潮和防腐材料。防水卷材尺寸大、施工效率高、防水效果好、耐用年限长。防水卷材按组成材料分为沥青防水卷材、改性沥青防水卷材和合成高分子防水卷材 3 大类。防水涂料是以沥青、合成高分子等材料为主体，在常温下呈液态，经涂布后通过溶剂的挥发、水分的蒸发或反应固化，在结构表面形成坚韧防水膜的材料。防水涂料按成膜物质的主要成分可分为沥青类、改性沥青类和合成高分子类 3 类。

工程案例

深圳国际会展中心

深圳国际会展中心地处粤港澳大湾区湾顶、珠三角中心和广东自贸区中心，总占地面积 148 万 m^2，项目一期总占地面积约 121.4 万 m^2，一期总建筑面积达 160 万 m^2。整体采用了鱼骨状布局，一条长 1 750 m 的中央通廊连接 2 个登陆大厅、1 个接待大厅和 19 个展厅，是一个集展览、会议、活动办公、服务等于一体的超大型会展综合体。展馆一期项目于 2016 年 9 月开工建设，2019 年 9 月全面建成，11 月正式启用(图 8.24)。

图 8.24　深圳国际会展中心

深圳国际会展中心展馆是全球防水面积最大的单体建筑，金属屋面防水是重中之重，面积约 73.5 万 m^2，可覆盖 106 个标准足球场。

设计单位通过优化建筑造型设计、完善整体屋面体系、完善各功能层次、采用可靠的连接技术、加强节点设计等设计思想和手段，确保了大面积金属屋面的防水效果。

其中，围护系统构造功能层次的完整是防水系统的基本保证。为确保屋面一级防水要求，屋面构造设计采用的是镀铝锌压型钢板直立锁边屋面板与 TPO 防水卷材的两道防水形式，其中 TPO 防水卷材安装于固定支座的底部，其穿透部位防水处理相对简单，且隔热层上铺 1.5 mm 厚隔声镀锌平钢板，便于 TPO 防水卷材的连接固定，同时平整度也可得到有效保证，有利于发挥第 2 道防水层的作用。整体的金属屋面构造层次如图 8.25 所示。

知识拓展

TPO 高分子防水卷材

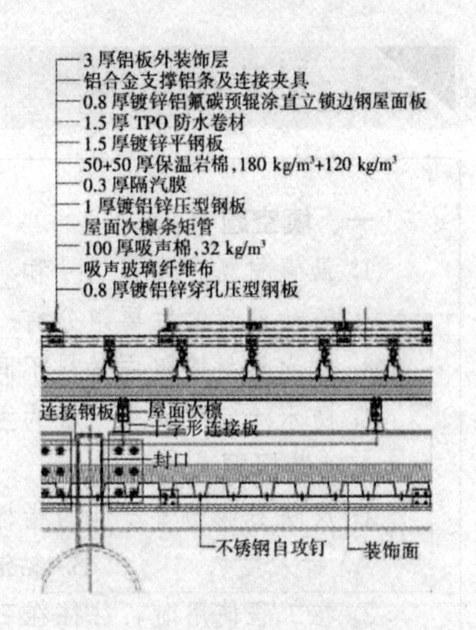

图 8.25 屋面防水构造设计

热塑性聚烯烃(TPO)防水卷材是 20 世纪 90 年代，继三元乙丙(EPDM)防水卷材、聚氯乙烯(PVC)卷材之后研制成功的新型高分子防水卷材。TPO 防水卷材是基于聚丙烯和橡胶一起聚合所得到的聚合物，综合了 EPDM 和 PVC 的性能优点，具有前者的耐候能力、低温柔度和后者的可焊接特性。该材料物理性能检验满足《高分子防水材料》(GB 18173)的需求。这种材料具有良好的加工性能和力学性能，具有抗老化、拉伸强度高、伸长率大、潮湿屋面可施工、外露无须保护层、施工方便、无污染等特点。尤其是直接外露使用具有超长的耐老化性能，近几年在美国和欧洲盛行并且逐渐占据重要地位，成了北美的“低坡屋面之王”。但 TPO 防水卷材也并非只能应用于单层屋面，以 TPO 为片材，单面覆胶层和特殊颗粒，采用预铺反粘工法施工的 TPO 防水卷材，用于地下室底板的防水工程中同样具有不错的防水效果。并且随着 TPO 防水卷材种类的增加，TPO 防水卷材所应用的领域是不断扩大的，从早期的单层屋面系统到多层屋面防水系统、地下防水系统以及种植屋面防水系统、地下管廊防水系统和屋面维修系统、公共建筑系统等。

TPO 防水卷材在任何一个使用阶段(从聚合出来到使用寿命完结中的任意时间点上)都可循环再利用，符合绿色建材的要求，并且 TPO 屋面卷材体系已经可以提供 30 年的质量保证。TPO 防水卷材的优良性能使得它的应用越来越广泛(图 8.26)。

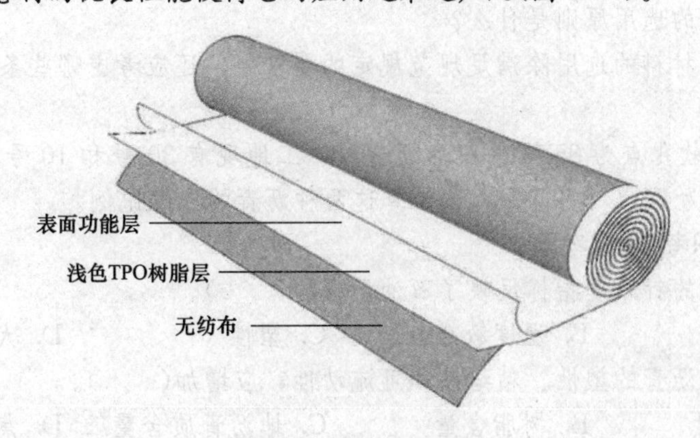

图 8.26 TPO 防水卷材

拓展训练

一、填空题

1. 沥青材料分为______和______两大类。

2. 石油沥青的主要组分有______、______和______。

3. 防水卷材按组成材料不同可分为______、______和______3种。

4. 防水涂料按成膜物质的主要成分不同可分为_____、_____、_____和_____4种。

二、选择题

1. 反映石油沥青塑性的指标是(　　)。

A. 针入度　　B. 黏滞度　　C. 延度　　D. 软化点

2. 在工程使用时，往往在石油沥青中加入滑石粉、石灰石粉或其他矿物填料来减小其(　　)。

A. 黏性　　B. 塑性　　C. 温度敏感性　　D. 大气稳定性

3. 沥青的(　　)差，会发生“老化”现象。

A. 黏性　　B. 塑性　　C. 温度敏感性　　D. 大气稳定性

4. 某建筑工程选择沥青胶为屋面防水材料，屋面坡度为 12 ℃，历年极端室外温度为 39 ℃，选择沥青胶标号：(　　)。

A. S—65　　B. S—70　　C. S—75　　D. S—80

三、简答题

1. 石油沥青的组分有哪些？对石油沥青起到哪些作用？

2. 沥青软化点大致区间是多少？过高或过低对石油沥青性质有什么影响？

3. 石油沥青的选用原则是什么？

4. 屋面防水材料的选用除满足规范规定的要求外，还应考虑哪些条件？

四、计算题

某工程需要软化点为 85 ℃的石油沥青胶，工地现有 30 号和 10 号两种沥青，经试验其软化点分别为 70 ℃和 95 ℃，试计算这两种沥青的掺配比例。

五、“直通职考”模拟考题

1. 石油沥青的针入度指标反映了石油沥青的(　　)。

A. 黏滞性　　B. 温度敏感性　　C. 塑性　　D. 大气稳定性

2. 为了提高沥青的塑性、粘结性和可流动性，应增加(　　)。

A. 油分含量　　B. 树脂含量　　C. 地沥青质含量　　D. 焦油含量

3. 为了提高沥青的温度稳定性，可以采取的措施是(　　)。

A. 提高地沥青质的含量　　B. 降低环境温度

C. 提高油分含量　　D. 提高树脂含量

模块9 环保节能材料

学习目标

通过本模块的学习，对环保节能材料有一定的认识；理解环保节能建筑材料的开发和应用的重要意义；掌握常用环保节能材料的性能、优缺点、相关标准以及在工程实际中的应用。

学习要求

知识点	能力要求	相关知识
保温隔热材料	1. 了解保温隔热材料的定义及分类； 2. 掌握常见保温隔热材料的性能和优缺点	保温隔热材料的定义、分类；工程中常用的保温隔热材料的性能、优缺点和应用
节能门窗和节能玻璃	1. 了解节能门窗框扇材料及其性能； 2. 了解节能玻璃的种类	节能门窗和玻璃的分类、性能

学习参考标准

《膨胀珍珠岩绝热制品》(GB/T 10303—2015)；

《绝热用挤塑聚苯乙烯泡沫塑料(XPS)》(GB/T 10801.2—2018)；

《泡沫玻璃绝热制品》(JC/T 647—2014)；

《外墙外保温工程技术标准》(JGJ 144—2019)；

《环保型建材及装饰材料技术要求》(SB/T 10727—2015)；

《节能建筑评价标准》(GB/T 50668—2011)；

《建筑节能工程施工质量验收规范》(SZJG 31—2010)。

模块导读

节能技术有很多思路，采用高效的环保节能材料是思路之一，那么，环保节能材料在建筑节能中有什么样的地位呢？

节能降耗是中国全社会面临的一项重要任务，而建筑行业能耗占到全社会总能耗的40%～50%。

到“十二五”，全国范围内执行65%的节能标准。同时，发展节能省地环保型建筑和绿色建筑；建立符合中国特点的节约型住宅建设和消费模式。“十三五”末，全国万元国内生产总值能耗比2015年下降15%，能源消费总量控制在50亿t标准煤以内。2020年年底，我国获得绿色建筑标识的项目累计达到了2.47万个，建筑面积超过了25.69亿m^2，2020年当年新建绿色建筑已经占城镇新建民用建筑的比例达到77%。

节能建筑材料作为节能建筑的重要物质基础，是建筑节能的根本途径。在建筑中使用各种节能建材，一方面可提高建筑物的隔热保温效果，降低采暖空调能源损耗；另一方面又可以极大地改善建筑使用者的生活、工作环境。走环保节能建材之路，大力开发和利用各种高品质的节能建材，是节约能源，降低能耗，保护生态环境的迫切要求，同时又对实现我国21世纪经济和社会的可持续性发展有着现实与深远的意义。

节能高温隔热保温涂料成功研发和使用，节能产业提升空间加大。发展新型节能型建筑材料，就成为未来建筑材料的主要发展方向和趋势，对于落实科学发展观和构建资源节约型社会具有重要的现实意义。

绿色材料是指在原料采取、产品制造使用和再循环利用以及废物处理等环节中与生态环境和谐共存并有利于人类健康的材料，它们要具备净化吸收功能和促进健康的功能。绿色材料是在1988年第一届国际材料会议上首次提出来的，并被定为21世纪人类要实现的目标材料之一。

【小提示】由环保节能材料在建筑节能中的地位，培养学生绿色环保、节能降噪的新发展理念。

9.1 保温隔热材料

建筑节能以发展新型节能建材为前提，必须有足够的保温隔热材料做基础。近年来，我国保温隔热材料的产品结构发生明显的变化：泡沫塑料类保温隔热材料所占比例逐年增长，已由2001年的21%上升到2005年的37%；矿物纤维类保温隔热材料的产量增长较快，但其所占比例基本维持不变；硬质类保温隔热材料制品所占比例逐年下降。

9.1.1 保温隔热材料的定义

保温材料指的是控制室内热量外流的建筑材料；保温材料通常导热系数(λ)值应不大于0.23 W/(m·K)，热阻(R)值应不小于4.35 m^2·K/W。此外，保温材料尚应满足：表观密度不大于600 kg/m^3，抗压强度大于0.3 MPa，构造简单，施工容易，造价低等。

微课：保温隔热材料

隔热材料指的是控制室外热量进入室内的建筑材料。隔热材料应能阻抗室外热量的传入，以及减小室外空气温度波动对内表面温度影响。材料隔热性能的优劣，不仅与材料的导热系数有关，而且与导温系数、蓄热系数有关。

9.1.2 保温隔热材料的种类

1. 矿物棉、岩棉、玻璃棉

矿物棉、岩棉、玻璃棉是以岩石、矿渣为主要原料，经高温熔融，用离心等方法制成的棉及以热固型树脂为胶粘剂生产的绝热制品。其具有保温隔热性能好[λ=0.047 W/(m·K)]，耐一定的温度，防火性能好，吸声、隔声等优点；且干法施工，施工效率高。缺点：吸湿性强，应注意防潮；松散材料在墙面铺设、固定并保持平整度上较困难。

2. 泡沫塑料及多孔聚合物

泡沫塑料是以塑料为基本组分并含有大量气泡的聚合物材料，整体布满无数互相连通或互不连通的微孔而使表观密度明显降低的塑料。其具有质轻、绝热、吸声、防震、耐潮、耐腐蚀等优点。常见的传统泡沫塑料主要有聚苯乙烯泡沫塑料（包括挤塑型和发泡型）和聚氨酯泡沫塑料，如图 9.1、图 9.2 所示。其具有保温性能好[聚苯乙烯：$\lambda=0.042$ W/(m·K)；聚氨酯：$\lambda=0.033$ W/(m·K)]，吸声、隔声，且吸水率低，干法作业等优点。缺点：对罩面砂浆防裂要求较高，整体造价偏高，防火性能有待改善。

图 9.1　聚苯乙烯泡沫塑料

图 9.2　聚氨酯泡沫塑料

3. 膨胀珍珠岩及其制品

膨胀珍珠岩是以天然珍珠岩、黑曜岩或松脂岩为原料，经煅烧，体积急剧膨胀（约 20 倍）而得的蜂窝状白色或灰白色松散颗料。保温隔热性能较好[水玻璃珍珠岩板：$\lambda=0.062$ W/(m·K)]，蓄热能力较强，防火、耐腐蚀，吸声、隔声，无毒、无味，价格低，干法施工；缺点是材料吸水率较高，质脆，应注意防潮、防裂。

4. 硅酸钙绝热制品

硅酸钙绝热制品保温隔热性能较好，热稳定性好[硅钙板：$\rho\leqslant 250$ kg/m^3 时，$\lambda=0.048$ W/(m·K)]，耐热防火（耐热温度可达 1 000 ℃），强度较高，耐水、耐腐蚀，吸声、隔声，且可加工性好，干法施工。缺点是生产工艺较复杂，产品价格偏高。

5. 复合保温隔热材料

复合保温隔热材料主要有复合硅酸盐保温隔热涂料、胶粉料、聚苯乙烯颗粒保温隔热材料等。保温隔热性能较好，热稳定性好[胶粉料、聚苯乙烯颗粒保温隔热材料：$\rho\leqslant 220$ kg/m^3 时，$\lambda=0.059$ W/(m·K)]，防火性能较好（难燃级，B 级），吸声、隔声性能较好，湿法涂抹施工，整体性好。缺点是施工受气候影响较大，施工周期相对较长。

6. 膨胀玻化微珠

膨胀玻化微珠由一种无机玻璃质矿物材料松子岩，经过特殊工艺技术加工而成，呈现不规则球状颗粒，内部多孔，表面玻化封闭，光泽平滑，理化性能稳定，具有轻质、绝热、耐火、抗老化、吸水率小等特点。导热系数为 0.032～0.045 W/(m·K)，粒度为 0.5～1 mm，堆积密度为 80～100 kg/m^3。

7. 板材保温隔热材料

广义地讲，板材保温隔热材料，使用的地区和范围比较广，可以在外墙外保温工程中使用，也可以在外墙内保温工程中使用。板材保温隔热材料的保温主体可以是发泡型聚苯乙烯板、挤出型聚苯乙烯板、岩棉板、玻璃棉板等不同材料。板材保温隔热材料又可分为单一保温隔热材料和系统保温隔热材料。

8. 浆体保温材料

浆体保温材料目前主要用于外墙内保温，也可用于隔墙和分户墙的保温隔热，若性能允许，还可用于外墙外保温。浆体材料有两种类型：一种是以胶凝材料为主的固化型，另一种是以水分蒸发为主的干燥型。

浆体保温材料的主要成分是海泡石(聚苯粒)、矿物纤维、硅酸盐，经过一定的生产工艺复合而成的轻质保温材料。它的产品有粉状和膏状(浆体状)两种类型，但使用时均以浆体抹在基层上。

9. 保温涂料

保温(隔热、绝热)涂料综合了涂料及保温材料的双重特点，干燥后形成有一定强度及弹性的保温层。与传统保温材料(制品)相比，其优点如下：

(1)导热系数低，保温效果显著。

(2)可与基层全面粘结，整体性强，特别适用其他保温材料难以解决的异型设备保温。

(3)质轻、层薄，建筑内保温用相对提高了住宅的使用面积。

(4)阻燃性好，环保性强。

(5)施工相对简单，可采用人工涂抹的方式进行。

(6)材料生产工艺简单，能耗低。

9.1.3 保温隔热材料的应用

保温隔热材料的应用如下：

(1)主要为建筑物墙体和屋顶的保温绝热。

(2)热工设备、热力管道的保温。

(3)冷藏室及冷藏设备上也大量使用。

【小提示】由当前保温隔热材料的种类、发展和应用，融入开拓创新、科技兴国的意识。

9.2 节能门窗和玻璃

建筑门窗和建筑幕墙是建筑围护结构的组成部分，是建筑物热交换、热传导最活跃、最敏感的部位，其墙体热量损失是墙体热量损失的5～6倍。门窗和幕墙的节能约占建筑节能的40%，具有极其重要的地位。

【小提示】由节能门窗和玻璃材料对建筑节能的作用，提高节约能源和保护生态环境的认识。

9.2.1 节能门窗

从目前节能门窗的发展来看，门窗的制造材料从单一的木、钢、铝合金等发展到复合材料，如铝合金一木材复合、铝合金一塑料复合、玻璃钢等。目前，我国市场主要的节能门窗有 PVC 门窗、铝木复合门窗、铝塑复合门窗、玻璃钢门窗等。

微课：节能门窗

1. 钢铝窗

框扇材料的导热面积虽不大，但其导热系数很大，其传导热损失仍占整个窗户热损失的主要部分。其中，单层玻璃铝合金窗的传热系数 K 为 6.2 W/(m^2·K)，而单层玻璃塑料窗的传热系数 K 为 4.6 W/(m^2·K)，传热量减少了 25.8%。

2. 断热铝合金框

采用非金属材料(如高强度增强尼龙隔热条)，对铝合金型材进行有效隔热，如图 9.3 所示。普通中空玻璃铝合金窗的传热系数 K 为 3.9 W/(m^2·K)，采用断热铝合金窗后，其传热系数降为 3.4 W/(m^2·K)。若断热铝合金框与 Low—E 中空玻璃配合使用，可使铝合金外窗的传热系数降低到 2.5 W/(m^2·K)以下，其结构严密，装饰性好，是非常理想的外窗形式。

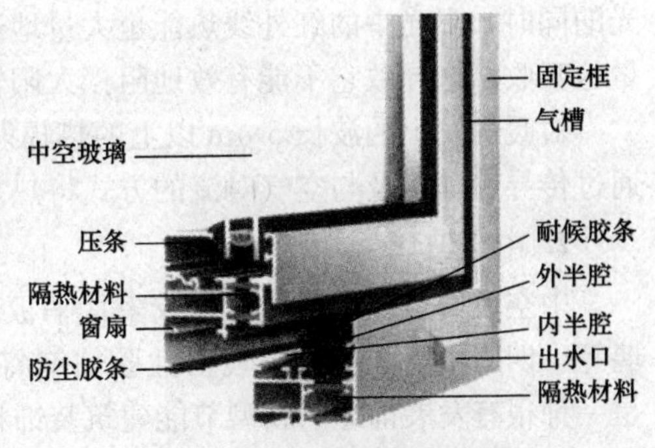

图 9.3 断热铝合金型材断面

3. PVC 塑料框

PVC 塑料型材或断热铝合金型材，由于窗框(扇)的断面形式不同，做成的外窗传热系数差别很大，一般 PVC 塑料框材的传热系数 K 为 1.9 W/(m^2·K)，在选择节能窗框(扇)材料时也应加以重视。若采用中空玻璃塑料窗，其传热系数 K 可达 2.5～2.8 W/(m^2·K)，甚至更小，这是塑料窗作为节能外窗的有利条件之一。

4. 铝木门窗

铝木门窗最大的特点是保温、节能、抗风沙。它是在实木之外又包了一层铝合金，如图 9.4所示，使门窗的密封性更强，可以有效地阻隔风沙的侵袭。当酷暑难耐之时，又可以阻挡室外燥热，减少室内冷气的散失；在寒冷的冬季也不会结冰、结露，还能将噪声拒之窗外。

图 9.4 铝包木型材断面

5. 玻璃钢门窗

玻璃钢是以玻璃纤维及其制品为增强材料，以不饱和聚酯树脂为基体材料，通过拉挤工艺生产出空腹异型材，然后通过切割等工艺制成门窗框，再装配上毛条、橡胶条及五金件制成成品门窗。

玻璃钢门窗是继木、钢、铝、塑后又一新型门窗。玻璃钢门窗综合了其他类门窗的优点，既有钢、铝门窗的坚固性，又有塑钢窗的防腐、保温、节能性能，更具有自身的独特性能。在阳光直接照射下无膨胀，在寒冷的气候下无收缩，轻质高强无须金属加固，耐老化，使用寿命长，其综合性能优于其他类门窗，由于它具有优良的特性和美丽的外观，被誉为 21 世纪建筑门窗的“绿色产品”。

9.2.2 节能玻璃

玻璃是重要的建筑材料。随着对建筑物装饰性要求的不断提高，玻璃在建筑行业中的使用量也不断增大。然而，当今人们在选择建筑物的玻璃门窗时，除考虑其美学和外观特征外，更注重其热量控制、制冷成本和内部阳光投射舒适平衡等问题。

1. 透明玻璃

透明玻璃(钠钙硅玻璃)的透射范围正好与太阳辐射光谱区域重合，因此，在透过可见光的同时，阳光中的红外线热能也大量地透过玻璃，而 3～5 μm 中红外波段的热能又被大量地吸收，这导致它不能有效地阻挡太阳辐射能。

对暖气发出的波长 5 μm 以上的热辐射，透明玻璃不能直接透过而是近乎完全吸收，并通过传导、辐射及与空气对流的方式将热能传递到室外。

2. 中空玻璃

中空玻璃是以同尺寸两片或多片平板玻璃、镀膜玻璃、彩色玻璃、压花玻璃、钢化玻璃等，四周用高强度、高气密性胶粘剂将其与铝合金框或橡皮条、玻璃条胶结密封而成，是一种很有发展前途的新型节能建筑装饰材料，具有优良的保温、隔热和降噪性能。

3. 真空玻璃

真空玻璃应用的是保温瓶原理，将两片玻璃(其中一片为白玻，另一片为 Low－E 玻璃)四周密封起来，两片玻璃之间用极小的支撑物分隔开，以防排真空时两片玻璃吸合到一起，形成 0.1～0.2 mm 的真空层，排气后将排气口封死。

真空玻璃从热传导的 3 个途径进行了控制：由于真空层的存在，里面没有热的直接传导介质，也不能形成对流，在生产真空玻璃时，其中一片 Low－E 玻璃减少了辐射传热。

4. 热反射镀膜玻璃

热反射镀膜玻璃是在玻璃表面镀金属或金属化合物膜，使玻璃呈现丰富色彩并具有新的光、热性能。其主要作用是降低玻璃的遮阳系数 S_c，限制太阳辐射的直接透过。热反射膜层对远红外线没有明显的反射作用，故对改善 U 值没有大的贡献。

在夏季光照强的地区，热反射镀膜玻璃的隔热作用十分明显，可有效衰减进入室内的太阳热辐射。但在无阳光的环境中，如夜晚或阴雨天气，其隔热作用与白玻璃无异。从节能的角度来看，它不适用寒冷地区，因为这些地区需要阳光进入室内采暖。

5. 镀膜低辐射玻璃

镀膜低辐射玻璃又称 Low－E 玻璃，是近年来发展起来的新型节能玻璃，采用真空磁控溅射法或高温热解沉积法在玻璃表面镀上多层金属或其他化合物组成的膜。

模块小结

微课：新型墙体材料(1)

节能环保材料作为节能建筑的重要物质基础，是建筑节能的根本途径，在工程中应选用合适的节能环保材料。

保温隔热材料是节能环保材料的基础，保温材料指的是控制室内热量外流的建筑材料，隔热材料指的是控制室外热量进入室内的建筑材料。工程中常用的保温隔热材料有矿物棉、岩棉、玻璃棉、泡沫塑料及多孔聚合物、膨胀珍珠岩及其制品、硅酸钙绝热制品、复合保温隔热材料、膨胀玻化微珠、板材保温隔热材料、浆体保温材料、保温涂料等。

微课：新型墙体材料(2)

建筑门窗是建筑围护结构的组成部分，也是建筑物热交换、热传导最活跃的部位，对于建筑节能效果影响很大。目前常见的门窗框扇材料有钢铝窗、断热铝合金框、PVC 塑料框、铝木门窗、玻璃钢门窗。常见的节能玻璃有透明玻璃、中空玻璃、真空玻璃、热反射镀膜玻璃、镀膜低辐射玻璃。

工程案例

“上海中心”大厦是世界最高的双层表皮建筑。同时也是中国首座同时符合中国绿色建筑评价体系和美国 LEED 绿色建筑认证体系的“绿色摩天大楼”(图 9.5)。“上海中心”大厦项目幕墙系统及防火避难层部分采用保温岩棉及防火岩棉。设计师还为外幕墙的玻璃设置了重重防护：第一道防护——使用超白玻璃，与普通钢化玻璃相比，自爆率接近零；第二道防护——玻璃中加胶片，即使玻璃在剧烈的锤击试验下慢慢破裂，所有碎片也能牢牢附着在胶片上，不会落地。同时，双层幕墙之间的空腔成为一个温度缓冲区，就像热水瓶胆一样，避免室内直接和外界进行热交换，采暖和制冷的能耗比单层幕墙降低 50% 左右。

图 9.5 “上海中心”大厦

知识拓展

太空反射绝热涂料

传统的保温隔热材料以提高气相空隙率，来降低导热系数和传导系数。纤维类保温材料在使用环境中要使对流传热和辐射传热升高，必须有较厚的覆层；而型材类无机保温材料要进行拼装施工，存在接缝多、有损美观、防水性差、使用寿命短等缺陷。为此，人们一直在寻求与研究一种能大大提高保温材料隔热反射性能的新型材料。目前，已率先在国内同行中研制成功具有高效、薄层、隔热节能、装饰防水于一体的新型太空反射绝热涂料。

1. 太空反射绝热涂料的特性

该涂料选用具有优异耐热、耐候性、耐腐蚀和防水性能的硅丙乳液与水性氟碳乳液作为成膜物质，采用被誉为空间时代材料的极细中空陶瓷颗粒作为填料，由中空陶粒多组合排列制得的涂膜构成。它对 400～1 800 nm 范围的可见光和近红外区的太阳热进行高反射，同时在涂膜中引入导热系数极低的空气微孔层来隔绝热能的传递。这样，通过强化反射太阳热和对流传递的显著阻抗性，能有效地降低辐射传热和对流传热，从而降低物体表面的热平衡温度，可使屋面温度最高降低 20 ℃，室内温度降低 5 ℃～10 ℃。产品热反射率为 89%，导热系数为 0.030 W/(m·K)。该隔热保温涂料以水为稀释介质，不含挥发性有机溶剂，对人体及环境无危害；其生产成本仅约为国外同类产品的 1/5，而它作为一种新型隔热保温涂料，有着良好的经济效益、节能环保、隔热效果和施工简便等优点而越来越受到人们的关注与青睐。

2. 太空反射绝热涂料的应用及效果

太空反射绝热涂料在国内已在国防、工业、商业、储运和建筑等行业上大量应用。

(1)钢板粮仓：外围护表面喷涂0.3～0.4 mm，仓顶温度最大下降21.6 ℃，并可防护环境水汽对仓体外围护的影响，阻碍水汽冷凝现象的产生。

(2)楼房屋顶：表面喷涂0.4～0.6 mm，在32 ℃的环境温度下，屋顶温度最大下降18.1 ℃，极大地减轻了太阳热烘烤的感觉。

(3)管道与阀门：95 ℃热水管道与阀门的外表面喷涂3～3.5 mm，表面温度下降到56 ℃，用手摸表面与同温度的管道比，灼热的感觉明显减轻。

太空反射绝热涂料正经历着一场由工业隔热保温向建筑隔热保温为主的方向转变，由厚层向薄层隔热保温的技术转变，这也是今后隔热保温材料主要的发展方向之一。

拓展训练

一、选择题

1. 评定建筑材料保温隔热性能好坏的主要指标是(　　)。

A. 体积、比热　B. 形状、重度　C. 含水量、空隙率　D. 导热系数、热阻

2. 下列保温隔热材料防火性能有待改善的是(　　)。

A. 岩棉　B. 聚苯乙烯泡沫塑料

C. 膨胀玻化微珠　D. 复合保温隔热材料

3. 下列门窗综合性能最好的是(　　)。

A. 钢铝门窗　B. 铝木门窗　C. 断热铝合金门窗　D. 玻璃钢门窗

二、判断题

1. 保温材料是指控制室外热量进入室内的建筑材料。(　　)

2. 隔热材料是指控制室内热量外流的建筑材料。(　　)

3. 框扇材料的导热面积虽不大，但其导热系数很大，其传导热损失仍占整个窗户热损失的主要部分。(　　)

4. 真空玻璃可以保温隔热、降低能耗，保持室内舒适度。(　　)

三、"直通职考"模拟考题

1. 通常把导热系数(λ)值不超过(　　)W/(m·K)的材料划分为保温材料。

A. 0.20　B. 0.21　C. 0.23　D. 0.25

2. 膨胀珍珠岩由珍珠岩经过破碎预热瞬时高温1 200 ℃焙烧而成，它的主要性能不包括下列哪条？(　　)

A. 轻质无毒　B. 有异味　C. 绝热、吸声　D. 不燃烧

参考文献

[1] 江政俊，刘翔，陈波．建筑材料[M]. 武汉：武汉大学出版社，2015.

[2] 郭秋兰．建筑材料[M]. 哈尔滨：哈尔滨工业大学出版社，2013.

[3] 汪绯．建筑工程材料[M]. 2 版．北京：高等教育出版社，2019.

[4] 于新文．建筑材料与检测[M]. 北京：人民邮电出版社，2015.

[5] 李伟华，梁媛．建筑材料及性能检测[M]. 北京：北京理工大学出版社，2011.

[6] 王艳．建筑材料[M]. 北京：清华大学出版社，2019.

[7] 张伟，王英林．建筑材料与检测[M]. 北京：北京邮电大学出版社，2016.

[8] 王辉．建筑材料与检测[M]. 2 版．北京：北京大学出版社，2016.

[9] 梅杨，夏文杰，于全发．建筑材料与检测[M]. 2 版．北京：北京大学出版社，2015.

[10] 新梅的浪漫．古今建筑材料发展历史，未来的趋势是什么？[EB/OL]. [2018−10−22]. https://page. om. qq. com/page/OQDUDnHPtD-eJEDsCiuOnvig0.

[11] 杨冬蕾．我国磷石膏和钛石膏资源化利用进展及展望[J]. 硫酸工业，2018(10)：5-10.

[12] 邓铃夕，尤超，安广文，等．磷酸镁水泥的发展现状及应用前景分析[J]. 技术与市场，2020，27(6)：48-50.

[13] 刘进，芮润华，张增起．磷酸镁水泥性能的研究进展[J]. 材料导报，2021(23)：1-16.

[14] 秦颖，梁广．我国建筑绝热节能材料现状及趋势研究[J]. 硅酸盐通报，2018，37(12)：3849−3853.

[15] 徐世烺，李贺东．超高韧性水泥基复合材料研究进展及其工程应用[J]. 土木工程学报，2008(06)：45-60.

[16] 李庆华，徐世烺．超高韧性水泥基复合材料基本性能和结构应用研究进展[J]. 工程力学，2009，26(S2)：23-67.

[17] 360 百科．泰晤士河隧道[EB/OL]. https://baike. so. com/doc/7574920-7849014. html.

[18] 新浪世博．中国 2010 年上海世博会意大利国家馆介绍[EB/OL]. [2009−12−14]. http://expo2010. sina. com. cn/site/events/20091214/13524601. shtml.

[19] 百度百科．装配式混凝土建筑[EB/OL]. https://baike. baidu. com/item/%E8%A3%85%E9%85%8 D%E5%BC%8 F%E6%B7%B7%E5%87%9 D%E5%9C%9F%E5%BB%BA%E7%AD%91/22324356？ fr=aladdin.

[20] 张涛．土建工程混凝土施工技术分析[J]. 科技创新与应用，2018(06)：63-64.

[21] 高殿民．清水混凝土施工技术在建筑工程中的应用[J]. 工程技术研究，2018(02)：49-50.

[22] 周长泉．土木工程施工中混凝土施工技术分析[J]. 科学技术创新，2018(18)：139-140.

[23] 黄丽梅．建筑工程中高性能混凝土施工技术分析[J]. 中国住宅设施，2018(01)：61-63.

[24] 刘志强，任贺江．建筑工程大体积混凝土施工技术的探讨[J]. 中国设备工程，2018(06)：201-202.
[25] 赵家伟．水泥砂浆抹灰墙面裂缝的原因分析及应对措施[J]. 建材与装饰，2018(18)：23.
[26] 建材网．聚合物改性水泥砂浆工程案例[EB/OL].[2018－5－16].https://www.bmlink.com/rst5758/news/1080111.html.
[27] 知道讲历史"罗马砂浆"——现代混凝土的原型，古罗马人是怎么用它做防波堤的?[EB/OL].[2017－05－05]. https://baijiahao.baidu.com/s? id=1566531059712687.
[28] 吴锋．钢结构建筑在装配式建筑发展过程中的优势[J]. 产业创新研究，2021(16)：102-104.
[29] 吴凡．深圳国际会展中心超大金属屋面防水设计[J]. 中国建筑防水，2019(9)：39-42.
[30] 360 百科．保温隔热材料[EB/OL]. https://baike.so.com/doc/6722185－6936262.html.
[31] 360 百科．玻璃钢门窗 [EB/OL]. https://baike.so.com/doc/5797503－6010298.html.

《建筑材料》配套实训指导书

班级：________________

姓名：________________

学号：________________

北京理工大学出版社
BEIJING INSTITUTE OF TECHNOLOGY PRESS

模块1　水泥性能检测

任务1.1　水泥细度检测(筛析法)

1.1.1　任务描述

某学校25号楼钢筋混凝土梁，混凝土设计强度等级为C30，采用普通硅酸盐水泥，试检测这批水泥的细度。

1.1.2　任务目的

细度是指水泥颗粒的粗细程度，是影响水泥强度、标准稠度用水量等性能指标的重要参数，检验水泥细度，可用于评定水泥的质量。

1.1.3　任务准备

1. 知识准备

在学习教材中水泥细度知识后，观看水泥细度检测视频，并做仿真检测。

微课：水泥细度检验

微课：水泥细度筛析法试验

仿真试验：水泥细度试验

2. 查阅检测标准

查阅《水泥细度检验方法 筛析法》(GB/T 1345—2005)的规定进行。本方法规定了45 μm方孔标准筛和80 μm方孔标准筛的水泥细度筛析试验方法。筛析法有负压筛析法、水筛法、手工筛析法3种。当3种检测方法测定结果发生争议时，以负压筛析法为准。负压筛析法适用硅酸盐水泥、普通硅酸盐水泥、矿渣硅酸盐水泥、火山灰质硅酸盐水泥、粉煤灰硅酸盐水泥、复合硅酸盐水泥以及指定采用本方法的其他品种水泥和粉状物料。

3. 检测用仪器

(1)负压筛析仪：由筛座、负压筛、负压源和收尘组成，其中筛座由转速为 30 r/min±2 r/min 的喷气嘴、负压表、控制板、微电机及壳体构成，筛析仪负压可调范围为 4 000～6 000 Pa(图 1.1)。

(2)负压筛：80 μm 方孔筛(或 45 μm 方孔筛)(图 1.1)。

(3)天平：最小分度值不大于 0.01 g。

图 1.1　负压筛析仪及负压筛

1.1.4　任务实施

1. 检测原理及步骤

表 1.1　检测原理及步骤

姓名		班级		学号	
检测原理： 根据所学知识和《水泥细度检验方法 筛析法》(GB/T 1345—2005)认真填写。					
检测步骤： 根据《水泥细度检验方法 筛析法》(GB/T 1345—2005)认真填写。					

2. 检测数据记录

表 1.2　水泥细度检测原始记录及结果

<table>
<tr><td colspan="2">样品名称</td><td colspan="3"></td><td>样品编号</td><td colspan="2"></td></tr>
<tr><td colspan="2">样品状态</td><td colspan="3"></td><td>规格型号</td><td colspan="2"></td></tr>
<tr><td colspan="2">检测日期</td><td colspan="3"></td><td>环境条件</td><td colspan="2">温度：　　℃，相对湿度：　　%</td></tr>
<tr><td colspan="2">设备名称</td><td colspan="6"></td></tr>
<tr><td colspan="2">设备编号</td><td colspan="6"></td></tr>
<tr><td colspan="2">设备状态</td><td colspan="6"></td></tr>
<tr><td colspan="2">检测依据</td><td colspan="6"></td></tr>
<tr><td colspan="8">检测内容</td></tr>
<tr><td rowspan="3">水泥细度</td><td rowspan="3">筛析法</td><td>编号</td><td>样品质量 W/g</td><td>筛余质量 R_t/g</td><td>水泥负压筛的修正系数 C</td><td>筛余百分数 F_t/%</td><td>平均值/%</td></tr>
<tr><td>1</td><td></td><td></td><td></td><td></td><td rowspan="2"></td></tr>
<tr><td>2</td><td></td><td></td><td></td><td></td></tr>
<tr><td>检测说明</td><td colspan="7">$F_t=\frac{R_t}{W}\times C\times 100$（结果计算至 0.1%）</td></tr>
</table>

校核：　　　　　　　　主检：　　　　　　　　检测日期：　　年　　月　　日

3. 数据处理及结果判定

(1)当采用 80 μm 筛时，水泥筛余百分数不得超过 10%；当采用 45μm 筛时，水泥筛余百分数不得超过 30%。

(2)合格判定时，每个样品应称取两个试样分别筛析，取筛余平均值为筛析结果。若两次筛余结果绝对误差大于 0.5%时(筛余值大于 5.0%时可放至 1.0%)应再做一次试验，取两次相近结果的算术平均值，作为最终结果。

4. 检测注意事项

(1)试验前所用试验筛应保持清洁，负压筛应保持干燥。

(2)筛析试验前应把负压筛放在筛座上，盖上筛盖，接通电源，检查控制系统，调节负压至 4 000～6 000 Pa 范围内。

(3)称取试样精确至 0.01 g，筛析过程中，筛析仪连续筛析 2 min。

1.1.5　任务评价

表 1.3　任务评价表

评价内容		学生自评	组长评价	教师评价
课前(30 分)	1. 课前查阅标准并观看视频(10 分)			
	2. 检测原理填写完整、书写工整(10 分)			
	3. 检测步骤填写完整规范、书写工整(10 分)			

续表

评价内容		学生自评	组长评价	教师评价
课中(50分)	4. 检测过程按照标准规范操作，严格按照检测注意事项要求，检测过程专注、精益求精、注意安全(30分) (1)试验前所用试验筛应保持清洁，负压筛应保持干燥。 (2)筛析试验前，检查筛析仪控制系统，接通电源后，调节负压至4 000～6 000 Pa范围内。 (3)称取试样精确至0.01 g。 (4)试验中，开动筛析仪连续筛析2 min，在此期间如有试样附着在筛盖上，轻轻地敲击筛盖使试样落下			
	5. 真实地记录检测数据(10分)			
	6. 按规范处理检测数据，合法合规地进行结果判定确保质量(10分)			
课后(20分)	7. 检测完成后，仪器设备清理干净，场地清洁卫生(10分)			
	8. 上交的检测报告填写认真，书写规范(10分)			
合计得分				
最终得分	总分=学生自评×20%+组长评价×30%+教师评价×50%=			

任务1.2 水泥标准稠度用水量检测(标准法)

1.2.1 任务描述

某学校25号楼钢筋混凝土梁，混凝土设计强度等级为C30，采用普通硅酸盐水泥，试检测这批水泥的标准稠度用水量。

1.2.2 任务目的

测定水泥净浆达到标准稠度时的用水量，为凝结时间和体积安定性试验提供标准稠度净浆。

1.2.3 任务准备

1. 知识准备

在学习教材中水泥标准稠度用水量知识后，观看水泥标准稠度用水量检测视频，并做仿真检测。

微课：水泥标准
稠度用水量检验

仿真试验：水泥标准
稠度用水量试验

2. 查阅检测标准

查阅《水泥标准稠度用水量、凝结时间、安定性检验方法》(GB/T 1346—2011)的规定进行。本方法适用硅酸盐水泥、普通硅酸盐水泥、矿渣硅酸盐水泥、火山灰质硅酸盐水泥、粉煤灰硅酸盐水泥、复合硅酸盐水泥以及指定采用本方法的其他品种水泥。

3. 检测用仪器

水泥净浆搅拌机(图 1.2)、标准法维卡仪(图 1.3)、天平、量筒等。

图 1.2　水泥净浆搅拌机

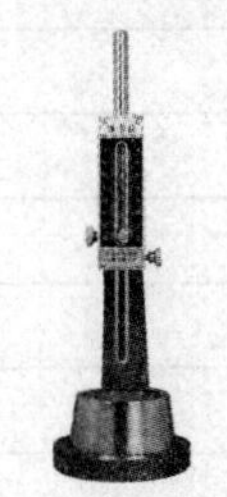

图 1.3　维卡仪

4. 试样制备

水泥净浆的拌制，将水泥净浆搅拌机的搅拌锅和搅拌叶片先用湿布擦过，将拌合水倒入搅拌锅，然后在 5～10 s 内小心将称好的 500 g 水泥加入水中，防止水和水泥溅出；拌和时，先将锅放在搅拌机的锅座上，升至搅拌位置后，启动搅拌机，低速搅拌 120 s，停15 s，同时将叶片和锅壁上的水泥浆刮入锅中间，接着高速搅拌 120 s 停机。

1.2.4　任务实施

1. 检测原理及步骤

表 1.4　检测原理及步骤

姓名		班级		学号	
检测原理： 根据所学知识和《水泥标准稠度用水量、凝结时间、安定性检验方法》(GB/T 1346—2011)认真填写。					

续表

<table>
<tr><td>姓名</td><td></td><td>班级</td><td></td><td>学号</td><td></td></tr>
<tr><td colspan="6">检测步骤：
根据《水泥标准稠度用水量、凝结时间、安定性检验方法》(GB/T 1346—2011)认真填写。</td></tr>
</table>

2. 检测数据记录

表 1.5　水泥标准稠度/用水量检测原始记录及结果

<table>
<tr><td>样品名称</td><td colspan="3"></td><td>样品编号</td><td></td></tr>
<tr><td>样品状态</td><td colspan="3"></td><td>规格型号</td><td></td></tr>
<tr><td>检测日期</td><td colspan="3"></td><td>环境条件</td><td>温度：　　℃，相对湿度：　　%</td></tr>
<tr><td>设备名称</td><td colspan="3"></td><td colspan="2"></td></tr>
<tr><td>设备编号</td><td colspan="3"></td><td colspan="2"></td></tr>
<tr><td>设备状态</td><td colspan="3"></td><td colspan="2"></td></tr>
<tr><td>检测依据</td><td colspan="5"></td></tr>
<tr><td colspan="6">检测内容</td></tr>
<tr><td rowspan="4">标准稠度用水量</td><td>试验次数</td><td>样品质量/g</td><td>标准稠度用水量 A/mL</td><td>标准稠度 P/%</td><td>试杆距底板距离/mm</td></tr>
<tr><td>1</td><td></td><td></td><td></td><td></td></tr>
<tr><td>2</td><td></td><td></td><td></td><td></td></tr>
<tr><td>3</td><td></td><td></td><td></td><td></td></tr>
<tr><td>检测说明</td><td colspan="5">$P=\frac{A}{500}\times 100\%$(结果计算至 0.1%)</td></tr>
</table>

校核：　　　　　　　　　　主检：　　　　　　　　　　检测日期：　　年　　月　　日

3. 数据处理及结果判定

在试杆停止沉入或释放试杆 30 s 时记录试杆距底板之间的距离，以试杆沉入净浆并距底板 6 mm±1 mm 的水泥净浆为标准稠度净浆，其拌合水量为该水泥的标准稠度用水量，按水泥质量的百分比计。

4. 检测注意事项

(1)试验前，应检查维卡仪的滑动杆能自由滑动，试模和玻璃底板需用湿布擦拭，试杆接触玻璃板时指针对准零点。

(2)水泥净浆搅拌机，使用前搅拌锅和搅拌叶片用湿布擦过，先将水倒入搅拌锅，然后在 5～10 s 内将水泥加入水中。

(3)拌和结束后，将水泥净浆一次性装入试模，用直边刀轻轻拍打超出试模部分浆体 5 次排出浆体中的孔隙，然后锯掉多余净浆，再从试模边轻抹顶部一次，使净浆表面光滑，注意不要压实。

(4)整个操作应在搅拌后 1.5 min 内完成。

1.2.5 任务评价

表 1.6 任务评价表

评价内容		学生自评	组长评价	教师评价
课前(30 分)	1. 课前查阅标准并观看视频(10 分)			
	2. 检测原理填写完整、书写工整(10 分)			
	3. 检测步骤填写完整规范、书写工整(10 分)			
课中(50 分)	4. 检测过程按照标准规范操作，严格按照检测注意事项要求，检测过程专注、精益求精、注意安全(30 分) (1)试验前，检查维卡仪的滑动杆能自由滑动，试模和玻璃底板用湿布擦拭，试杆接触玻璃板时指针对准零点。 (2)水泥净浆搅拌机，使用前搅拌锅和搅拌叶片用湿布擦过，先将水倒入搅拌锅，然后在 5～10 s 内将水泥加入水中。水泥净浆搅拌时，应先低速搅拌 120 s，停 15 s，再高速搅拌 120 s。 (3)拌和结束后，将水泥净浆一次性装入试模，浆体超过试模上端，用直边刀轻轻拍打超出试模部分浆体 5 次排出浆体中的孔隙，在锯掉多余净浆和抹平操作过程中，不要压实净浆。 (4)整个操作在搅拌后 1.5 min 内完成			
	5. 真实地记录检测数据(10 分)			
	6. 按规范处理检测数据，合法合规地进行结果判定确保质量(10 分)			
课后(20 分)	7. 检测完成后，仪器设备清理干净，场地清洁卫生(10 分)			
	8. 上交的检测报告填写认真，书写规范(10 分)			
合计得分				
最终得分	总分=学生自评×20%+组长评价×30%+教师评价×50%=			

任务 1.3 水泥凝结时间检测(标准法)

1.3.1 任务描述

某学校 25 号楼钢筋混凝土梁，混凝土设计强度等级为 C30，采用普通硅酸盐水泥，试检测这批水泥的凝结时间。

1.3.2 任务目的

水泥凝结时间的长短，对工程进度和施工方法有很大影响。凝结时间分为初凝时间和终凝时间，初凝时间不宜过快，以便有足够的时间在初凝之前完成混凝土各工序的施工操作，终凝时间也不宜过迟，以便混凝土在浇捣完毕后，尽早完成凝结硬化，具有一定的强度，以利于下一步施工工作的进行，对水泥的凝结时间进行测定，来评定水泥是否满足标准规范要求。

1.3.3 任务准备

1. 知识准备

在学习教材中水泥凝结时间知识后，观看水泥凝结时间检测视频，并做仿真检测。

微课：水泥凝结时间检验

仿真试验：水泥凝结时间试验

2. 查阅检测标准

查阅《水泥标准稠度用水量、凝结时间、安定性检验方法》(GB/T 1346—2011)的规定进行。本方法适用硅酸盐水泥、普通硅酸盐水泥、矿渣硅酸盐水泥、火山灰质硅酸盐水泥、粉煤灰硅酸盐水泥、复合硅酸盐水泥以及指定采用本方法的其他品种水泥。

3. 检测用仪器

水泥净浆搅拌机、标准法维卡仪(图 1.3)、天平、量筒、湿气养护箱(图 1.4)等。

图 1.4 湿气养护箱

4. 试样制备

以标准稠度用水量加水，按规定的操作方法制成标准稠度净浆后，立即一次装入试模，装模刮平后，立即放入湿气养护箱。记录水泥全部加入水中的时间，作为凝结时间起始时间。

1.3.4 任务实施

1. 检测原理及步骤

表 1.7 检测原理及步骤

<table>
<tr><td>姓名</td><td></td><td>班级</td><td></td><td>学号</td><td></td></tr>
<tr><td colspan="6">检测原理：
根据所学知识和《水泥标准稠度用水量、凝结时间、安定性检验方法》(GB/T 1346—2011)认真填写。</td></tr>
<tr><td colspan="6">检测步骤：
根据《水泥标准稠度用水量、凝结时间、安定性检验方法》(GB/T 1346—2011)认真填写。</td></tr>
</table>

2. 检测数据记录

表 1.8 水泥凝结时间检测原始记录及结果

<table>
<tr><td>样品名称</td><td colspan="2"></td><td>样品编号</td><td></td></tr>
<tr><td>样品状态</td><td colspan="2"></td><td>规格型号</td><td></td></tr>
<tr><td>检测日期</td><td colspan="2"></td><td>环境条件</td><td>温度：　　℃，相对湿度：　　%</td></tr>
<tr><td>设备名称</td><td></td><td colspan="2"></td><td></td></tr>
<tr><td>设备编号</td><td></td><td colspan="2"></td><td></td></tr>
</table>

续表

<table>
<tr><td>设备状态</td><td colspan="2"></td><td colspan="2"></td><td colspan="2"></td></tr>
<tr><td>检测依据</td><td colspan="6"></td></tr>
<tr><td colspan="7">检测内容</td></tr>
<tr><td rowspan="13">凝结时间</td><td colspan="6">加水时间：　　月　　日　　时　　分</td></tr>
<tr><td>时间</td><td>针距底板/mm</td><td>评判</td><td>时间</td><td>有否环形痕迹</td><td>评判</td></tr>
<tr><td></td><td></td><td></td><td></td><td></td><td></td></tr>
<tr><td></td><td></td><td></td><td></td><td></td><td></td></tr>
<tr><td></td><td></td><td></td><td></td><td></td><td></td></tr>
<tr><td></td><td></td><td></td><td></td><td></td><td></td></tr>
<tr><td></td><td></td><td></td><td></td><td></td><td></td></tr>
<tr><td></td><td></td><td></td><td></td><td></td><td></td></tr>
<tr><td></td><td></td><td></td><td></td><td></td><td></td></tr>
<tr><td></td><td></td><td></td><td></td><td></td><td></td></tr>
<tr><td></td><td></td><td></td><td></td><td></td><td></td></tr>
<tr><td></td><td></td><td></td><td></td><td></td><td></td></tr>
<tr><td colspan="3">初凝时间：　　　　min</td><td colspan="3">终凝时间：　　　　min</td></tr>
<tr><td>检测
说明</td><td colspan="6"></td></tr>
</table>

校核：　　　　　　　　主检：　　　　　　　　检测日期：　　年　　月　　日

3. 数据处理及结果判定

(1)初凝时间：观察初凝试针停止下沉或释放试针 30 s 时试针的读数，当试针沉至距底板 4 mm±1 mm 时，为水泥达到初凝状态；由水泥全部加入水中至初凝状态的时间为水泥的初凝时间，用 min 来表示。

(2)终凝时间：当终凝试针沉入试体 0.5 mm 时，即环形附件开始不能在试体上留下痕迹时，为水泥达到终凝状态；由水泥全部加入水中至终凝状态的时间为水泥的终凝时间，用 min 来表示。

(3)根据《通用硅酸盐水泥》(GB 175—2007)的规定：硅酸盐水泥的初凝时间不小于 45 min，终凝时间不大于 390 min；其他品种硅酸盐系列水泥的初凝时间不小于 45 min，终凝时间不大于 600 min。凝结时间不符合规定的为不合格品。

4. 检测注意事项

(1)在最初测定的操作时应轻轻扶持金属柱，使其徐徐下降，以防试针撞弯，但结果以自由下落为准。

(2)在整个测试过程中试针沉入的位置至少要距试模内壁 10 mm。

(3)临近初凝时，每隔 5 min(或更短时间)测定一次，临近终凝时每隔 15 min(或更短时间)测定一次，到达初凝时应立即重复测一次，当两次结论相同时才能确定达到初凝状态，达到终凝时，需要在试体另外两个不同点测试，确认结论相同才能确定达到终凝状态。

(4)每次测定不能让试针落入原针孔，每次测试完毕须将试针擦净并将试模放回湿气养护箱内，整个测试过程要防止试模受振。

1.3.5 任务评价

表 1.9 任务评价表

评价内容		学生自评	组长评价	教师评价
课前(30 分)	1. 课前查阅标准并观看视频(10 分)			
	2. 检测原理填写完整、书写工整(10 分)			
	3. 检测步骤填写完整规范、书写工整(10 分)			
课中(50 分)	4. 检测过程按照标准规范操作，严格按照检测注意事项要求，检测过程专注、精益求精、注意安全(30 分) (1)试验前，试针接触玻璃底板时试针应对准零点。 (2)在整个测试过程中试针沉入的位置至少要距试模内壁 10 mm。 (3)达到初凝时应立即重复测一次，当两次结论相同时才能确定达到初凝状态，达到终凝时，需要在试体另外两个不同点测试，确认结论相同才能确定达到终凝状态。 (4)每次测定不能让试针落入原针孔，每次测试完毕须将试针擦净并将试模放回湿气养护箱，整个测试过程要防止试模受振			
	5. 真实地记录检测数据(10 分)			
	6. 按规范处理检测数据，合法合规地进行结果判定确保质量(10 分)			
课后(20 分)	7. 检测完成后，仪器设备清理干净，场地清洁卫生(10 分)			
	8. 上交的检测报告填写认真，书写规范(10 分)			
合计得分				
最终得分	总分＝学生自评×20％＋组长评价×30％＋教师评价×50％＝			

任务 1.4 水泥安定性检测(标准法)

1.4.1 任务描述

某学校 25 号楼钢筋混凝土梁，混凝土设计强度等级为 C30，采用普通硅酸盐水泥，试检测这批水泥的体积安定性。

1.4.2 任务目的

测定水泥的体积安定性，可以评定水泥体积变化的均匀性，体积变化不均匀会引起膨胀、开裂或翘曲等不良现象，从而影响和破坏工程质量，甚至引起严重事故。

1.4.3 任务准备

1. 知识准备

在学习教材中水泥体积安定性知识后，观看水泥体积安定性检测视频，并做仿真检测。

微课：水泥体积安定性检验

2. 查阅检测标准

查阅《水泥标准稠度用水量、凝结时间、安定性检验方法》(GB/T 1346—2011)的规定进行。本方法适用硅酸盐水泥、普通硅酸盐水泥、矿渣硅酸盐水泥、火山灰质硅酸盐水泥、粉煤灰硅酸盐水泥、复合硅酸盐水泥以及指定采用本方法的其他品种水泥。

3. 检测用仪器

水泥净浆搅拌机、雷氏夹膨胀测定仪(图 1.5)、雷氏夹、沸煮箱(图 1.6)、天平、量筒、湿气养护箱等。

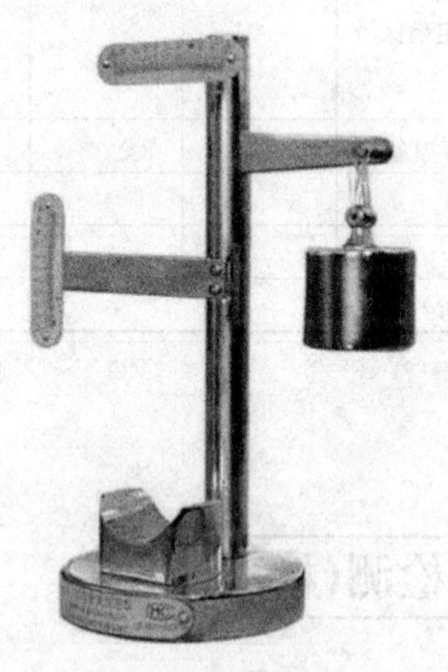

图 1.5 雷氏夹膨胀测定仪

图 1.6 沸煮箱

4. 试样制备

将预先准备好的雷氏夹放在已稍擦油的玻璃板上，并立即将已制好的标准稠度净浆一次装满雷氏夹，装浆时一只手轻轻扶持雷氏夹，另一只手用宽约 25 mm 的直边刀在浆体表面轻轻插捣 3 次，然后抹平，盖上稍涂油的玻璃板，接着立即将试件移至湿气养护箱内养护 24 h±2 h。

1.4.4 任务实施

1. 检测原理及步骤

表 1.10 检测原理及步骤

<table>
<tr><td>姓名</td><td></td><td>班级</td><td></td><td>学号</td><td></td></tr>
<tr><td colspan="6">检测原理：
根据所学知识和《水泥标准稠度用水量、凝结时间、安定性检验方法》(GB/T 1346—2011)认真填写。</td></tr>
<tr><td colspan="6">检测步骤：
根据《水泥标准稠度用水量、凝结时间、安定性检验方法》(GB/T 1346—2011)认真填写。</td></tr>
</table>

2. 检测数据记录

表 1.11 水泥安定性检测原始记录及结果

<table>
<tr><td>样品名称</td><td colspan="3"></td><td>样品编号</td><td></td></tr>
<tr><td>样品状态</td><td colspan="3"></td><td>规格型号</td><td></td></tr>
<tr><td>检测日期</td><td colspan="3"></td><td>环境条件</td><td>温度： ℃，相对湿度： %</td></tr>
<tr><td>设备名称</td><td colspan="2"></td><td colspan="2"></td><td></td></tr>
<tr><td>设备编号</td><td colspan="2"></td><td colspan="2"></td><td></td></tr>
<tr><td>设备状态</td><td colspan="2"></td><td colspan="2"></td><td></td></tr>
<tr><td>检测依据</td><td colspan="5"></td></tr>
<tr><td colspan="6">检测内容</td></tr>
<tr><td rowspan="6">沸煮法
安定性</td><td rowspan="6">雷氏法</td><td colspan="2">编号</td><td>1号</td><td>2号</td></tr>
<tr><td colspan="2">沸煮前试针尖端距离 A/mm</td><td></td><td></td></tr>
<tr><td colspan="2">沸煮后试针尖端距离 C/mm</td><td></td><td></td></tr>
<tr><td colspan="2">$C-A$/mm</td><td></td><td></td></tr>
<tr><td colspan="2">平均值/mm</td><td colspan="2"></td></tr>
<tr><td colspan="2">结论</td><td colspan="2"></td></tr>
<tr><td>检测说明</td><td colspan="5"></td></tr>
</table>

校核： 主检： 检测日期： 年 月 日

3. 数据处理及结果判定

(1)沸煮前，测量雷氏夹指针尖端的距离(A)，精确到0.5mm；沸煮后，测量雷氏夹指针尖端的距离(C)，精确至0.5 mm。

(2)当两个试件煮后增加距离($C-A$)的平均值不大于5.0 mm时，即认定该水泥安定性合格；当两个试件煮后增加距离的平均值大于5.0 mm时，应用同一样品立即重新做一次试验，以复检结果为准。

4. 检测注意事项

(1)凡与水泥净浆接触的玻璃板和雷氏夹内表面都要稍稍涂上一层油。

(2)雷氏夹试件成型时，应用直边刀在浆体表面轻轻插捣3次，然后抹平，试件养护24 h±2 h。

(3)沸煮箱内水位，保证整个沸煮过程不需要添加试验用水且要超过试件，又能在30 min±5 min内升至沸腾。

(4)试件沸煮过程中，试针朝上，需恒沸180 min±5 min。

1.4.5 任务评价

表1.12 任务评价表

	评价内容	学生自评	组长评价	教师评价
课前(30分)	1. 课前查阅标准并观看视频(10分)			
	2. 检测原理填写完整、书写工整(10分)			
	3. 检测步骤填写完整规范、书写工整(10分)			
课中(50分)	4. 检测过程按照标准规范操作，严格按照检测注意事项要求，检测过程专注、精益求精、注意安全(30分) (1)凡与水泥净浆接触的玻璃板和雷氏夹内表面都要稍稍涂上一层油。 (2)雷氏夹试件成型时，应用直边刀在浆体表面轻轻插捣3次，然后抹平，试件养护24 h±2 h。 (3)沸煮箱内水位，保证整个沸煮过程不需要添加试验用水且要超过试件，又能在30 min±5 min内升至沸腾。 (4)试件沸煮过程中，试针朝上，需恒沸180 min±5 min			
	5. 真实地记录检测数据(10分)			
	6. 按规范处理检测数据，合法合规地进行结果判定确保质量(10分)			
课后(20分)	7. 检测完成后，仪器设备清理干净，场地清洁卫生(10分)			
	8. 上交的检测报告填写认真，书写规范(10分)			
合计得分				
最终得分	总分=学生自评×20%+组长评价×30%+教师评价×50%=			

任务 1.5　水泥胶砂强度检测(ISO 法)

1.5.1　任务描述

某学校 25 号楼钢筋混凝土梁，混凝土设计强度等级为 C30，采用 42.5 级普通硅酸盐水泥，试检测这批水泥的胶砂强度。

1.5.2　任务目的

通过检测水泥的抗压强度和抗折强度，可以确定水泥的强度等级，并评定水泥强度是否符合标准要求。

1.5.3　任务准备

1. 知识准备

在学习教材中水泥强度知识后，观看水泥胶砂强度检测视频，并做仿真检测。

微课：水泥抗折、抗压强度检验

微课：水泥胶砂试验

微课：水泥胶砂试件制备

微课：水泥抗折强度试验

微课：水泥抗压强度试验

仿真试验：水泥胶砂强度试验

2. 查阅检测标准

查阅《水泥胶砂强度检验方法(ISO 法)》(GB/T 17671—1999)的规定进行。本方法适用硅酸盐水泥、普通硅酸盐水泥、矿渣硅酸盐水泥、粉煤灰硅酸盐水泥、复合硅酸盐水泥、石灰石硅酸盐水泥的抗折与抗压强度的检验。

3. 检测用仪器

水泥胶砂搅拌机(图 1.7)、试模、振实台、抗折和抗压强度试验机(图 1.8)等。

图 1.7　搅拌机

图 1.8　抗压强度试验机

4. 试样制备

(1)胶砂质量配合比为 1 份水泥、3 份标准砂和半份水，先使搅拌机处于待工作状态。把水加入锅里，再加入水泥，把锅放在固定架上，上升至固定位置，立即开动搅拌机，先低速搅拌 30 s，在第二个 30 s 开始的同时均匀地将砂子加入。把机器转至高速再拌 30 s，停 90 s，在第 1 个 15 s 内用胶皮刮具将叶片和锅壁上的胶砂刮入锅中间，在高速下继续搅拌 60 s。

(2)将空试模固定在振实台上，将搅拌锅里的胶砂分两层装入试模，装第一层时，约 300 g 胶砂，用大播料器将料层播平，接着振实 60 次，再装第 2 层，振实 60 次。取下试模，将试体表面刮平。试件成型后 20～24 h 脱模，并做好标记，放在 20 ℃±1 ℃水中养护。

1.5.4　任务实施

1. 检测原理及步骤

表 1.13　检测原理及步骤

姓名		班级		学号	
检测原理： 根据所学知识和《水泥胶砂强度检验方法(ISO 法)》(GB/T 17671—1999)认真填写。					
检测步骤： 根据《水泥胶砂强度检验方法(ISO 法)》(GB/T 17671—1999)认真填写。					

2. 检测数据记录

表 1.14　水泥胶砂强度检测原始记录及结果

样品名称				样品编号			
样品状态				规格型号			
检测日期				环境条件	温度：　℃，相对湿度：　%		
设备名称							
设备编号							
设备状态							
检测依据							
检测内容							
抗折强度/MPa	加水时间			试件编号			平均值
	成型时间			1	2	3	
	3 d	破型日期					
	28 d						
抗压强度/MPa	龄期	3 d		28 d			
	编号	荷载 F_c/kN	抗压强度 R_c/MPa	荷载 F_c/kN		抗压强度 R_c/MPa	
	1						
	2						
	3						
	4						
	5						
	6						
	3 d 抗压强度平均值/MPa			28 d 抗压强度平均值/MPa			
检测说明	成型时间精确到几时几分；抗折：$R_f=\frac{1.5F_fL}{b^3}$；抗压：$R_c=\frac{F_c}{A}$						

校核：　　　　　　　　主检：　　　　　　　　检测日期：　　年　　月　　日

3. 数据处理及结果判定

(1)抗折强度：以一组 3 个棱柱体抗折结果的平均值作为试验结果。当 3 个强度值中有超出平均值±10%时，应剔除后再取平均值作为抗折强度试验结果。

(2)抗压强度：以一组 3 个棱柱体上得到的 6 个抗压强度测定值的算术平均值作为试验结果。如 6 个测定值中有一个超出 6 个平均值的±10%，就应剔除这个结果，而以剩下的 5 个平均数为结果。如果 5 个测定值中再有超过它们平均数±10%的，则此组结果作废。

4. 检测注意事项

(1)水泥胶砂试件的龄期，从水泥加水搅拌时开始计算。

(2)试件从水中取出后，在强度试验前应用湿布覆盖。

(3)试件数量较多，应注意在试件成型后，及时进行编号。

1.5.5 任务评价

表 1.15 任务评价表

评价内容		学生自评	组长评价	教师评价
课前(30 分)	1. 课前查阅标准并观看视频(10 分)			
	2. 检测原理填写完整、书写工整(10 分)			
	3. 检测步骤填写完整规范、书写工整(10 分)			
课中(50 分)	4. 检测过程按照标准规范操作，严格按照检测注意事项要求，检测过程专注、精益求精、注意安全(30 分) (1)试件从水中取出后，在强度试验前应用湿布覆盖。 (2)试件数量较多，应注意在试件成型后，及时进行编号。 (3)抗折强度测定时，加荷速率为 50 N/s±10 N/s，直至折断。 (4)抗压强度测定时，以 2 400 N/s±200 N/s 的速率均匀地加荷直至破坏			
	5. 真实地记录检测数据(10 分)			
	6. 按规范处理检测数据，合法合规地进行结果判定，确保质量(10 分)			
课后(20 分)	7. 检测完成后，仪器设备清理干净，场地清洁卫生(10 分)			
	8. 上交的检测报告填写认真，书写规范(10 分)			
合计得分				
最终得分	总分=学生自评×20%+组长评价×30%+教师评价×50%=			

模块2 混凝土性能检测

任务2.1 建筑砂的堆积密度检测

2.1.1 任务描述

某学校25号楼混凝土用砂料，试检测这批砂料的堆积密度。

2.1.2 任务目的

砂料是制备混凝土的重要材料，通过测定砂的堆积密度并计算空隙率，借以评定砂的质量，为混凝土配合比设计或存放堆场的面积等提供依据。在运输中，可以根据砂的堆积密度换算砂的运输质量和体积。掌握测试方法，正确使用所用仪器与设备。

2.1.3 任务准备

1. 知识准备

在学习教材中堆积密度知识后，观看建筑砂堆积密度试验，并做仿真检测。

微课：散粒状材料的密度

仿真试验：建筑砂堆积密度试验

2. 查阅检测标准

查阅《普通混凝土用砂、石质量及检验方法标准》(JGJ 52—2006)的规定进行。

3. 检测用仪器

天平(称量5 kg，感量5 g)、容量筒(圆柱形金属筒，内径108 mm，净高109 mm，壁厚2 mm，筒底厚约5 mm，容积1 L)、烘箱(温度控制范围105 ℃±5 ℃)、直尺、浅盘、漏斗(图2.1)、料勺、毛刷等。

图 2.1　标准漏斗

4. 试样制备

先用公称直径为 5.00 mm 的筛子过筛，然后取经缩分后的样品不少于 3 L。用浅盘装来样约 5 kg，在温度为 105 ℃±5 ℃的烘箱中烘干至恒重，取出并冷却至室温，分成大致相等的两份备用。

2.1.4　任务实施

1. 检测原理及步骤

表 2.1　检测原理及步骤

姓名		班级		学号	
检测原理： 根据所学知识和《普通混凝土用砂、石质量及检验方法标准》(JGJ 52—2006)认真填写。					
检测步骤： 根据《普通混凝土拌合物性能试验方法标准》(GB/T 50080—2016)认真填写。					

2. 检测数据记录

表 2.2　建筑砂堆积密度检测原始记录

<table>
<tr><td>样品名称</td><td colspan="3"></td><td>检测编号</td><td colspan="2"></td></tr>
<tr><td>样品状态</td><td colspan="3"></td><td>规格型号</td><td colspan="2"></td></tr>
<tr><td>检测日期</td><td colspan="3"></td><td>环境条件</td><td colspan="2">T:　　℃　　RH:　　%</td></tr>
<tr><td>检测依据</td><td colspan="6"></td></tr>
<tr><td>设备名称</td><td></td><td colspan="2"></td><td></td><td></td><td></td></tr>
<tr><td>设备编号</td><td></td><td colspan="2"></td><td></td><td></td><td></td></tr>
<tr><td>设备状态</td><td></td><td colspan="2"></td><td></td><td></td><td></td></tr>
<tr><td colspan="7">松散堆积密度(ρ_L)</td></tr>
<tr><td>次数</td><td>容量筒的质量 m_2/kg</td><td>容量筒和砂的总质量 m_1/kg</td><td>容量筒容积/L</td><td>堆积密度
/(kg·m^{-3})</td><td colspan="2">堆积密度平均值
/(kg·m^{-3})</td></tr>
<tr><td>1</td><td></td><td></td><td></td><td></td><td colspan="2" rowspan="2"></td></tr>
<tr><td>2</td><td></td><td></td><td></td><td></td></tr>
<tr><td colspan="7">紧密堆积密度(ρ_c)</td></tr>
<tr><td>次数</td><td>容量筒的质量 m_2/kg</td><td>容量筒和砂的总质量 m_1/kg</td><td>容量筒容积/L</td><td>堆积密度
/(kg·m^{-3})</td><td colspan="2">堆积密度平均值
/(kg·m^{-3})</td></tr>
<tr><td>1</td><td></td><td></td><td></td><td></td><td colspan="2" rowspan="2"></td></tr>
<tr><td>2</td><td></td><td></td><td></td><td></td></tr>
</table>

校核:　　　　　　　　主检:　　　　　　　　检测日期:　　年　　月　　日

3. 数据处理和计算

(1)根据规范规定试验方法，分别测得容量筒的质量 m_1，容量筒和砂的总质量 m_2。用下式计算松散堆积密度(ρ_L)和密实堆积密度(ρ_c)。

$$\rho_L(\rho_c)=\frac{m_2-m_1}{V}\times 1\ 000$$

(2)以两次试验结果的算数平均值作为堆积密度的测定结果。

4. 检测注意事项

(1)试样烘干若有结块，应在试验前先予捏碎。

(2)在测定松散堆积密度时，漏斗出料口或料勺距容量筒筒口不应超过 50 mm，试验过程中应防止触动容量筒。

(3)紧密堆积密度测定时，分层装入。装完第一层后，在筒底垫一根直径为 10 mm 的圆钢，按住容量筒，左右交替击地面 25 次。然后装入第二层，装满后用同样的方法进行颠实(但所垫放圆钢的方向与第一层的方向垂直)。

2.1.5　任务评价

表 2.3　任务评价表

评价内容		学生自评	组长评价	教师评价
课前(30 分)	1. 课前查阅标准并观看视频(10 分)			
	2. 检测原理填写完整、书写工整(10 分)			
	3. 检测步骤填写完整规范、书写工整(10 分)			

续表

评价内容		学生自评	组长评价	教师评价
课中(50分)	4. 检测过程按照标准规范操作，严格按照检测注意事项要求，检测过程专注、精益求精、注意安全(30分) (1)试样烘干若有结块，应在试验前先予捏碎。 (2)在测定松散堆积密度时，漏斗出料口距容量筒筒口不应超过50 mm，试验过程应防止触动容量筒。 (3)紧密堆积密度测定分层装入。装完第一层后，在筒底垫一根直径为10 mm的圆钢，按住容量筒，左右交替击地面25次。然后装入第二层。 (4)直尺沿筒口中心线向两个相反方向刮平			
	5. 真实地记录检测数据(10分)			
	6. 按规范处理检测数据，合法合规地进行结果判定，确保质量(10分)			
课后(20分)	7. 检测完成后，仪器设备清理干净，场地清洁卫生(10分)			
	8. 上交的检测报告填写认真，书写规范(10分)			
合计得分				
最终得分	总分=学生自评×20%+组长评价×30%+教师评价×50%=			

任务 2.2　砂的颗粒级配及细度模数检测(建筑砂筛分检测)

2.2.1　任务描述

某学校25号楼钢筋混凝土梁，混凝土设计强度等级为C30。施工现场用砂为建筑用中粗砂，试检验该批砂的颗粒级配和细度模数。

2.2.2　任务目的

仿真试验：建筑砂筛分检测试验

为保证正常施工，混凝土需要良好的和易性及合格的强度，在细集料的选择上需要用粗细程度适宜且颗粒级配良好的建筑用砂。本试验的目的就是测定混凝土用砂的颗粒级配，计算其细度模数，评定砂的粗细程度，为混凝土配合比设计提供依据。

2.2.3　任务准备

微课：砂的筛分检测试验

1. 知识准备

在学习教材中砂的颗粒级配与细度模数相关知识后，观看砂的筛分析检测视频，并做仿真检测。

2. 查阅检测标准

查阅《建设用砂》(GB/T 14684—2011)和《普通混凝土用砂、石质量及检验方法标准》(JGJ 52—2006)的规定进行。本工程混凝土强度等级为C30，应选用Ⅱ类建筑用砂。

3. 检测用仪器

方孔筛、天平、摇筛机、鼓风烘箱、浅盘、毛刷等(图 2.2)。

图 2.2 摇筛机和方孔筛

4. 试样制备

(1)按照缩分方法进行缩分，用于筛分析的试样颗粒粒径不大于10 mm。

(2)试验前应将试样通过 9.5 mm 方孔筛，并算出筛余百分率。

(3)称取每份不少于 550 g 的试样两份，分别倒入两个浅盘，在105 ℃±5 ℃的温度下烘干到恒重，冷却至室温备用。

2.2.4 任务实施

1. 检测原理及步骤

表 2.4 检测原理及步骤

<table>
<tr><td>姓名</td><td></td><td>班级</td><td></td><td>学号</td><td></td></tr>
<tr><td colspan="6">检测原理：
根据所学知识和《建设用砂》(GB/T 14684—2011)及《普通混凝土用砂、石质量及检验方法标准》(JGJ 52—2006)认真填写。</td></tr>
<tr><td colspan="6">检测步骤：
根据《建设用砂》(GB/T 14684—2011)和《普通混凝土用砂、石质量及检验方法标准》(JGJ 52—2006)测试方法认真填写。</td></tr>
</table>

2. 检测数据记录

表 2.5　混凝土拌合物原始记录及结果

样品名称					样品编号					
样品状态					规格型号					
检测日期					环境条件					
检测依据										
设备名称										
设备编号										
设备状态										
检测内容										
颗粒组成	筛孔尺寸/mm	筛余量/g		分计筛余 a_i/%		累计筛余 A_i/%		通过百分率 p_i/%		通过率/%
		第一次	第二次	第一次	第二次	第一次	第二次	第一次	第二次	
	9.5									
	4.75									
	2.36									
	1.18									
	0.6									
	0.3									
	0.15									
	0.075									
	筛底									
	总和									
	细度模数 M_X									
质量	烘干试样质量 m_0/g			云母质量 m/g				云母含量 ω_m/%		
记录说明	$m_{0.075}=m_1-m_2$　$M_x=\frac{(A_{0.15}+A_{0.3}+A_{0.6}+A_{1.18}+A_{2.36})-5A_{4.75}}{100-A_{4.75}}$ $A_{0.15}$、$A_{0.3}$、$A_{4.75}$、…——0.15 mm、0.3 mm、…、4.75 mm 各筛上的累计筛余百分率(%)									

校核：　　　　　　　　　主检：　　　　　　　　　检测日期：　　年　　月　　日

3. 数据处理及结果判定

(1)计算分计筛余百分率：各号筛上的筛余量与试样总量相比，精确至 0.1%。

(2)计算累计筛余百分率：每号筛上的筛余百分率加上该号筛以上各筛余百分率之和，精确至 0.1%。若各号筛的筛余量与筛底的量之和同原试样质量之差超过 1%，需重新试验。

(3)建筑用砂按细度模数划分粗细程度：粗砂，M_X 为 3.7～3.1；中砂，M_X 为3.0～2.3；细砂，M_X 为 2.2～1.6。

4. 检测注意事项

(1)按规范规定方法取样，用四分法取样不少于 4 400 g，并将试样缩分至 1 100 g。

(2)标准方孔筛的叠放按孔径由大到小的顺序，摇筛时要加盖。

(3)手动筛分，要按孔径大小顺序逐个手筛，筛至每分钟通过量小于试样总量的0.1%。

2.2.5　任务评价

表2.6　任务评价表

评价内容		学生自评	组长评价	教师评价
课前(30分)	1. 课前查阅标准并观看视频(10分)			
	2. 检测原理填写完整、书写工整(10分)			
	3. 检测步骤填写完整规范、书写工整(10分)			
课中(50分)	4. 检测过程按照标准规范操作，严格按照检测注意事项要求，检测过程专注、精益求精、注意安全(30分) (1)是否按标准四分法取样。 (2)烘箱温度的控制，试样待冷却至室温，筛除大于9.5 mm的颗粒。 (3)摇筛机上摇筛时要加盖，时间为10 min。 (4)试样在各号筛上的筛余量不得超过200 g			
	5. 真实地记录检测数据(10分)			
	6. 按规范处理检测数据，合法合规地进行结果判定，确保质量(10分)			
课后(20分)	7. 检测完成后，仪器设备清理干净，场地清洁卫生(10分)			
	8. 上交的检测报告填写认真，书写规范(10分)			
合计得分				
最终得分	总分＝学生自评×20%＋组长评价×30%＋教师评价×50%＝			

任务2.3　混凝土和易性检测(坍落度法)

2.3.1　任务描述

某学校25号楼钢筋混凝土梁，混凝土设计强度等级为C30。施工设计混凝土拌合物坍落度为30～50 mm。新拌一批混凝土，试检测这批混凝土的和易性。

2.3.2　任务目的

为保证正常施工，混凝土需要良好的和易性。反映和易性部分性能的稠度可以用坍落度值量度，本任务的目的是检测这批混凝土的和易性是否满足施工设计要求，保证混凝土梁的质量。在检测的同时，学习使用坍落度法检验混凝土的坍落度值，并定性地判定混凝土拌合物的黏聚性与保水性。

2.3.3 任务准备

1. 知识准备

在学习教材中新拌混凝土的和易性知识后，观看混凝土和易性检测视频，并做仿真检测。

2. 查阅检测标准

查阅《普通混凝土拌合物性能试验方法标准》(GB/T 50080—2016)的规定进行。本方法适用集料最大粒径不超过 40 mm、坍落度值不小于 10 mm 的混凝土稠度测定。

仿真试验：混凝土拌合物和易性试验

微课：混凝土坍落度试验

3. 检测用仪器

坍落度筒、捣棒、小铲、钢尺、镘刀、钢板、下料斗等(图 2.3)。

图 2.3 坍落度试验仪器

4. 试样制备

按混凝土配合比设计配出拌和材料，将固体材料倒在拌板上并用铁锹拌匀，再将中间扒一凹洼，边加水边拌和，直至拌和均匀。对于商品混凝土，用于交货检验的混凝土试样应在交货地点采取，在混凝土运送到交货地点后按《普通混凝土拌合物性能试验方法标准》(GB/T 50080—2016)的规定在 20 min 内完成。

2.3.4 任务实施

1. 检测原理及步骤

表 2.7 检测原理及步骤

姓名		班级		学号	
检测原理： 根据所学知识和《普通混凝土拌合物性能试验方法标准》(GB/T 50080—2016)认真填写。					
检测步骤： 根据《普通混凝土拌合物性能试验方法标准》(GB/T 50080—2016)认真填写。					

2. 检测数据记录

表 2.8　混凝土拌合物原始记录及结果

<table>
<tr><td>样品名称</td><td colspan="3"></td><td>检测编号</td><td></td></tr>
<tr><td>样品状态</td><td colspan="3"></td><td>规格型号</td><td></td></tr>
<tr><td>检测日期</td><td colspan="3"></td><td>环境条件</td><td>T：　　℃　　RH：　　%</td></tr>
<tr><td>检测依据</td><td colspan="5"></td></tr>
<tr><td>设备名称</td><td></td><td></td><td></td><td></td><td></td></tr>
<tr><td>设备编号</td><td></td><td></td><td></td><td></td><td></td></tr>
<tr><td>设备状态</td><td></td><td></td><td></td><td></td><td></td></tr>
<tr><td colspan="6">检测内容</td></tr>
<tr><td rowspan="4">混凝土坍落度</td><td>次数</td><td>测得的坍落度/mm</td><td>黏聚性</td><td>保水性</td><td>设计值/mm</td></tr>
<tr><td>1</td><td></td><td></td><td></td><td rowspan="3">30～50</td></tr>
<tr><td>2</td><td></td><td></td><td></td></tr>
<tr><td>平均值</td><td></td><td></td><td></td></tr>
<tr><td>记录说明</td><td colspan="5"></td></tr>
<tr><td>结果判定</td><td colspan="5"></td></tr>
</table>

校核：　　　　主检：　　　　检测日期：　　年　　月　　日

3. 数据处理及结果判定

(1)提起坍落度筒后，量测筒高与坍落后混凝土最高点之间的高度差，即该混凝土拌合物的坍落度值。筒提离后，如发生崩坍或一边剪坏现象，应重新取样重做试验，若仍出现上述现象，则表明和易性不好。

(2)黏聚性和保水性用观察的方法判定。用捣棒轻轻敲打已坍落混凝土锥体侧边，如锥体逐渐下沉，则表明黏聚性良好，否则表明黏聚性不好。保水性以混凝土拌合物稀浆析出的程度来判断，筒提起后如有较多稀浆从底部析出，锥体的混凝土也因失浆而集料外露，则表明保水性不好，如提起后无稀浆析出或仅有少量析出，则表明保水性良好。

4. 检测注意事项

(1)清洗湿润坍落度筒内壁与底板，并保证无明水。底板放置在坚硬的水平面上，坍落度筒放在底板中心，用脚踩住筒两边的脚踏板，使筒在装料时保持在固定位置。

(2)把混凝土试样分 3 层均匀装入坍落度筒，做到捣实后的每层高度约是筒高度的 1/3，每层插捣 25 次，从外向中心螺旋插捣，并在截面上保持均匀。插捣底层时要贯穿底，插捣第二层和顶层时，要插捣至下一层的顶面以下，混凝土应高出筒口，插捣完成后，用镘刀刮去多余的混凝土并抹平。

(3)清除筒边的混凝土，垂直平稳提起坍落度筒，提起的时间应在 3～7 s 内完成。从开始装料到提起坍落度筒的过程应不间断地进行，并在 150 s 内完成。

2.3.5 任务评价

表 2.9 任务评价表

评价内容		学生自评	组长评价	教师评价
课前(30 分)	1. 课前查阅标准并观看视频(10 分)			
	2. 检测原理填写完整、书写工整(10 分)			
	3. 检测步骤填写完整规范、书写工整(10 分)			
课中(50 分)	4. 检测过程按照标准规范操作，严格按照检测注意事项要求，检测过程专注、精益求精、注意安全(30 分) (1)坍落度筒内壁及底板润湿无明水。 (2)分三层装筒，每层均匀插捣 25 次，沿螺旋方向由外向中心进行。 (3)插捣底层应贯穿整个深度，捣第二、三层穿透本层至下一层表面。 (4)垂直平稳地提起坍落度筒，整个提高过程应在 3～7 s 内完成，从装料开始至提筒整个过程不超过 150 s			
	5. 真实地记录检测数据(10 分)			
	6. 按规范处理检测数据，合法合规地进行结果判定，确保质量(10 分)			
课后(20 分)	7. 检测完成后，仪器设备清理干净，场地清洁卫生(10 分)			
	8. 上交的检测报告填写认真，书写规范(10 分)			
合计得分				
最终得分	总分＝学生自评×20%＋组长评价×30%＋教师评价×50%＝			

任务 2.4 混凝土强度检测试件的制备与养护

2.4.1 任务描述

某学校 25 号楼钢筋混凝土梁，混凝土设计强度等级为 C30。施工设计混凝土拌合物坍落度为 30～50 mm。新拌一批混凝土，为测试这批混凝土的抗压强度，制作标准的立方体试块并养护成型。

2.4.2 任务目的

为保证工程质量，测定混凝土的立方体抗压强度，需要按规定方法制备和养护试件。为达到准确测定成型后混凝土的抗压强度，必须按规范制备多组试块模型。

2.4.3 任务准备

1. 知识准备

在学习教材中新拌混凝土的和易性和硬化混凝土强度的知识后，观看混凝土检测试件的制备与养护相关视频。

仿真试验：混凝土立方体抗压强度试验

2. 查阅检测标准

查阅《混凝土结构工程施工质量验收规范》(GB/T 50204—2015)的规定进行。

3. 检测用仪器

试模(图 2.4)、振动台、捣棒、小铲、镘刀、养护箱(图 2.5)等。

图 2.4 混凝土试件试模

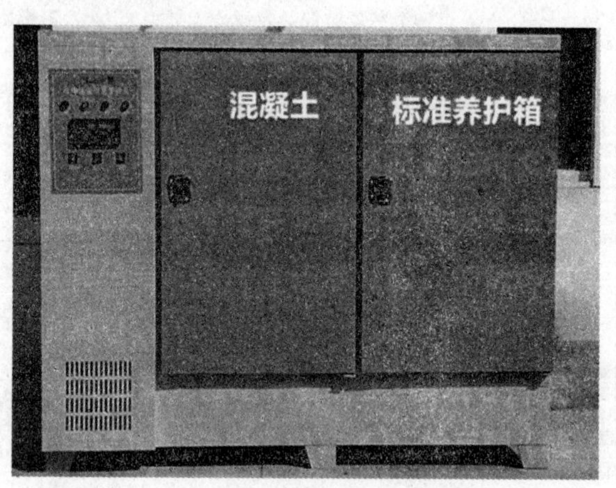

图 2.5 混凝土标准养护箱

4. 试样制备

(1)按照标准方法拌制好的混凝土拌合物应至少用铁锹再来回拌和 3 次。

(2)用振动台振实制作试件应按下述方法进行：

1)将混凝土拌合物一次装入试模，装料时应用抹刀沿各试模壁插捣，并使混凝土拌合物高出试模口；

2)试模应附着或固定在符合要求的振动台上，振动时试模不得有任何跳动，振动应持续到表面出浆为止，不得过振。

(3)用人工插捣制作试件应按下述方法进行：

1)混凝土拌合物应分两层装入模内，每层的装料厚度大致相等；

2)插捣应按螺旋方向从边缘向中心均匀进行，在插捣底层混凝土时，捣棒应达到试模底部；插捣上层时，捣棒应贯穿上层后插入下层 20～30 mm；插捣时捣棒应保持垂直，不得倾斜；然后应用抹刀沿试模内壁插拔数次，使灰浆饱满；

3)每层插捣次数不少于 12 次；

4)插捣后应用橡皮锤轻轻敲击试模四周，直至插捣棒留下的空洞消失为止。

2.4.4 任务实施

1. 检测原理及步骤

表 2.10 检测原理及步骤

<table>
<tr><td>姓名</td><td></td><td>班级</td><td></td><td>学号</td><td></td></tr>
<tr><td colspan="6">检测原理：
根据所学知识和《普通混凝土拌合物性能试验方法》(GB/T 50080—2016)及《混凝土结构工程施工质量验收规范》(GB/T 50204—2015)认真填写。</td></tr>
<tr><td colspan="6">检测步骤：
根据《普通混凝土拌合物性能试验方法》(GB/T 50080—2016)和《混凝土结构工程施工质量验收规范》(GB/T 50204—2015)认真填写。</td></tr>
</table>

2. 检测数据记录

表 2.11　混凝土拌合物原始记录及结果

<table>
<tr><td>样品名称</td><td colspan="3"></td><td>检测编号</td><td></td></tr>
<tr><td>样品状态</td><td colspan="3"></td><td>规格型号</td><td></td></tr>
<tr><td>制作日期</td><td colspan="3"></td><td>环境条件</td><td>T：　℃　RH：　%</td></tr>
<tr><td>制作依据</td><td colspan="5"></td></tr>
<tr><td>设备名称</td><td colspan="2"></td><td colspan="2"></td><td></td></tr>
<tr><td>设备编号</td><td colspan="2"></td><td colspan="2"></td><td></td></tr>
<tr><td>设备状态</td><td colspan="2"></td><td colspan="2"></td><td></td></tr>
<tr><td colspan="6">操作内容</td></tr>
<tr><td rowspan="4">试件的制备与养护</td><td>组数</td><td>测得的坍落度/mm</td><td>选择拌合物振捣方式</td><td>成型至拆模时间</td><td>养护箱养护时间</td></tr>
<tr><td>1</td><td></td><td></td><td></td><td></td></tr>
<tr><td>2</td><td></td><td></td><td></td><td></td></tr>
<tr><td>3</td><td></td><td></td><td></td><td></td></tr>
<tr><td>记录说明</td><td colspan="5"></td></tr>
<tr><td>结果判定</td><td colspan="5"></td></tr>
</table>

校核：　　　　　　　　主检：　　　　　　　　检测日期：　　年　　月　　日

3. 数据处理及结果判定

(1)制作试块的混凝土拌合物，按规范要求取样。

(2)试件材料的取样应符合《普通混凝土拌合物性能试验方法标准》(GB/T 50080—2016)的有关规定。试验以 3 个试件为一组，每组试件拌合物应从同一盘或同一车混凝土中取样。每拌制 100 盘且不超过 1 000 m^3 的同配合比混凝土，取样不少于一次；每工作班拌制的同一配合比的混凝土不足 100 盘时，取样不少于一次；当一次连续浇筑超过 1 000 m^3 时，同一配合比的混凝土每 200 m^3 取样不少于一次；每一楼层、同一配合比的混凝土，取样不得少于一次。每次取样应至少留置一组标准养护试件，同条件养护试件的留置组数根据实际需要确定。

(3)根据《混凝土结构工程施工质量验收规范》(GB/T 50204—2015)的要求，确保试块硬化后拆模时间与实际构件的拆模时间相同，拆模后试件同条件养护。

4. 检测注意事项

(1)制作试块的模具拆卸、清查、拼装过程要认真，检查其紧固程度和尺寸误差，如果模具多，要一个个地拆装，以免混错了模具。组装后的各相邻面的不垂直度不应超过±5°，脱模剂要涂刷均匀。

(2)试块成型后，为防止内部水分蒸发而影响水泥的水化速度，及时用黑色塑料布或麻袋将试块覆盖严实。

(3)试块硬化拆模后，应及时送标准养护箱养护。

2.4.5　任务评价

表 2.12　任务评价表

评价内容		学生自评	组长评价	教师评价
课前(30 分)	1. 课前查阅标准并观看视频(10 分)			
	2. 检测原理填写完整、书写工整(10 分)			
	3. 检测步骤填写完整规范、书写工整(10 分)			
课中(50 分)	4. 检测过程按照标准规范操作，严格按照检测注意事项要求，检测过程专注、精益求精、注意安全(30 分) (1)试模螺钉是否拧紧，内壁是否擦净并涂矿物油或脱模剂。 (2)试件成型后，表面是否立即覆盖不透水薄膜。 (3)拆模后的试件是否立即送入养护箱养护。 (4)试件放到养护箱架子上，试件之间是否保持 10～20 mm 的间距			
	5. 真实地记录检测数据(10 分)			
	6. 按规范处理检测数据，合法合规地进行结果判定，确保质量(10 分)			
课后(20 分)	7. 检测完成后，仪器设备清理干净，场地清洁卫生(10 分)			
	8. 上交的检测报告填写认真，书写规范(10 分)			
合计得分				
最终得分	总分＝学生自评×20%＋组长评价×30%＋教师评价×50%＝			

任务 2.5　混凝土立方体抗压强度检测

2.5.1　任务描述

某学校 25 号楼钢筋混凝土梁，混凝土设计强度等级为 C30。施工设计混凝土拌合物坍落度为 30～50 mm。新拌一批混凝土，试检测这批混凝土的立方体抗压强度值。

2.5.2　任务目的

测定混凝土立方体的抗压强度，可以检验材料的质量，确定、校核混凝土配合比，并为控制施工质量提供依据。本任务的目的是检测这批混凝土的立方体抗压强度是否满足施工设计要求，保证混凝土梁的质量。在检测的同时，学习使用混凝土压力试验机检验混凝土的抗压强度值。

2.5.3 任务准备

1. 知识准备

学习教材中混凝土抗压强度的概念和计算，观看混凝土抗压强度检测视频，并做仿真检测。

2. 查阅检测标准

查阅《混凝土物理力学性能试验方法标准》(GB/T 50081—2019)的规定进行。

仿真试验：混凝土立方体抗压强度试

微课：水泥混凝土立方体抗压强度试验

微课：混凝土抗压强度试验

3. 检测用仪器

压力试验机(图 2.6)、钢直尺等。

图 2.6　压力试验机

4. 试件取样

取出试件，检查其尺寸及形状，相对两面应平行。量出棱边长度，精确至 mm。试件受力截面面积按其与压力机上下接触面的平均值计算。在破型前，保持试件原有湿度，在试验时擦干试件。

2.5.4 任务实施

1. 检测原理及步骤

表 2.13 检测原理及步骤

<table>
<tr><td>姓名</td><td></td><td>班级</td><td></td><td>学号</td><td></td></tr>
<tr><td colspan="6">检测原理：
根据所学知识和《混凝土物理力学性能试验方法标准》(GB/T 50081—2019)认真填写。</td></tr>
<tr><td colspan="6">检测步骤：
根据《混凝土物理力学性能试验方法标准》(GB/T 50081—2019)认真填写。</td></tr>
</table>

2. 检测数据记录

表 2.14　混凝土立方体抗压强度原始记录及结果

工程名称						样品名称					
样品数量						规格/型号					
检测环境						抽样/见证人员					
检测依据						检测日期					
仪器设备											
样品编号	构件名称及部位	强度等级	试件尺寸	成型日期	试验日期	龄期/d	破坏荷载/kN	强度代表值/MPa		达到设计强度/%	备注
								单块	取值		

校核：　　　　　　　　主检：　　　　　　　　检测日期：　　年　　月　　日

3. 数据处理及结果判定

(1)混凝土立方体抗压强度应按以下公式计算：

$$f_{cc}=\frac{F}{A}$$

式中　f_{cc}——混凝土立方体试件抗压强度(MPa)；

F——破坏荷载(N)；

A——试件承压面积(mm^2)。

混凝土立方体抗压强度计算应精确至 0.1 MPa。

(2)强度值的确定应符合下列规定：

1)3 个试件实测值的算术平均值作为该组试件的抗压强度值(精确至 0.1 MPa)。

2)3 个实测值中最大值或最小值如有一个与中间值的差值超过中间值的 15%时，则把最大值和最小值一并舍除，取中间值作为该组试件的抗压强度值。

3)最大值和最小值与中间值的差值均超过中间值的 15%，则该组试件的试验结果无效。

4. 检测注意事项

(1)试块检测面要保证平整清洁，磨光不平整的表面。要保证混凝土的原状，没有蜂窝、气泡和疏松层，必要时可以用砂轮清除杂物，要保证不留下碎屑和粉末。

(2)操作过程中，操作人员要依据规范谨慎选用加荷速度，加荷速度的快慢会造成检测值与真实值之间的偏离。

(3)注意测试数据的评价选用，最大值和最小值与中间值的差值要符合取数规则。

2.5.5 任务评价

表 2.15 任务评价表

评价内容		学生自评	组长评价	教师评价
课前(30 分)	1. 课前查阅标准并观看视频(10 分)			
	2. 检测原理填写完整、书写工整(10 分)			
	3. 检测步骤填写完整规范、书写工整(10 分)			
课中(50 分)	4. 检测过程按照标准规范操作，严格按照检测注意事项要求，检测过程专注、精益求精、注意安全(30 分) (1)试块检测面要保证平整清洁。 (2)依据混凝土强度选择合适的加荷速度			
	5. 真实地记录检测数据(10 分)			
	6. 按规范处理检测数据，合法合规地进行结果判定，确保质量(10 分)			
课后(20 分)	7. 检测完成后，仪器设备清理，场地清洁卫生(10 分)			
	8. 上交的检测报告填写认真，书写规范(10 分)			
合计得分				
最终得分	总分=学生自评×20%+组长评价×30%+教师评价×50%=			

模块3 建筑砂浆性能检测

任务3.1 石灰有效成分检测

3.1.1 任务描述

某学校25号楼墙体用水泥石灰混合砂浆，设计强度等级为M5.0，试检测所用石灰的有效成分，是否满足设计要求。

3.1.2 任务目的

本试验用于测定石灰中的有效成分钙镁含量。

微课：石灰有效氧化钙和氧化镁含量测定

微课：石灰有效氧化钙和氧化镁含量试验（石灰试样制备）

微课：石灰有效氧化钙和氧化镁含量试验

3.1.3 任务准备

1. 知识准备

在学习教材中石灰的技术性质知识后，做石灰的有效成分测定试验。

2. 查阅检测标准

查阅《建筑石灰试验方法 第2部分：化学分析方法》(JC/T 478.2—2013)的规定进行。

3. 检测用仪器

分析天平、称量瓶、锥形瓶、烧杯、烘箱、干燥器等。

4. 试样制备

生石灰试样：将生石灰样品打碎，使颗粒不大于1.18 mm。拌和均匀后用四分法缩减至200 g左右，放入瓷研钵中研细。再经四分法缩减至20 g左右。研磨所得石灰样品，通过 0.15 mm(方孔筛)的筛。从此细样中均匀挑取 10 g 左右，置于称量瓶中在 105 ℃烘箱内烘至衡量，储于干燥器中，供试验用。

消石灰试样：将消石灰样品用四分法缩减至 10 g。如有大颗粒存在，须在瓷研钵中磨细至无不均匀颗粒存在为止。置于称量瓶中在 105 ℃烘箱内烘至衡量，储于干燥器中，供试验用。

3.1.4 任务实施

1. 检测原理及步骤

表 3.1 检测原理及步骤

<table>
<tr><td>姓名</td><td></td><td>班级</td><td></td><td>学号</td><td></td></tr>
<tr><td colspan="6">检测原理：
根据所学知识和《建筑石灰试验方法　第 2 部分：化学分析方法》(JC/T 478.2—2013)认真填写。</td></tr>
<tr><td colspan="6">检测步骤：
根据《建筑石灰试验方法　第 2 部分：化学分析方法》(JC/T 478.2—2013)认真填写。</td></tr>
</table>

2. 检测数据记录

表 3.2　石灰的有效成分含量检测原始记录及结果

委托编号			样品编号		
样品名称			样品状态		
规格型号			检测日期		
检测依据			环境条件		
设备名称					
设备编号					
设备状态					
检测内容					
盐酸标准溶液的摩尔浓度滴定					
碳酸钠质量 m_0/g	滴定管中盐酸标准溶液体积		盐酸标准溶液消耗量 V/mL	摩尔浓度 $N/(\mathrm{mol \cdot L^{-1}})$	平均摩尔浓度 $N/(\mathrm{mol/L^{-1}})$
	V_1/mL	V_2/mL			
石灰的钙镁含量滴定					
试验编号	石灰质量 m/g	滴定管中盐酸标准溶液体积		盐酸标准溶液消耗量 V_5/mL	石灰钙镁含量 X/%
		V_3/mL	V_4/mL		
1					
2					

校核：　　　　主检：　　　　检测日期：　　年　　月　　日

3. 数据处理及结果判定

$$X=\frac{V_0\times N\times 0.028}{G}\times 100$$

式中　X——石灰钙镁含量(%)；

V_0——滴定时消耗盐酸标准溶液的体积(mL)；

0.028——氧化钙毫克当量；

G——试样质量(g)；

N——盐酸标准溶液的摩尔浓度(mol/L)。

对同一石灰样品，至少应做两个试样和进行两次测定，并取两次结果的平均值代表最终结果。石灰中氧化钙和有效钙含量在30%以下时允许重复性误差为0.40，30%～50%时为0.50。

4. 检测注意事项

(1)在标定盐酸标准溶液时，所用碳酸钠必须经180 ℃烘干2 h；

(2)在试验过程中，用盐酸标准溶液滴定时，滴定速度应控制为每秒2～3滴。

3.1.5 任务评价

表3.3 任务评价表

评价内容		学生自评	组长评价	教师评价
课前(30分)	1. 课前查阅标准并观看视频(10分)			
	2. 检测原理填写完整、书写工整(10分)			
	3. 检测步骤填写完整规范、书写工整(10分)			
课中(50分)	4. 检测过程按照标准规范操作，严格按照检测注意事项要求，检测过程专注、精益求精、注意安全(30分) (1)配制盐酸标准溶液，配制1%酚酞指示剂。 (2)称取石灰试样1 g放入300 mL锥形瓶；加入150 mL新煮沸并已冷却的蒸馏水和10颗玻璃珠；瓶上插一短颈漏斗，加热5 min，冷却。 (3)滴入酚酞指示剂2滴，至粉色消失，继续滴盐酸，如此重复5次，记录消耗标准盐酸的体积			
	5. 真实地记录检测数据(10分)			
	6. 按规范处理检测数据，合法合规地进行结果判定，确保质量(10分)			
课后(20分)	7. 检测完成后，仪器设备清理干净，场地清洁卫生(10分)			
	8. 上交的检测报告填写认真，书写规范(10分)			
合计得分				
最终得分	总分＝学生自评×20%＋组长评价×30%＋教师评价×50%＝			

任务3.2 砌筑砂浆流动性检测

3.2.1 任务描述

某学校25号楼墙体用混合砂浆，设计强度等级为M5.0，试检测这批砂浆的流动性。

3.2.2 任务目的

为保证正常施工，砌筑砂浆需要良好的和易性，反映和易性部分性能的流动性，也称稠度，可以用砂浆稠度仪测定，以沉入度(单位：mm)表示。本任务的目的是检测砂浆的流动性，主要用于确定配合比或施工过程中控制砂浆的稠度，从而达到控制用水量的目的。

3.2.3 任务准备

1. 知识准备

在学习教材中新拌砌筑砂浆的和易性知识后，观看建筑砂浆稠度试验视频，并做仿真检测。

仿真试验：建筑砂浆稠度及分层度试验

微课：砌筑砂浆流动性检测

2. 查阅检测标准

查阅《建筑砂浆基本性能试验方法标准》(JGJ/T 70—2009)的规定进行。

3. 检测用仪器

砂浆搅拌机、试模、砂浆稠度仪(图 3.1)、钢制捣棒、秒表等。

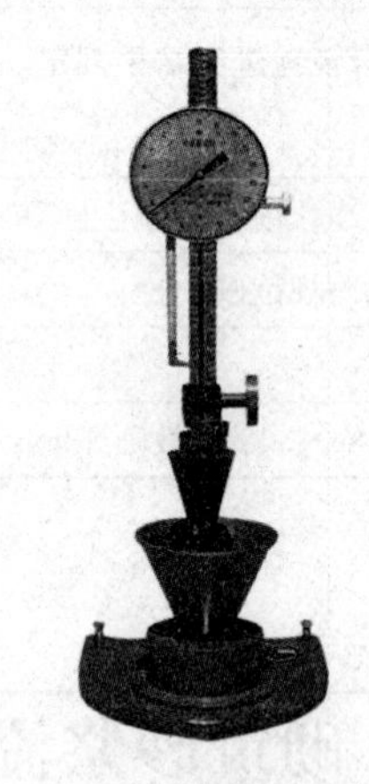

图 3.1　砂浆稠度仪

4. 试样制备

在试验室制备砂浆拌合物时，所用材料应提前 24 h 运入室内。拌和时试验室的温度应保持在(20±5) ℃。

注：需要模拟施工条件下所用的砂浆时，所用原材料的温度宜与施工现场保持一致。

试验所用原材料应与现场使用材料一致。砂应通过公称粒径 5 mm 筛。

试验室拌制砂浆时，材料用量应以质量计。称量精度：水泥、外加剂、掺合料等为±0.5%；砂为±1%。

在试验室搅拌砂浆时应采用机械搅拌，搅拌机应符合《试验用砂浆搅拌机》(JG/T 3033—1996)的规定，搅拌的用量宜为搅拌机容量的 30%～70%，搅拌时间不应少于 120 s。掺有掺合料和外加剂的砂浆，其搅拌时间不应少于 180 s。

3.2.4 任务实施

1. 检测原理及步骤

表 3.4 检测原理及步骤

<table>
<tr><td>姓名</td><td></td><td>班级</td><td></td><td>学号</td><td></td></tr>
<tr><td colspan="6">检测原理：
根据所学知识和《建筑砂浆基本性能试验方法标准》(JGJ/T 70—2009)认真填写。</td></tr>
<tr><td colspan="6">检测步骤：
根据《建筑砂浆基本性能试验方法标准》(JGJ/T 70—2009)认真填写。</td></tr>
</table>

2. 检测数据记录

表 3.5　砌筑砂浆稠度检测原始记录及结果

<table>
<tr><td>样品名称</td><td colspan="3"></td><td>检测编号</td><td colspan="2"></td></tr>
<tr><td>样品状态</td><td colspan="3"></td><td>规格型号</td><td colspan="2"></td></tr>
<tr><td>检测日期</td><td colspan="3"></td><td>环境条件</td><td colspan="2">T：　　℃　　RH：　　%</td></tr>
<tr><td>检测依据</td><td colspan="6"></td></tr>
<tr><td>设备名称</td><td></td><td></td><td></td><td></td><td></td><td></td></tr>
<tr><td>设备编号</td><td></td><td></td><td></td><td></td><td></td><td></td></tr>
<tr><td>设备状态</td><td></td><td></td><td></td><td></td><td></td><td></td></tr>
<tr><td colspan="7">检测内容</td></tr>
<tr><td rowspan="3">砂浆稠度</td><td>次数</td><td>设计值/mm</td><td>稠度测值/mm</td><td colspan="3">平均值/mm</td></tr>
<tr><td>1</td><td></td><td></td><td colspan="3" rowspan="2"></td></tr>
<tr><td>2</td><td></td><td></td></tr>
<tr><td>记录说明</td><td colspan="6"></td></tr>
<tr><td>结果判定</td><td colspan="6"></td></tr>
</table>

校核：　　　　　　　　　　主检：　　　　　　　　　　检测日期：　　年　　月　　日

3. 数据处理及结果判定

(1)取两次试验结果的算术平均值，精确至 1 mm；

(2)若两次试验值之差大于 10 mm，则应重新取样测定。

4. 检测注意事项

圆锥形容器内的砂浆只允许测定一次稠度，重复测定时，应重新取样后再进行测定。

3.2.5　任务评价

表 3.6　任务评价表

<table>
<tr><td colspan="2">评价内容</td><td>学生自评</td><td>组长评价</td><td>教师评价</td></tr>
<tr><td rowspan="3">课前(30 分)</td><td>1. 课前查阅标准并观看视频(10 分)</td><td></td><td></td><td></td></tr>
<tr><td>2. 检测原理填写完整、书写工整(10 分)</td><td></td><td></td><td></td></tr>
<tr><td>3. 检测步骤填写完整规范、书写工整(10 分)</td><td></td><td></td><td></td></tr>
<tr><td rowspan="3">课中(50 分)</td><td>4. 检测过程按照标准规范操作，严格按照检测注意事项要求，检测过程专注、精益求精、注意安全(30 分)
(1)少量润滑油轻擦滑杆，使滑杆自由滑动。
(2)拌合物一次装入容器，捣棒自中心向边缘均匀插捣 25 次。
(3)齿条侧杆下端刚接触滑杆上端，读出刻度盘上的读数。
(4)拧松制动螺钉，同时计时间，10 s 时立即拧紧螺钉，将齿条侧杆下端接触滑杆上端，从刻度盘上读出下沉深度</td><td></td><td></td><td></td></tr>
<tr><td>5. 真实地记录检测数据(10 分)</td><td></td><td></td><td></td></tr>
<tr><td>6. 按规范处理检测数据，合法合规地进行结果判定，确保质量(10 分)</td><td></td><td></td><td></td></tr>
</table>

续表

评价内容		学生自评	组长评价	教师评价
课后(20分)	7. 检测完成后，仪器设备清理干净，场地清洁卫生(10分)			
	8. 上交的检测报告填写认真，书写规范(10分)			
合计得分				
最终得分	总分=学生自评×20%+组长评价×30%+教师评价×50%=			

任务 3.3 砌筑砂浆保水性检测

3.3.1 任务描述

某学校 25 号楼墙体用混合砂浆，设计强度等级为 M5.0，试检测这批砂浆的保水性。

3.3.2 任务目的

为保证正常施工，砌筑砂浆需要良好的和易性，反映和易性部分性能的保水性，指砂浆保持水分的能力，可以用保水率测定。本任务的目的是检测砂浆的保水性，以判定砂浆拌合物在运输及停放时内部组分的稳定性。

3.3.3 任务准备

1. 知识准备

在学习教材中新拌砌筑砂浆的和易性知识后，做砌筑砂浆保水性检测试验。

微课：砌筑砂浆保水性检测

仿真试验：建筑砂含水率试验

2. 查阅检测标准

查阅《建筑砂浆基本性能试验方法标准》(JGJ/T 70—2009)的规定进行。

3. 检测用仪器

金属或硬塑料圆环试模，内径 100 mm、内部高度 25 mm；可密封的取样容器，应清洁、干燥；2 kg 的重物；医用棉纱，尺寸为 110 mm×110 mm，宜选用纱线稀疏、厚度较薄的棉纱；超白滤纸，符合《化学分析滤纸》(GB/T 1914—2017)中速定性滤纸。直径110 mm，200 g/m^3；2片金属或玻璃的方形或圆形不透水片，边长或直径大于110 mm；天平：量程200 g，感量0.1 g；量程2 000 g，感量1 g；烘箱等。

4. 试样制备

同任务3.2砌筑砂浆流动性检测。

3.3.4 任务实施

1. 检测原理及步骤

表3.7 检测原理及步骤

姓名		班级		学号	
检测原理： 根据所学知识和《建筑砂浆基本性能试验方法标准》(JGJ/T 70—2009)认真填写。					
检测步骤： 根据《建筑砂浆基本性能试验方法标准》(JGJ/T 70—2009)认真填写。					

2. 检测数据记录

表 3.8 砌筑砂浆流动性检测原始记录及结果

<table>
<tr><td>样品名称</td><td colspan="4"></td><td>检测编号</td><td colspan="3"></td></tr>
<tr><td>样品状态</td><td colspan="4"></td><td>规格型号</td><td colspan="3"></td></tr>
<tr><td>检测日期</td><td colspan="4"></td><td>环境条件</td><td colspan="3">T： ℃ RH： %</td></tr>
<tr><td>检测依据</td><td colspan="8"></td></tr>
<tr><td>设备名称</td><td></td><td></td><td></td><td></td><td></td><td colspan="3"></td></tr>
<tr><td>设备编号</td><td></td><td></td><td></td><td></td><td></td><td colspan="3"></td></tr>
<tr><td>设备状态</td><td></td><td></td><td></td><td></td><td></td><td colspan="3"></td></tr>
<tr><td colspan="9">检测内容</td></tr>
<tr><td rowspan="6">保水率</td><td rowspan="3">砂浆含水率/%</td><td>次数</td><td>烘干前砂浆与容器质量 m_6/g</td><td>烘干后砂浆与容器质量 m_5/g</td><td colspan="2">砂浆含水率单值 a/%</td><td colspan="2">砂浆含水率平均值 a/%</td></tr>
<tr><td>1</td><td></td><td></td><td colspan="2"></td><td colspan="2" rowspan="2"></td></tr>
<tr><td>2</td><td></td><td></td><td colspan="2"></td></tr>
<tr><td>次数</td><td>干燥试模质量 m_1/g</td><td colspan="2">15 片滤纸吸水前质量 m_2/g</td><td>试模与砂浆总质量 m_3/g</td><td>15 片滤纸吸水后质量 m_4/g</td><td>保水率单值 W/%</td><td>保水率平均值 W/%</td></tr>
<tr><td>1</td><td></td><td colspan="2"></td><td></td><td></td><td></td><td rowspan="2"></td></tr>
<tr><td>2</td><td></td><td colspan="2"></td><td></td><td></td><td></td></tr>
</table>

校核： 主检： 检测日期： 年 月 日

3. 数据处理及结果判定

砂浆保水性应按下式计算：

$$W=\left[1-\frac{m_4-m_2}{\alpha(m_3-m_1)}\right]\times 100\%$$

式中 W——保水性(保水率)(%)；

m_1——下不透水片与干燥试模质量(g)；

m_2——15 片滤纸吸水前的质量(g)；

m_3——试模、下不透水片与砂浆总质量(g)；

m_4——15 片滤纸吸水后的质量(g)；

α——砂浆含水率(%)。

取两次试验结果的平均值作为结果，如两个测定值中有一个超出平均值的 5%，则此组试验结果无效。

4. 检测注意事项

(1)圆形试模：需要有一定的刚度，不易变形，并且底部密封性必须得到保证。

(2)滤纸：中速定性滤纸的数量根据砂浆的保水性能好坏可进行适当调整，比如，保水性好的预拌砂浆或有一定经验时滤纸的数量可以适当减少，但要以最上面一张的滤纸不被水浸湿为原则。

3.3.5 任务评价

表 3.9 任务评价表

评价内容		学生自评	组长评价	教师评价
课前(30 分)	1. 课前查阅标准并观看视频(10 分)			
	2. 检测原理填写完整、书写工整(10 分)			
	3. 检测步骤填写完整规范、书写工整(10 分)			
课中(50 分)	4. 检测过程按照标准规范操作，严格按照检测注意事项要求，检测过程专注、精益求精、注意安全(30 分) (1)称量下不透水片与干燥试模质量 m_1 和 15 片中速定性滤纸质量 m_2。 (2)将砂浆拌合物一次性装入试模，并用抹刀插捣数次，用抹刀以 45°一次性将试模表面多余的砂浆刮去，然后用抹刀以较平的角度在试模表面反方向将砂浆刮平，称量试模、下不透水片与砂浆总质量 m_3。 (3)用 2 片医用棉纱或金属滤网覆盖在砂浆表面，再在棉纱表面放上 15 片滤纸，用不透水片盖在滤纸表面，以 2 kg 的重物把不透水片压住，静止 2 min 后移走重物及不透水片，取出滤纸(不包括棉砂或金属滤网)，迅速称量滤纸质量 m_4。 (4)称取 100 g 砂浆拌合物试样，置于已干燥并已称重的盘中，在(105±5) ℃的烘箱中烘干至恒重，计算砂浆含水率			
	5. 真实地记录检测数据(10 分)			
	6. 按规范处理检测数据，合法合规地进行结果判定，确保质量(10 分)			
课后(20 分)	7. 检测完成后，仪器设备清理干净，场地清洁卫生(10 分)			
	8. 上交的检测报告填写认真，书写规范(10 分)			
合计得分				
最终得分	总分＝学生自评×20%＋组长评价×30%＋教师评价×50%＝			

任务 3.4 砌筑砂浆强度检测

3.4.1 任务描述

某学校 25 号楼墙体用混合砂浆，设计强度等级为 M5.0，试检测这批砂浆的强度。

3.4.2 任务目的

为保证砂浆硬固后，各层砖可以通过砂浆均匀地传布压力，使砌体受力均匀，因此砌筑砂浆需要一定的强度要求，砌筑砂浆的强度通常是指立方抗压强度值。本任务的目的是检测砂浆立方体的抗压强度，以确定砂浆的强度等级，判定是否满足设计要求。

3.4.3 任务准备

1. 知识准备

在学习教材中砂浆的强度与等级知识后，观看建筑砂浆立方体抗压强度试验视频，并做仿真检测。

仿真试验：建筑砂浆立方抗压强度试验

微课：砌筑砂浆强度检测

2. 查阅检测标准

查阅《建筑砂浆基本性能试验方法标准》(JGJ/T 70—2009)的规定进行。

3. 检测用仪器

试模：尺寸为70.7 mm×70.7 mm×70.7 mm的带底试模，应具有足够的刚度并拆装方便。试模的内表面应机械加工，其不平度应为每100 mm不超过0.05 mm，组装后各相邻面的不垂直度不应超过±0.5°；钢制捣棒：直径为10 mm，长为350 mm，端部应磨圆；压力试验机：精度为1%，试件破坏荷载应不小于压力机量程的20%，且不大于全量程的80%；垫板：试验机上、下压板及试件之间可垫以钢垫板，垫板的尺寸应大于试件的承压面，其不平度应为每100 mm不超过0.02 mm；振动台：空载中台面的垂直振幅应为(0.5±0.05)mm，空载频率应为(50±3)Hz，一次试验至少能固定(或用磁力吸盘)三个试模(图3.2)。

图3.2 压力试验机

4. 砌筑砂浆试样制备

同任务 3.2 砌筑砂浆流动性检测。

5. 立方体抗压强度试件的制作及养护

(1)采用立方体试件，每组试件 3 个。

(2)应用黄油等密封材料涂抹试模的外接缝，试模内涂刷薄层机油或脱模剂。将拌制好的砂浆一次性装满砂浆试模，成型方法根据稠度而定。当稠度≥50 mm 时，采用人工振捣成型；当稠度<50 mm 时，采用振动台振实成型。

1)人工振捣：用捣棒均匀地由边缘向中心按螺旋方式插捣 25 次，插捣过程中如砂浆沉落低于试模口，应随时添加砂浆，可用油灰刀插捣数次，并用手将试模一边抬高 5～10 mm 各振动 5 次，使砂浆高出试模顶面 6～8 mm。

2)机械振动：将砂浆一次性装满试模，放置到振动台上，振动时试模不得跳动，振动 5～10 s 或持续到表面出浆为止；不得过振。

(3)待表面水分稍干后，将高出试模部分的砂浆沿试模顶面刮去并抹平。

(4)试件制作后应在室温为(20±5) ℃的环境下静置(24±2) h，当气温较低时，可适当延长时间，但不应超过两昼夜，然后对试件进行编号、拆模。试件拆模后应立即放入温度为(20±2) ℃，相对湿度为90%以上的标准养护室中养护 28 d。养护期间，试件彼此间隔不小于 10 mm，混合砂浆试件上面应覆盖，以防水滴在试件上。

3.4.4 任务实施

1. 检测原理及步骤

表 3.10 检测原理及步骤

姓名		班级		学号	
检测原理： 根据所学知识和《建筑砂浆基本性能试验方法标准》(JGJ/T 70—2009)认真填写。					
检测步骤： 根据《建筑砂浆基本性能试验方法标准》(JGJ/T 70—2009)认真填写。					

2. 检测数据记录

表 3.11　砌筑砂浆立方体抗压强度检测原始记录及结果

<table>
<tr><td>样品名称</td><td colspan="2"></td><td>检测编号</td><td colspan="3"></td></tr>
<tr><td>样品状态</td><td colspan="2"></td><td>规格型号</td><td colspan="3"></td></tr>
<tr><td>检测日期</td><td colspan="2"></td><td>环境条件</td><td colspan="3">T：　℃　RH：　%</td></tr>
<tr><td>检测依据</td><td colspan="6"></td></tr>
<tr><td>设备名称</td><td></td><td></td><td></td><td></td><td></td><td></td></tr>
<tr><td>设备编号</td><td></td><td></td><td></td><td></td><td></td><td></td></tr>
<tr><td>设备状态</td><td></td><td></td><td></td><td></td><td></td><td></td></tr>
<tr><td colspan="7">检测内容</td></tr>
<tr><td rowspan="4">28 d 抗压强度</td><td>成型日期</td><td>试块编号</td><td>破坏荷载 N_u/kN</td><td>承压面积 A/mm²</td><td>抗压强度单值 $f_{m,cu}$/MPa</td><td>抗压强度值/MPa</td></tr>
<tr><td></td><td>1</td><td></td><td rowspan="3"></td><td></td><td rowspan="3"></td></tr>
<tr><td>试压日期</td><td>2</td><td></td><td></td></tr>
<tr><td></td><td>3</td><td></td><td></td></tr>
</table>

校核：　　　　　　　　主检：　　　　　　　　检测日期：　　年　　月　　日

3. 数据处理及结果判定

砂浆立方体抗压强度应按下式计算：

$$f_{m,cu}=\frac{N_u}{A}$$

式中　$f_{m,cu}$——砂浆立方体试件抗压强度(MPa)；

N_u——试件破坏荷载(N)；

A——试件承压面积(mm^2)。

砂浆立方体试件抗压强度应精确至 0.1 MPa。

以 3 个试件测值的算术平均值的 1.3 倍作为该组试件的砂浆立方体试件抗压强度平均值(精确至 0.1 MPa)。

当 3 个测值的最大值或最小值中有一个与中间值的差值超过中间值的 15%时，则把最大值及最小值一并舍除，取中间值作为该组试件的抗压强度值；如有两个测值与中间值的差值均超过中间值的 15%时，则该组试件的试验结果无效。

4. 检测注意事项

(1)试件从养护地点取出后应及时进行试验；

(2)试件的承压面应与成型时的顶面垂直；

(3)承压试验应连续而均匀地加荷，加荷速度应为每秒 0.25～1.5 kN，若砂浆强度不大于 5 MPa 时，宜取下限，若砂浆强度大于 5 MPa 时，宜取上限。

3.4.5 任务评价

表 3.12 任务评价表

评价内容		学生自评	组长评价	教师评价
课前(30 分)	1. 课前查阅标准并观看视频(10 分)			
	2. 检测原理填写完整、书写工整(10 分)			
	3. 检测步骤填写完整规范、书写工整(10 分)			
课中(50 分)	4. 检测过程按照标准规范操作，严格按照检测注意事项要求，检测过程专注、精益求精、注意安全(30 分) (1)试件从养护地点取出后应及时进行试验。将试件表面擦拭干净，测量尺寸，并检查其外观，计算试件的承压面积，如实测尺寸与公称尺寸之差不超过 1 mm，可按公称尺寸进行计算。 (2)将试件安放在试验机的下压板(或下垫板)上，试件的承压面应与成型时的顶面垂直，试件中心应与试验机下压板(或下垫板)中心对准。开动试验机，当上压板与试件(或上垫板)接近时，调整球座，使接触面均衡受压。 (3)承压试验应连续而均匀地加荷，当试件接近破坏而开始迅速变形时，停止调整试验机油门，直至试件破坏，然后记录破坏荷载			
	5. 真实地记录检测数据(10 分)			
	6. 按规范处理检测数据，合法合规地进行结果判定，确保质量(10 分)			
课后(20 分)	7. 检测完成后，仪器设备清理干净，场地清洁卫生(10 分)			
	8. 上交的检测报告填写认真，书写规范(10 分)			
合计得分				
最终得分	总分=学生自评×20%+组长评价×30%+教师评价×50%=			

模块4　建筑钢材检测

任务4.1　钢材拉伸试验

4.1.1　任务描述

某学校25号楼钢筋混凝土梁，钢筋采用HPB300级和HRB400级。屈服强度标准值分别为300 MPa和400 MPa；另外要求有一定的塑性和屈强比。新进场一批钢筋，试测定钢筋的屈服强度、抗拉强度(极限强度)、伸长率3个指标。

4.1.2　任务目的

为保证建筑物的结构质量，要求钢筋的屈服强度和抗拉强度(极限强度)必须达标；并且伸长率要达到塑性的要求。在检测的过程中，学习使用试验仪器检测钢筋的指标，记录和处理关键性数据，并判定本批次钢筋的合格性。

4.1.3　任务准备

1. 知识准备

在学习教材中钢筋的屈服强度、抗拉强度、伸长率3个指标知识后，观看钢筋拉伸检测视频，并做仿真检测。

仿真试验：钢筋力学拉伸性能试验

微课：钢筋力学性能试验

微课：建筑钢材力学拉伸性能试验检测

2. 查阅检测标准

查阅《金属材料 拉伸试验 第1部分：室温试验方法》(GB/T 228.1—2010)的规定进行。本方法适用金属材料室温拉伸性能的测定。

3. 检测用仪器

万能试验机(图 4.1)、游标卡尺、钢板尺、千分尺、两脚爪规等。

图 4.1　万能试验机

4. 试样制备

(1)抗拉试验用钢筋试件一般不经过车削加工，可以用两个或一系列等分小冲点或细化线标出原始标距。

(2)试件原始尺寸的测定。

(3)圆形试件横断面直径应在标距的两端及中间处两个相互垂直的方向上各测一次，取其算数平均值，选用 3 处测得的横截面积中的最小值。

4.1.4　任务实施

1. 检测原理及步骤

表 4.1　检测原理及步骤

<table>
<tr><td>姓名</td><td></td><td>班级</td><td></td><td>学号</td><td></td></tr>
<tr><td colspan="6">检测原理：
根据所学知识和《金属材料 拉伸试验 第 1 部分：室温试验方法》(GB/T 228.1—2010)认真填写。</td></tr>
<tr><td colspan="6">检测步骤：
根据《金属材料 拉伸试验 第 1 部分：室温试验方法》(GB/T 228.1—2010)认真填写。</td></tr>
</table>

2. 检测数据记录

表 4.2　钢筋原材检测原始记录及结果

<table>
<tr><td colspan="2">试样名称</td><td colspan="2"></td><td>样品状态</td><td colspan="2"></td><td>环境条件</td><td colspan="2">T:　　℃
RH:　　%</td></tr>
<tr><td colspan="2">检测项目</td><td colspan="8"></td></tr>
<tr><td colspan="2">检测依据</td><td colspan="8"></td></tr>
<tr><td colspan="2">设备名称</td><td colspan="4"></td><td colspan="4"></td></tr>
<tr><td colspan="2">设备编号</td><td colspan="4"></td><td colspan="4"></td></tr>
<tr><td colspan="2">设备状态</td><td colspan="4"></td><td colspan="4"></td></tr>
<tr><td colspan="10">检测内容</td></tr>
<tr><td rowspan="3">检测编号</td><td rowspan="3">牌号</td><td rowspan="3">直径/mm</td><td colspan="7">力学性能</td></tr>
<tr><td>原始标距/mm</td><td colspan="2">下屈服强度 σ_S</td><td colspan="2">抗拉强度 σ_b</td><td rowspan="2">断裂后标距 L_1/mm</td><td rowspan="2">断后伸长率 δ</td></tr>
<tr><td>L_0</td><td>拉力/kN</td><td>强度/MPa</td><td>拉力/kN</td><td>强度/MPa</td></tr>
<tr><td rowspan="2"></td><td rowspan="2"></td><td rowspan="2"></td><td></td><td></td><td></td><td></td><td></td><td rowspan="2"></td><td rowspan="2"></td></tr>
<tr><td></td><td></td><td></td><td></td><td></td></tr>
<tr><td rowspan="2"></td><td rowspan="2"></td><td rowspan="2"></td><td></td><td></td><td></td><td></td><td></td><td rowspan="2"></td><td rowspan="2"></td></tr>
<tr><td></td><td></td><td></td><td></td><td></td></tr>
<tr><td rowspan="2"></td><td rowspan="2"></td><td rowspan="2"></td><td></td><td></td><td></td><td></td><td></td><td rowspan="2"></td><td rowspan="2"></td></tr>
<tr><td></td><td></td><td></td><td></td><td></td></tr>
<tr><td colspan="2">检测说明</td><td colspan="8">/</td></tr>
</table>

校核：　　　　　　　　　　主检：　　　　　　　　　　检测日期：　　年　　月　　日

3. 数据处理及结果判定

(1)屈服强度按式(4.1)计算。

$$\frac{F_S}{A_0}=\sigma_S \tag{4.1}$$

式中　σ_S——钢材的屈服强度(MPa)；

F_S——钢材拉伸时的屈服荷载(kN)；

A_0——钢材试件的初始横截面面积(mm^2)。

(2)抗拉强度按式(4.2)计算。

$$\frac{F_b}{A_0}=\sigma_b \tag{4.2}$$

式中　σ_b——钢材的抗拉强度(MPa)；

F_b——钢材拉伸时的极限荷载(kN)；

A_0——钢材试件的初始横截面面积(mm^2)。

屈强比 σ_S/σ_b 在工程中很有意义。此值越小，表明结构的可靠性越高，即防止结构破坏的潜力越大；但此值太小时，钢材强度的有效利用率低。合理的屈强比一般为 0.60～0.75。

(3)伸长率按式(4.3)计算。

$$\delta=(L_1-L_0)/L_0\times100\% \tag{4.3}$$

式中 L_1——试件断裂后标距的长度(mm)；

L_0——试件的原标距长度(mm)；

δ——伸长率(当 $L_0=5$ mm 时，为 δ_5；当 $L_0=10$ mm 时，为 δ_{10})。

(4)计算结果判定，对照《钢筋混凝土用钢 第1部分：热轧光圆钢筋》(GB/T 1499.1—2017)和《钢筋混凝土用钢 第2部分：热轧带肋钢筋》(GB/T 1499.2—2018)进行判定。

当试验结果中有一项不合格时，应另取双倍数量的试样重做试验；如仍有不合格项目，则该批钢材判为拉伸性能不合格。

4. 检测注意事项

(1)试验开始前，一定要先调整试验机测力度盘的指针，使被动针与主动针在0点处重合。

(2)屈服前，应力增加速度为10 MPa/s；屈服后，试验机活动夹头在荷载下的移动速度不大于0.5 m/min。

(3)测定断裂后标距时，将已拉断试件的两端在断裂处对齐，尽量使其轴线位于一条直线上，若拉断处由于各种原因形成缝隙，则此缝隙应计入试件拉断后的标距部分长度。

(4)若试件在标距端点上或标距处断裂，则试验结果无效，应重新试验。

4.1.5 任务评价

表4.3 任务评价表

评价内容		学生自评	组长评价	教师评价
课前(30分)	1. 课前查阅标准并观看视频(10分)			
	2. 检测原理填写完整、书写工整(10分)			
	3. 检测步骤填写完整规范、书写工整(10分)			
课中(50分)	4. 检测过程按照标准规范操作，严格按照检测注意事项要求，检测过程专注、精益求精、注意安全(30分) (1)试验开始前，检查设备各处，清理周围物品。 (2)试验开始前，调整试验机测力度盘的指针。 (3)加载过程中仔细观察试验数据和试件状态的变化。 (4)试验过程中，要注意设备使用安全，严禁违规操作			
	5. 真实地记录检测数据(10分)			
	6. 按规范处理检测数据，合法合规地进行结果判定，确保质量(10分)			
课后(20分)	7. 检测完成后，仪器设备清理干净，场地清洁卫生(10分)			
	8. 上交的检测报告填写认真，书写规范(10分)			
合计得分				
最终得分	总分=学生自评×20%+组长评价×30%+教师评价×50%=			

任务 4.2　钢材冷弯试验

4.2.1　任务描述

某学校 25 号楼钢筋混凝土梁，钢筋采用 HPB300 级和 HRB400 级。要求钢筋有一定的塑性变形能力。新进场一批钢筋，试测定钢筋的弯曲性能是否合格。

4.2.2　任务目的

为保证建筑物的结构质量，要求钢筋必须达到一定的塑性要求，冷弯性能是一项衡量钢材的冷塑性变形能力非常重要的指标。在检测的过程中，学习使用试验仪器检测钢筋的指标，记录和处理关键性数据，并判定本批次钢筋的合格性。

4.2.3　任务准备

1. 知识准备

在学习教材中钢筋的冷弯性能 3 个指标知识后，观看钢筋弯曲性能检测视频，并做仿真检测。

仿真试验：钢筋力学弯曲性能试验

微课：建筑钢材冷弯性能试验检测

2. 查阅检测标准

查阅《金属材料　弯曲试验方法》(GB/T 232—2010)的规定进行。本方法适用金属材料室温拉伸性能的测定，不适用金属管材和金属焊接接头的弯曲试验。

3. 检测用仪器

万能试验机(见图 4.1)或压力机。

4. 试样制备

(1)试验用钢筋试件弯曲表面不得有划痕。

(2)试件加工时，应去除剪切或火焰切割等形成的影响区域。

(3)一般钢筋直径小于 35 mm，不需加工，直接试验。

(4)弯曲试件长度根据试件直径和弯曲试验装置确定，通常按式(4.4)计算。

$$L=5d+150 \tag{4.4}$$

4.2.4 任务实施

1. 检测原理及步骤

表 4.4 检测原理及步骤

姓名		班级		学号	
检测原理： 根据所学知识和《金属材料　弯曲试验方法》(GB/T 232—2010)认真填写。					
检测步骤： 根据《金属材料　弯曲试验方法》(GB/T 232—2010)认真填写。					

2. 检测数据记录

表 4.5 钢筋原材检测原始记录及结果

试样名称		样品状态		环境条件	T：　℃ RH：　%
检测项目					
检测依据					
设备名称					
设备编号					
设备状态					
检测内容					
检测编号	牌号	直径/mm	弯曲性能		
			弯曲角度	弯心直径/mm	检测结果
检测说明	/				

校核：　　　　　　　　　　主检：　　　　　　　　　　检测日期：　　年　　月　　日

3. 数据处理及结果判定

(1)以试件弯曲处的外侧面无裂纹、裂缝、断裂、起层作为冷弯合格。

(2)具体弯曲角度、弯心直径规定，参照《钢筋混凝土用钢 第 1 部分：热轧光圆钢筋》(GB/T 1499.1—2017)和《钢筋混凝土用钢 第 2 部分：热轧带肋钢筋》(GB/T 1499.2—2018)的弯曲试验。

(3)当冷弯试验试件中有一根不符合标准要求时，应再抽取四根试样重做试验；若仍有一根不符合标准要求，则冷弯试验项目评定为不合格。

4. 检测注意事项

(1)试样放置于两个支点上，将一定直径的弯心在试样两个支点中间施加压力，使试样弯曲到规定的角度，或出现裂纹、裂缝、断裂、起层为止。

(2)试样在两个支点上按一定弯心直径弯曲至两臂平行时，可一次完成试验，也可先按(1)弯曲至 90°，然后放置在试验机平板之间继续施加压力，压至试样两臂平行。

(3)弯心直径必须符合相关产品标准中的规定，弯心宽度必须大于试样的宽度或直径，两支辊间距离为$(d+30)\pm 0.50$ mm，并且在试验过程中不允许有变化。

4.2.5 任务评价

表 4.6 任务评价表

评价内容		学生自评	组长评价	教师评价
课前(30 分)	1. 课前查阅标准并观看视频(10 分)			
	2. 检测原理填写完整、书写工整(10 分)			
	3. 检测步骤填写完整规范、书写工整(10 分)			
课中(50 分)	4. 检测过程按照标准规范操作，严格按照检测注意事项要求，检测过程专注、精益求精、注意安全(30 分) (1)试验开始前，检查设备各处，清理周围物品。 (2)会按照规范要求，根据钢材等级选择弯心直径和弯曲角度，根据试样直径选择力并调整间距。 (3)加载过程中仔细观察试验数据和试件状态的变化。 (4)试验过程中，要注意设备使用安全，严禁违规操作			
	5. 真实地记录检测数据(10 分)			
	6. 按规范处理检测数据，合法合规地进行结果判定，确保质量(10 分)			
课后(20 分)	7. 检测完成后，仪器设备清理干净，场地清洁卫生(10 分)			
	8. 上交的检测报告填写认真，书写规范(10 分)			
合计得分				
最终得分	总分＝学生自评×20%＋组长评价×30%＋教师评价×50%＝			

模块 5　砌墙砖性能检测

任务 5.1　烧结普通砖抗压强度检测

5.1.1　任务描述

某学校 25 号楼所用的烧结普通砖抗压强度等级为 MU15。试检测所用的烧结普通砖抗压强度值。

5.1.2　任务目的

测定烧结普通砖的抗压强度，可以检验材料的质量，为控制施工质量提供依据。本任务的目的是检测所用的烧结普通砖抗压强度是否满足施工设计要求，保证工程质量；在检测的同时，掌握烧结普通砖抗压强度检测的方法和注意事项。

5.1.3　任务准备

1. 知识准备

学习教材中烧结普通砖抗压强度的概念和计算，观看烧结普通砖抗压强度检测视频，并做仿真检测。

2. 查阅检测标准

查阅《砌墙砖试验方法》(GB/T 2542—2012)的规定进行。

仿真试验：砖砌体抗压强度试验

3. 仪器设备

(1)材料试验机：试验机的示值相对误差不超过±1%，其上、下加压板至少应有一个球铰支座，预期最大破坏荷载应为量程的 20%～80%。

(2)钢直尺：分度值不应大于 1 mm。

(3)切割设备。

仿真试验：砖砌块抗折强度试验

(4)试件取样。验收检验砖样的抽取应在供方堆场上，由供需双方人员共同进行。强度等级试验抽取砖样 10 块。砖垛中的抽样位置可按随机码数确定。具体方法见《砌墙砖检验规则》[JC 466—1992(1996)]。

(5)试样制备。本试验采取非成型制样。

5.1.4 任务实施

1. 检测原理及步骤

表 5.1 检测原理及步骤

姓名		班级		学号	
检测原理： 根据所学知识和《砌墙砖试验方法》(GB/T 2542—2012)认真填写。					
检测步骤： 根据《砌墙砖试验方法》(GB/T 2542—2012)认真填写。					

2. 检测数据记录

表 5.2　烧结普通砖的抗压强度原始记录及结果

工程名称					样品名称		
样品数量					规格/型号		
检测依据					抽样/见证人员		
仪器设备							
样品编号	受压面尺寸/mm		受压面积/mm²	试验日期	破坏荷载 P/N	抗压强度 f/MPa	备注
	长度 L	宽度 B					
抗压强度平均值 $\bar{f}$/MPa		抗压强度标准差 s/MPa		强度变异系数 δ		强度标准值 f_k/MPa	
结论							

校核：　　　　　　　　主检：　　　　　　　　检测日期：　　年　　月　　日

3. 数据处理及结果判定

(1)按照以下公式分别计算 10 块砖的抗压强度值 f，精确至 0.01 MPa。

$$f=\frac{P}{L\times B}$$

式中　f——抗压强度(MPa)；

P——最大破坏荷载(N)；

L——受压面的长度(mm)；

B——受压面的宽度(mm)。

(2)按以下公式计算 10 块砖的强度变异系数 δ、标准值 f_k。

$$\delta=\frac{s}{\bar{f}}$$

$$s=\sqrt{\frac{1}{9}\sum_{i=1}^{10}(f_i-\bar{f})^2}$$

$$f_k=\bar{f}-1.8s$$

式中　δ——砖强度变异系数，精确至 0.01；

s——10 块试样的抗压强度标准差(MPa)，精确至 0.01；

$\bar{f}$——10 块试样的抗压强度平均值(MPa)，精确至 0.01；

f_i——单块试样抗压强度测定值(MPa)，精确至 0.01；

f_k ——强度标准值(MPa)，精确至 0.1。

4. 结果计算与评定

(1)平均值—标准值方法评定。变异系数 $\delta \leqslant 0.21$ 时，按表 5.3 抗压强度平均值 $\bar{f}$、强度标准值 f_k，评定砖的强度等级。

(2)平均值—最小值方法评定。变异系数 $\delta > 0.21$ 时，按表 5.3 抗压强度平均值 $\bar{f}$、单块最小抗压强度值 f_{min}(精确至 0.1 MPa)评定砖的强度等级。

表 5.3 平均值、最小值评定参数

强度等级	抗压强度平均值 $\bar{f} \geqslant$	变异系数 $\delta \leqslant 0.21$	变异系数 $\delta > 0.21$
		强度标准值 $f_k \geqslant$	单块最小抗压强度值 $f_{min} \geqslant$
MU30	30	22	25
MU25	25	18	22
MU20	20	14	16
MU15	15	10	12
MU10	10	6.5	7.5

5. 检测注意事项

(1)试件的加荷速度为(5±0.5) kN/s。

(2)操作过程中，操作人员要依据规范谨慎选用加荷速度，加荷速度的快慢会造成检测值与真实值之间的偏离。

5.1.5 任务评价

表 5.4 任务评价表

评价内容		学生自评	组长评价	教师评价
课前(30 分)	1. 课前查阅标准并观看视频(10 分)			
	2. 检测原理填写完整、书写工整(10 分)			
	3. 检测步骤填写完整规范、书写工整(10 分)			
课中(50 分)	4. 检测过程按照标准规范操作，严格按照检测注意事项要求，检测过程专注、精益求精、注意安全(30 分) (1)试块检测面要保证平整清洁。 (2)依据混凝土强度选择合适的加荷速度			
	5. 真实地记录检测数据(10 分)			
	6. 按规范处理检测数据，合法合规地进行结果判定，确保质量(10 分)			
课后(20 分)	7. 检测完成后，仪器设备清理，场地清洁卫生(10 分)			
	8. 上交的检测报告填写认真，书写规范(10 分)			
合计得分				
最终得分	总分=学生自评×20%+组长评价×30%+教师评价×50%=			

模块 6　防水材料检测

任务 6.1　石油沥青针入度检测

6.1.1　任务描述

某学校 25 号楼楼顶防水用弹性改性沥青防水卷材，试检测石油沥青的针入度。

6.1.2　任务目的

通过测定沥青材料的针入度值，判断沥青材料的黏稠程度。针入度越大，沥青材料的黏稠度越小，沥青材料就越软。针入度是划分石油沥青牌号的主要指标。在检测的同时，学习使用针入度仪，并判定沥青材料的牌号。

6.1.3　任务准备

微课：石油沥青黏滞性针入度检测

1. 知识准备

学习教材中石油沥青针入度的知识。

2. 查阅检测标准

查阅《沥青针入度测定法》(GB/T 4509—2010)的规定进行。本方法适用测定针入度范围为 0～500(1/10 mm)的固体和半固体沥青材料的针入度。

3. 检测用仪器

针入度仪(图 6.1)、标准针、盛样皿、恒温水槽、平底玻璃皿、其他。

图 6.1　针入度仪

4. 试样制备

(1)小心加热样品，不断搅拌以防局部过热，加热到使样品能够易于流动。加热时石油沥青不超过软化点的 90 ℃。加热时间在保证样品充分流动的基础上尽量少。加热、搅拌过程中避免试样中进入气泡。

(2)将试样倒入预先选好的试样皿，试样深度应至少是预计锥入深度的120%。浇注的样品要达到试样皿边缘。将试样皿松松地盖住以防灰尘落入。

(3)在15 ℃～30 ℃室温下，试样皿冷却1～1.5 h(小试样皿)或1.5～2 h(大试样皿)。后将盛样皿放入测试温度下的水浴中恒温1～1.5 h(小试样皿)或1.5～2 h(大试样皿)。水面应没过试样表面10 mm以上。

6.1.4 任务实施

1. 检测原理及步骤

表6.1 检测原理及步骤

姓名		班级		学号	
检测原理： 根据所学知识和《沥青针入度测定法》(GB/T 4509—2010)认真填写。					
检测步骤： 根据《沥青针入度测定法》(GB/T 4509—2010)认真填写。					

2. 检测数据记录

表6.2 建筑石油沥青针入度检测原始记录及结果

样品名称			样品编号	
样品状态			规格型号	
检测日期			环境条件	T: ℃ RH: %
设备名称				
设备编号				
设备状态				
检测依据				
检测内容				
针入度试验	试验温度(25 ℃)			
	试验次数	1	2	3
	针入度/0.1 mm			
	平均针入度/0.1 mm		确定牌号	
检测说明	/			

校核： 主检： 检测日期： 年 月 日

3. 数据处理及结果判定

(1)计算3次测定针入度的平均值，取至整数，作为测定结果。

(2)3 次测定的针入度相差不应大于表 6.3 规定的数值。如果误差超过了上述规定，则利用另一试件重复试验；如果试验结果再次超出允许值，则取消试验结果，重新试验。

表 6.3　沥青针入度的最大允许差值

0.1 mm

针入度值	0~49	50~149	150~249	250~350	350~500
最大差值	2	4	6	8	20

(3)按照表 6.4 确定牌号。

表 6.4　建筑石油沥青质量指标

针入度值/0.1 mm	10~25	26~35	36~50
对应牌号	10 号	30 号	40 号

4. 检测注意事项

(1)制备试样时加热、搅拌过程中避免试样中进入气泡。

(2)调整针入度仪使之水平。用三氯乙烯或其他溶剂清洗标准针，并拭干。

(3)试样表面以上的水层深度不少于 10 mm。同一试样平行试验至少 3 次，各测试点之间及与盛样皿边缘的距离不应少于 10 mm。

(4)测定针入度大于 200 的沥青试样时，至少用 3 支标准针，每次试验后将针留在试样中，直至 3 次平行试验完成后，才能将标准针取出。

6.1.5　任务评价

表 6.5　任务评价表

评价内容		学生自评	组长评价	教师评价
课前(30 分)	1. 课前查阅标准并观看视频(10 分)			
	2. 检测原理填写完整、书写工整(10 分)			
	3. 检测步骤填写完整规范、书写工整(10 分)			
课中(50 分)	4. 检测过程按照标准规范操作，严格按照检测注意事项要求，检测过程专注、精益求精、注意安全(30 分) (1)加热、搅拌过程中避免试样中进入气泡。 (2)调整针入度仪使之水平。用三氯乙烯或其他溶剂清洗标准针，并擦拭干。 (3)开动秒表，在指针正指 5 s 的瞬间，用手紧压按钮，使标准针自动下落贯入试样，经规定时间，停压按钮使针停止移动。 (4)拉下刻度盘拉杆与针连杆顶端接触，读取刻度盘指针或位移指示器的读数			
	5. 真实地记录检测数据(10 分)			
	6. 按规范处理检测数据，合法合规地进行结果判定，确保质量(10 分)			
课后(20 分)	7. 检测完成后，仪器设备清理干净，场地清洁卫生(10 分)			
	8. 上交的检测报告填写认真，书写规范(10 分)			

续表

评价内容		学生自评	组长评价	教师评价
合计得分				
最终得分	总分＝学生自评×20%＋组长评价×30%＋教师评价×50%＝			

任务6.2 石油沥青塑性延度检测

6.2.1 任务描述

某学校25号楼楼顶防水用弹性改性沥青防水卷材，试检测建筑石油沥青的延度。

6.2.2 任务目的

塑性是指沥青在外力作用下变形的能力，表示沥青开裂后的自愈能力及受机械力作用后的变形而不破坏的能力。塑性用延伸度表示，简称延度。在检测的同时，学习使用延度仪。

6.2.3 任务准备

微课：石油沥青塑性延度检测

1. 知识准备

学习教材中石油沥青延度的知识。

2. 查阅检测标准

查阅《沥青延度测定法》(GB/T 4508—2010)的规定进行。

3. 检测用仪器

沥青延度仪(图6.2)、模具、水浴、隔离剂、温度计、支撑板。

图6.2 沥青延度仪

4. 试样制备

(1)将模具水平地置于支撑板上，再将隔离剂涂于模具内壁和支撑板上。小心加热样品，不断搅拌以防局部过热，加热到使样品能够易于流动。加热时石油沥青不超过软化点的 90 ℃。加热时间在保证样品充分流动的基础上尽量少。

(2)将预先脱水的沥青试样置于瓷皿或金属皿中加热熔化，经搅拌、过筛后，注入模具中(自模具的一端至另一端往返多次)，并略高出模具。

(3)将试件在 15 ℃～30 ℃空气中冷却 30～40 min，然后放在温度为(25±0.1) ℃的水浴锅中保持 30 min。取出试件，用加热的刀将高出模具的沥青刮去，使沥青表面与模具齐平。

(4)将试件连同金属板再浸入(25±0.1) ℃的水浴中保持 85～95 min。

6.2.4 任务实施

1. 检测原理及步骤

表 6.6 检验原理及步骤

<table>
<tr><td>姓名</td><td></td><td>班级</td><td></td><td>学号</td><td></td></tr>
<tr><td colspan="6">检测原理：
根据所学知识和《沥青延度测定法》(GB/T 4508—2010)认真填写。</td></tr>
<tr><td colspan="6">检测步骤：
根据《沥青延度测定法》(GB/T 4508—2010)认真填写。</td></tr>
</table>

2. 检测数据记录

表 6.7 建筑石油沥青延度检测原始记录及结果

<table>
<tr><td colspan="2">样品名称</td><td></td><td>样品编号</td><td colspan="4"></td></tr>
<tr><td colspan="2">样品状态</td><td></td><td>规格型号</td><td colspan="4"></td></tr>
<tr><td colspan="2">检测日期</td><td></td><td>环境条件</td><td colspan="4">T： ℃ RH： %</td></tr>
<tr><td colspan="2">设备名称</td><td></td><td></td><td colspan="4"></td></tr>
<tr><td colspan="2">设备编号</td><td></td><td></td><td colspan="4"></td></tr>
<tr><td colspan="2">设备状态</td><td></td><td></td><td colspan="4"></td></tr>
<tr><td colspan="2">检测依据</td><td colspan="6"></td></tr>
<tr><td colspan="8">检测内容</td></tr>
<tr><td rowspan="4">延度试验</td><td rowspan="2">试验编号</td><td rowspan="2">试验温度/℃</td><td rowspan="2">延伸速度
/(cm・min^{-1})</td><td colspan="4">延度值/cm</td></tr>
<tr><td>1</td><td>2</td><td>3</td><td>平均值</td></tr>
<tr><td></td><td></td><td></td><td></td><td></td><td></td><td></td></tr>
<tr><td></td><td></td><td></td><td></td><td></td><td></td><td></td></tr>
<tr><td colspan="2">检测说明</td><td colspan="6">/</td></tr>
</table>

校核： 主检： 检测日期： 年 月 日

3. 数据处理及结果判定

(1)以 3 个试件测定值的算术平均值作为试验结果。

(2)若 3 个试件测定值中有一个测定值不在其平均值的 5%以内，但其中两个较高值在平均值的 5%之内，则舍去最低测定值，取两个较高值的平均值作为试验结果。否则应重新试验。

4. 检测注意事项

(1)试样注入模具中时，自模具的一端至另一端往返多次，并略高出模具。

(2)试验时，试件距水面和水底的距离不小于 2.5 cm；测定时，若发现沥青细丝浮于水面或沉入水底，则应在水中加入乙醇或食盐水，调整水的密度与试样的密度相近后，再进行试验。

(3)正常试验时应将试样拉成锥形、线形或柱形，直至在断裂时实际横断面面积接近零或一均匀断面。

6.2.5 任务评价

表 6.8 任务评价表

教师评价		评价内容	学生自评	组长评价
课前(30 分)	1. 课前查阅标准并观看视频(10 分)			
	2. 检测原理填写完整、书写工整(10 分)			
	3. 检测步骤填写完整规范、书写工整(10 分)			
课中(50 分)	4. 检测过程按照标准规范操作，严格按照检测注意事项要求，检测过程专注、精益求精、注意安全(30 分) (1)试样注入模具中时，自模具的一端至另一端往返多次，并略高出模具。 (2)将试件置于延度仪水槽中，将模具两端的孔分别套在滑板和槽端的柱上，然后以(5±0.25) cm/min 速度拉伸模具，直至试件被拉断。 (3)试件被拉断时指针所指标尺上的读数，即试样的延度，单位为厘米。同一样品，应做三次试验			
	5. 真实地记录检测数据(10 分)			
	6. 按规范处理检测数据，合法合规地进行结果判定，确保质量(10 分)			
课后(20 分)	7. 检测完成后，仪器设备清理干净，场地清洁卫生(10 分)			
	8. 上交的检测报告填写认真，书写规范(10 分)			
合计得分				
最终得分	总分=学生自评×20%+组长评价×30%+教师评价×50%=			

项目编辑：瞿义勇
策划编辑：李　鹏
封面设计：广通文化

北京理工大学出版社
BEIJING INSTITUTE OF TECHNOLOGY PRESS

通信地址：北京市海淀区中关村南大街5号
邮政编码：100081
电话：010-68944723 82562903
网址：www.bitpress.com.cn

爱习课专业版

ISBN 978-7-5763-0764-1
定价：79.00 元
（含实训指导书）